Winfried Paul

Haflinger in Europa

Winfried Paul

Haflinger in Europa

Liebe ohne Grenzen

Zweite Auflage

BLV

Die Deutsche Bibliothek – CIP-Einheitsaufnahme

Paul, Winfried:
Haflinger in Europa; Liebe ohne Grenzen / Winfried Paul. –
2. Aufl. – München; Wien; Zürich: BLV, 1991
ISBN 3-405-13775-6

BLV Verlagsgesellschaft mbH
München Wien Zürich
8000 München 40

Gesamtherstellung:
Freiburger Graphische Betriebe, Freiburg/Br.

Printed in Germany · ISBN 3-405-13775-6

Inhalt

Vorwort

Es ist uns eine große Ehre und Anerkennung, daß der Südtiroler Pferdezuchtverband aus dem Original-Zuchtgebiet des Haflingers, unserem schönen Südtirol, das Vorwort zu dem Buch »Haflinger in Europa« schreiben kann.
Südtirol ist die Wiege des Haflingers, und es liegt nicht nur in unserem Interesse, sondern entspricht sicher auch der Bedeutung, wenn Südtirol als Originalzuchtgebiet wiederum mehr in den Vordergrund gestellt wird.
So wie Wein und Obst bekannte Markenzeichen aus Südtirol sind, ist auch der Haflinger ein Originalprodukt dieses Landes. Seine Bedeutung im Land wird anerkannt, und er nimmt auch als ein Kulturträger dieses Landes seinen festen Platz in der Landwirtschaft ein. Südtirol ist eine kleine deutsche Minderheit im italienischen Staate und ist dankbar für jede Bekanntschaft und Freundschaft zu unseren deutschsprachigen Nachbarn, da auch dies eine Überlebenshilfe für unsere deutschsprachige Minderheit darstellt.
Der Haflinger ist mittlerweile zu einer Weltrasse herangewachsen und hat als eigenständige Pferderasse internationale Anerkennung gefunden.
Es ist deshalb von großer Wichtigkeit, wenn den interessierten Züchtern und den unzähligen Haflingerfreunden ein Buch angeboten wird, das die einzelnen Zuchtgebiete vorstellt, aus ihrer Sicht zu Wort kommen läßt und Zuchtrichtungen und züchterische Vergleiche anstellt. So möge dieses Buch auch die große Familie der Haflingerzüchter näher zusammenwachsen lassen.
Wir bedanken uns bei Herrn Winfried Paul für die mühevolle Arbeit und gratulieren ihm zur Herausgabe dieses Buches. Dem Leser wünschen wir bei der Lektüre viel Freude und dem Haflinger dadurch neue Freunde.

Hermann Thaler

Geschäftsführer des Südtiroler Haflinger Pferdezuchtverbandes

Ein Wort zuvor

Unser Europa ist kleiner geworden — in weniger als einem halben Tag können wir fast jedes Land mit dem Auto erreichen. Wenn wir noch etwas Zeit zugeben, sogar mit dem Pferdehänger hintendran.
In diesem befinden sich unsere Haflinger — grenzüberschreitend auch sie. (Wenn der Zoll und der Veterinär mitspielen).
Auch das Telefon hat Europa zusammenrücken lassen; Kontakte mit Züchtern jenseits der Grenzen sind leichter möglich geworden und werden stärker wahrgenommen als noch vor wenigen Jahren.
Große nationale und internationale Haflingerschauen haben das ihrige getan, die Grenzen durchlässiger und den Erfahrungsaustausch häufiger und intensiver werden zu lassen.
So hat auch der Haflinger das seine getan, die Freunde dieser Rasse in Europa einander näherzubringen.
Auch wenn die Sprache hier und da die verschiedenen Länder verrät, selbst wenn Fachausdrücke wie »gespaltene Kruppe« oder »Röhrbeinstärke« hin und wieder Übersetzungsprobleme mit sich bringen — bei klangvollen Namen der Abstammung und der Beschreibung der mannigfaltigen Erlebnisse mit dem Haflinger tritt gegenseitiges Verständnis auf — bei allen Sprachschwierigkeiten — und jeder versteht, was da in holländisch, französisch, dänisch oder englisch gerade gesagt wurde.
Was alle politischen Ideen, alle Urlaube in einem benachbarten europäischen Land, alle Volkshochschul-Sprachkurse nicht schaffen — der Haflinger schafft es. Er läßt Nationen, Sprachen und Grenzen vergessen — er bringt Menschen, die sich ihm verschrieben haben, zueinander.
Doch dies ist nur die eine Seite! Bei allem positiven, was die »europäische Haflingerfamilie« auszeichnet, gibt es auch Trennendes. Dieses ist vor allem das Problem der Reinzucht.
Ich habe in dem vorher erschienenen Band »Der moderne Haflinger« vielleicht die Problematik Einkreuzung/Reinzucht etwas leichthin als nicht mehr so brennend dargestellt. Zu diesem Zeitpunkt allerdings stellte sie sich auch so dar.
Mittlerweile — spätestens seit dem vom »Haflinger-Magazin« in Münster veranstalteten »Haflinger-Forum 1987« und dem 1986 vorangegangenen umstrittenen Beitritt der Bundesrepublik zum Welt-Haflingerverband — sind die Fronten verhärteter als zuvor.
Hier sind weitere interessante und schwierige Entwicklungen zu erwarten — von Seiten des Welt-Haflingerverbandes sowie der deutschen Züchterschaft und auch der FN, die sich zum Teil erst andeuten und zum Teil noch nicht in ihrer Tragweite und Auswirkung abzusehen sind.
So sei an dieser Stelle ein Wunsch geäußert, der über die Grenzen, wie es sich dieses Buch auch zur Aufgabe gemacht hat, gehen soll. Vergessen wir nicht über Ideologien und Dogmen, über dem Streit zwischen Reinzucht und Einkreuzung, über den vermarktungspolitischen Strategien, nicht den Haflinger selbst und die Freude, die er so vielen in Europa geschenkt hat und noch schenken wird.
Bei allen berechtigten Fragen, welches denn nun der »richtige« Haflinger sei: die Zuchtzielbeschreibungen von allen hier vertretenen Ländern sind sicherlich durchweg für jeden Züchter akzeptabel. Die Kenntnis der Punkte, die ein gutes Pferd, einen guten Haflinger, ausmachen, ist bei allen Züchtern der Rasse, gleich welche Sprache sie sprechen, vorhanden.
Damit es keine »richtigen« und keine »falschen« Haflinger gibt: darüber muß miteinander geredet werden, national wie auch international.
Es ist eine erfreuliche Tatsache, daß in allen hier aufgeführten Ländern rege Züchter, aktive Interessengemeinschaften und lebendige Vereine existieren, die sich dem Haflinger widmen.
Die Bemühungen in allen Ländern zeigen die Qualitätsverbesserung in züchteri-

scher Hinsicht, das Engagement zur Darstellung der vielfältigen Verwendungsmöglichkeiten der Rasse und die sehr wirksame Öffentlichkeitsarbeit, um neue Freunde zu gewinnen.

Es ist sicher etwas dran, an dem Aufdruck der T-Shirts der englischen Haflinger Society: »Happiness is ... Haflinger«. Es ist schon eine gehörige Portion »Glücklichsein« verbunden mit diesen blonden Füchsen aus den Alpen. Vielleicht ist der bereits erwähnte Vergleich einer »europäischen Haflingerfamilie« noch ein wenig verfrüht und noch etwas zu hoch gegriffen. Sei's drum: eines verbindet sie doch: dieses Pferd, diese Rasse. Auch wenn man sich noch näher kennenlernen muß, auch wenn hier und da noch Berührungsängste vorhanden sein sollten — das Gemeinsame sollte über das Trennende siegen.

Ich habe versucht, so gut es mir möglich war, jedem einzelnen Land gerecht zu werden. Dazu sollte es möglichst mit eigener Stimme sprechen. Hierfür danke ich allen sehr, die mir Material zugeschickt haben, die Darstellungen gesandt haben, die manchmal nur gering bearbeitet oder im Original sich hier wiederfinden, und ich danke auch denen, die mir manche Stunde für ein Gespräch zur Verfügung gestanden haben. Einige Tausend Kilometer bin ich gereist und all mit Freundlichkeit, Gastfreundschaft und Interesse aufgenommen worden. Dafür danke ich besonders. Auch den vielen Zusendern von Bildern und Berichten, die nicht alle hier haben Platz finden können, gilt mein herzliches Dankeschön.

Bevor mein namentlicher Dank kommt, bitte ich noch um Verständnis. Verständnis dafür, was mir beim »Modernen Haflinger« durchaus bewußt und auch jetzt letztlich nicht einzulösen war.

»Haflinger in Europa« kann keine vollständige, keine erschöpfende Darstellung sein. Es ist kein Lexikon und kein lückenloser Gesamtüberblick. Es gibt sicherlich Verbesserungsvorschläge, die eine oder andere Unvollständigkeit und ganz gewiß auch Ansätze zur Kritik.

Ich bitte herzlich, dies mir nachzusehen und erbitte Anregungen. Meine Absicht bestand in Ausgewogenheit und objektiver Berichterstattung — und ich hoffe, daß mir dies gelungen ist.

Zur Reihenfolge der Länder habe ich mir erlaubt, das Ursprungsland Südtirol voranzustellen. Die weiteren Länder folgen dann in alphabetischer Reihenfolge der internationalen Kfz-Kennzeichen, um hier keine Gewichtung vorzunehmen.

Daß die Bundesrepublik seitenmäßig einen Schwerpunkt darstellt, ist sicherlich aus der Anzahl der Tiere, der größeren Anzahl zugänglicher Unterlagen und dem Erscheinungsland des Buches, und damit verbunden dem größeren Leserkreis, vertretbar. Daß einige Länder Europas, die ebenfalls Haflinger züchten, hier nicht aufgeführt sind (Türkei, Albanien, Spanien, Polen, Schweden, Irland), liegt an der Zahl bzw. der Bedeutung der Zucht und möchte so akzeptiert werden.

So mag der »Haflinger in Europa« hinausgehen — hinausgehen in diesen kleinen Kontinent, der dank dieser Rasse noch kleiner geworden ist — jedenfalls für die, die sich mit ihr beschäftigen. Möge er zur Vertiefung bestehender Verbindungen beitragen, neue knüpfen und dem Haflinger neue Freunde gewinnen.

Manche Beiträge sind eher sachlich, nüchtern, manch andere mehr vom persönlichen Erleben geprägt. Wenn dies der Farbigkeit und der Information zugute kam, habe ich bewußt nur wenig verändert. So hat die Unterschiedlichkeit und Vielfältigkeit der Darstellung ihren eigenen Reiz behalten.

Mein besonderer Wunsch ist natürlich, daß dieses Buch ebenso grenzüberschreitend Freunde gewinnt wie die Rasse, der es gewidmet ist.

Mein besonderer Dank gilt folgenden Personen, die durch persönlichen Beitrag oder Mithilfe dieses Buch haben zustande kommen lassen:

Südtirol: Dr. E. Messner, Lana und Hermann Thaler, Bozen,

Österreich: Dr. Leopold Erasimus, Wien, E. Lankmaier, Scharnstein, Klaus Rigele, Tweng, Hannes Schweisgut, Ebbs.

Belgien: Herr und Frau Brinkmann, Libramont.

Schweiz: Monika Ruckstuhl, St. Gallen, Vanlanten, Courtepin.

Bundesrepublik Deutschland: Josef Basenach, Monbach, H. Buche, Celle, H. Deters, Weser-Ems, Frau Haase, Kirchvers, Wolfgang Dornburg, Grafenau-Doeffingen,

Volker Herrmann, Karlsbad, Renate Kahlmeyer, Wedemark, Wolfgang Kreikenbohm, Padenstedt, Familie Kremp, Hennef, Conny und Jens Oberg, Aukrug-Bargfeld, Günther Probst, Schönaich, Familie Schmelz, Lauterbach-Heblos, Familie Westhoven, Bad Honnef, Adolf Widdig, Bornheim, Herr und Frau Wulf, Gütersloh und ein ganz besonderer, herzlicher Dank an Susanne Palzer, München - Darmstadt.
Dänemark: R. und N. Kristensen, Hobro, Inge Nobel, Nykobing, Skade Nielsen.
Frankreich: Gisbert Bölling, Remuzat.
Großbritannien: Jane Evers-Swindell, Clwyd.
Yugoslavien: Prof. Dr. Joze Jurkovic, Ljubljana.
Luxemburg: Jean Stockemer, Rödershausen.
Holland: B.W. De Waal - Malefit, S'Gravenhage, Chr. A.C. Ooomen, S'Gravenhage.

Meiner Tochter Sjambina
Greifenstein, Falkenhof
Im Sommer 1988 Winfried Paul

Wo und wie es anfing

»Die Wiege des Haflingers stand in ....«. Das wäre doch ein schöner Anfang, die Geschichte einer der liebenswertesten Pferderassen beginnen zu lassen.
Da nun in aller Regel Pferde das Licht der Welt in einem Stall, in einer ordentlich mit goldgelbem Stroh ausgestreuten Box und sogar hin und wieder auf dem jungen Gras einer Frühlingswiese erblicken, kann uns hier die »Wiege« nur als hübsches Bild dienen.
Die Kinderstube ist in den ersten Tagen zwischen den Beinen der Mutter und an der Seite ihres warmen und dicken Bauches und sie erweitert sich nach und nach, wenn, mit noch wackeligen Beinen, tatendurstig die eigene Kraft erprobend, rund um die besorgt rufende Mutter die Welt entdeckt wird.
Keine Wiege also für unseren Haflinger? Nun sehen wir weiter...
Vielleicht war es schon ein den nahenden Frühling spüren lassender Morgen mit einer wärmenden Sonne, vielleicht auch ein grauer Frühlingstag, an dem der Frost noch einmal zurückgekommen war und das gerade eben erwachende Grün der Matten noch einmal bereifte, als bei dem Bauern Folie ein kleiner Hengst in das durch die Stalltür flutende Licht blinzelte.
Wie es auch gewesen sein mag, jeder, der Pferde züchtet, kann sich vergegenwärtigen, wie sich die Situation für den Bauern aus Schluderns im Vintschgau (Südtirol) an diesem Morgen des Jahres 1874 dargestellt hat.
Für fast jeden Züchter sind die ersten zehn Monate der Trächtigkeit eher belanglos — nur die letzten vier Wochen werden die Fohlenbewegungen beobachtet, wird die aufgenommene Futtermenge genauer registriert und das Verhalten der Stute näher ins Auge gefaßt. Nehmen wir an, unser Bauer Folie hat die Mutterstute gut gekannt, ihre Verhaltensänderungen aufgrund der Trächtigkeit wahrgenommen, am Vorabend der Geburt alle auf das bevorstehende Ereignis hinweisenden Anzeichen gesehen, er ist kurz vor dem Schlafengehen nochmals durch den warmen und ruhenden Stall gegangen, hat der Stute ein paar freundliche Klapse auf den Hals gegeben und ist dann ins Bett gegangen — nehmen wir diesen für jeden Bauern und Züchter vertrauten Vorgang einmal so an — dann deutete nichts daraufhin, daß in dieser Nacht eine neue Pferderasse der Welt und uns Menschen geschenkt werden sollte...!
Denn es wurde nicht irgendein Fohlen geboren, sondern der spätere Folie 249, der Begründer der Haflinger Rasse.
Entdeckt und zur Aufzucht aufgestellt wurde er dann von dem Hengsthalter Rochus Eberhöfer aus Laas, der ihn dann 20 Jahre auf Station hatte.
Was einmal dieser junge Hengst »auf die Beine stellen« sollte, konnte sicherlich keiner ahnen, daß hundert Jahre später man vom Haflinger als einer Weltrasse sprechen sollte, wäre keinem in den kühnsten Vorstellungen denkbar gewesen, daß man von der »Wiege des Haflingers« jemals sprechen sollte, die dort in den Südtiroler Alpen zu finden ist — jeder hätte uns für verrückt erklärt.
Also sagen wir es doch mit dem Bild von der Wiege — in Schluderns stand sie — nur hat es damals keiner wissen können...
Daß unser Haflinger nun nicht »Schludernser« genannt wird, dazu gibt es eine Überlieferung, die so hübsch ist, daß wir ihr Glauben schenken wollen.
Anläßlich eines Manövers hielt sich der Kaiser der k. u. k. österreichisch-ungarischen Monarchie Franz-Josef in Südtirol auf. In die nur für Tragtiere auf Bergpfaden zugängliche Ortschaft Hafling trug den Monarchen ein kleines, fuchsfarbenes Pferd mit heller Mähne — ein »Haflinger«. Und da dies dem Kaiser so gefiel, hatte dieser Schlag seinen Namen weg.
Gut 100 Jahre ist er erst alt — der Haflinger, der jüngste Sproß in dieser großen und herrlichen Pferdefamilie. Und wieviele Herzen hat er sich in dieser Zeit erobern

können? Einen Siegeszug ohnegleichen hat er — rund um die Welt — in dieser doch sehr kurzen Zeitspanne angetreten, einen Siegeszug, der anhält. Sicherlich waren es auch Männer wie Graf Moritz von Leon, Major Graf Huyn, Oberlandstallmeister Köhler, Karl Thurner, Franz Gentner und nicht zuletzt Otto Schweisgut, die als »Paten« an der Wiege dieser Rasse standen oder sie später förderten.

Aber ohne die entsprechenden Pferde.... . Und diese sprechen für sich selbst. Dies ist zum einen sicherlich deren unverwechselbares Äußeres, die rote Jacke und das lichte Langhaar. Zum anderen tritt der dem Menschen zugewandte Charakter, der Charme, einfach das sympathische Wesen hinzu.

Auf den folgenden Seiten wird ausführlich auf die inneren und äußeren Eigenschaften zu sprechen kommen sein. Die Entstehungsgeschichte soll noch einmal kurz vorgestellt werden — ausführlich ist sie in allen wichtigen Werken über die Rasse bereits geschildert.

Die Geschichte des Haflingers ist so kurz, daß sie als mit die am besten dokumentierte gelten darf. Auch wenn über die weiter zurückliegenden Zeiten gewisse Kontroversen und unterschiedliche Geburtslegenden sich in der Literatur finden lassen, so sind doch ab der »Wiege« von Folie letztlich alle Fragen beantwortet und Grundsätzliches geklärt.

Auch wenn in der einschlägigen Literatur die Herkunft zumeist ausführlich dargelegt worden ist, so kann in einem Zusammenhang wie diesem und einer Zusammenstellung wie dieser, die ja auch v.a. grenzüberschreitend ist und für viele Haflingerhalter ein Einstieg sein dürfte, nicht auf eine knappe Darstellung verzichtet werden.

Der Haflinger entstand mit Sicherheit an einem Tag, an dem der liebe Gott besonders gute Laune hatte — dazu bei trugen sicherlich der Orientale und der Noriker sowie der vorhandene Gebirgspferdeschlag. Ferner gehörten dazu spezifische Interieur- und Exterieureigenschaften, die sich auch umwelt- und haltungsbedingt formten — und der Blick und das Können von Züchtern, die das Besondere, das da heranwuchs und weiter zu wachsen begann, erkannten: Männer, die an der »Wiege« von Folie standen, der das schuf, was dann in die Welt hinausging: Die Weltrasse Haflinger, das Universalpferd.

Im Herzen des alten Tirol, in den Etschländer Bergen zwischen Bozen und Meran ist die Heimat des Haflingers zu finden: eine Bilderbuchlandschaft, die ein Bilderbuchpferd hervorgebracht hat.

Ein Gebirgsplateau in einer Höhe von 1000 bis 1500 Metern, mit alten, von der Umwelt ehemals nur über Saumpfade zu erreichenden Dörfern, mit »saftigem Grün der samtigweichen Hügellandschaft und das vornehm zarte Grün der schütteren Lärchenwälder mit ihren warm getönten, braunen Stämmen, das einen zauberhaften Kontrast zu den schroffen und harten Bergriesen bildet, deren schneeige Gipfel in den tiefblauen Himmel ragen. (...) Gott selbst hat seinen Geschöpfen das Land als Eden geschenkt, das im Pferd den untrüglichsten Ausdruck seiner Eigenart findet.« (Schweisgut)

Auch wenn mit Folie hier die organisierte Haflingerzucht begann, auch wenn Männer hier Erwähnung finden, die den Weg der Rasse geebnet und sie gefördert haben — ohne den Bergbauern und seine Verbundenheit mit seiner Welt und ohne die Züchterfamilien, die über Generationen hinweg diesen Pferdeschlag verwendeten, züchteten und liebten, gäbe es nicht den Haflinger. Er ist ein Teil dieser alten Kulturlandschaft, ja ein lebendiges Kulturgut. Der Adel in der Erscheinung, der Ausdruck von Güte, Leistungsfähigkeit und Schönheit, der sich in den Augen und Köpfen wiederfindet, ein waches Temperament und die Dynamik der Bewegung — dies alles läßt nicht nur das Herz des Bergbauern höher schlagen.

So ist nicht zuletzt den Züchtern Südtirols der Haflinger zu verdanken — sie lieferten die Ausgangsstuten, aus denen Folie und seine Söhne entstammten.

Hier, im Ursprungsland, ist sicherlich an Adel und Ausdruck, an Trockenheit und Temperament ein genetisches Reservoir für die Haflingerzucht in anderen Ländern zu finden.

»Eine so junge Rasse wie der Haflinger braucht noch lange kein frisches Blut, schon gar nicht, wenn sie altes »Urhaflingerblut« noch lebendig im Lande hat.« (U. Guttmann) Vielleicht sollte diese Aussage

einmal stärker in die derzeitige Diskussion eingebracht werden.
In jeder Rasse ist das Ursprungszuchtgebiet maßgebend für Nachzuchtgebiete; bedauerlicherweise ist es in diesem Falle lange Zeit in den Hintergrund gerückt. Mit ein Anliegen ist es, es hier stärker ins Bewußtsein hervortreten zu lassen.
Die Information innerhalb der europäischen Züchterschaft ist zunehmend im Wachsen — jedoch längst nicht ausreichend. Wenn dieses Buch eine Art »Vademecum«, ein Begleiter auf Reisen werden könnte, hat es eine Aufgabe erfüllt. Wenn es der Verständigung, dem Kennenlernen und dem Meinungsaustausch dient, eine weitere. Gelingt es — neben dem Blick über den Zaun und den Schritt auf den Züchterkollegen im anderen Land zu — darüber hinaus neue Freunde zu gewinnen, dann ist für mich auch der letzte Zweck erfüllt.
Eine rein wissenschaftliche Arbeit, eine lückenlose Pedigreeaufstellung, eine nüchterne Faktensammlung konnte und sollte es nicht sein — hierzu gibt es Berufenere. Es ist einer mir möglich gewesenen Objektivität verpflichtet.
Mythen, die sich leicht gebildet haben, sollen nicht verstärkt, jedoch auch nicht völlig entzaubert werden. Daß immer auch pragmatische und ökonomische Maßstäbe wesentlich eine Zucht mitbestimmt haben und es auch müssen, soll nicht unterschlagen werden.
Lassen wir dies aber außer Betracht — lassen wir den Zauber dieser Pferde wirken.

Die Entstehung der Haflingerrasse

Über die Herkunft des Haflingers bestehen nur Hypothesen. Als Heimat ist Südtirol, insbesondere der Tschöggelberg mit dem Salten-Möltenplateau anzusehen.
Das Pferd war in diesen Gebirgsregionen das einzige Verkehrs- und Beförderungsmittel, mit dessen Hilfe entlegene Ortschaften und Märkte über schmale Saumpfade erreicht werden konnten.
In mittelalterlichen Schriften ist zu lesen, daß nördlich des Alpenhauptkammes der massige, kaltblütige Noriker und im Süden Tirols ein leichterer, arabisch beeinflußter Schlag existierte, der als Reit- und Wagenpferd Verwendung fand.
Auch in hippologischen Akteneintragungen der k. und k. Donaumonarchie wird das Salten-Möltenplateau als Zuchtinsel eines »Orientalischen Halbblutes« bzw. »Haflinger Kleppers« (Klepper bedeutet hier soviel wie kleines, zähes Pferd) aufgeführt.
Der zwischen Etsch- und Sarntal beheimatete Landschlag anspruchsloser Gebirgspferde kann als Ursprung des heutigen Haflingers betrachtet werden.
Durch norische und arabische Blutzufuhr sowie den Einfluß des Klimas und der spezifischen Lebensbedingungen des Gebirges, formte sich der Haflingertyp heraus.
Es bestehen verschiedentlich Differenzen darüber, welche Komponente ausschlaggebend für die Typausprägung war: der Orientale oder das Norische Kaltblut. So wird einerseits der Haflinger als ein, beeinflußt durch die kargen Umweltverhältnisse der Bergwelt, verkleinerter Noriker dargestellt. Auch Thurner vertritt die Auffassung, daß der Noriker als Vorfahre des Haflingers angesehen werden müsse und es sich dabei um eine örtliche Varietät des alpinen Kaltblutes handele.
Andererseits wird der Orientale als dominierendes Element hingestellt. Diese These wird einmal durch den Begriff »Orientalisches Halbblut« gestützt, damit in Übereinstimmung stehen auch die auf Gemälden um 1820 abgebildeten Pferde mit stark ausgeprägten Hechtköpfen.
Fest steht auf jeden Fall, daß eine Blutkombination stattgefunden haben muß, da sowohl norische als auch orientalische Merkmale beim Haflinger erkennbar sind.
Zusammenfassend kann man sagen, daß der bodenständige kleine Pferdeschlag des Ursprungsgebietes, der heutigen Provinz Bozen, durch norische und orientalische Blutzufuhr beeinflußt wurde und umweltbedingt ganz spezifische Exterieur- und Interieureigenschaften entwickelte, die den Haflingertyp prägten. Das norische Element zeigt sich in Kaliber und Bemuskelung; Härte, Nerv und Adel lassen sich auf die orientalischen Ahnen zurückführen, Rahmen und Genügsamkeit sind ein Erbe des Landschlages.

Nach Thurner stellt der Haflinger weder ein ausgesprochenes Warmblutpferd, noch einen verkleinerten Noriker, auch nicht einfach eine Kreuzung von beiden dar, sondern er ist ein eigener Leistungstyp vom Kaliber eines kräftigen Ponys.

Die Zucht des Haflingerpferdes im Ursprungsland

Der Schwerpunkt der Zucht lag in den Ortschaften Mölten, Vöran, Schlaneid, Vlaas, Verschneid und Jenesien. Als Zuchtziel strebte man ein gebirgssicheres Tragpferd, vor allem für die Armee, an.
Der Beginn einer planmäßigen Zucht wird mit dem Geburtsjahr des Hengstes 249 Folie, nämlich 1874, angesetzt. Er war der erste eingetragene Haflingerhengst und entstammt der Paarung des Halbblutorientalen 133 El Bedavi XXII mit einer veredelten Landstute. Alle sieben reinen Blutlinien der Haflingerzucht gehen auf 249 Folie zurück. Die für den Haflinger typische Fuchsfarbe stammt von der Mutter Folies, einer Dunkelfuchsstute des Landschlags und von seiner Urgroßmutter väterlicherseits, einer Gidranstute, da es sich bei 133 El Bedavi XXII selbst um einen goldbraunen Hengst handelte. Beschrieben wird 249 Folie als idealer Tragpferdetyp mit Araberadel, starker Bemuskelung, langer schräger Schulter, straffer Oberlinie, gerader Kruppe und tiefer Behosung. Er verfügte außerdem über kräftige markante Gelenke und einen raumgreifenden Gang.
Folie war ein Goldfuchs mit Stern und zeigte an allen Beinen weiße Abzeichen. Bezüglich seiner Größe werden Maße von 150-161 cm Bandmaß (entsprechend 140-151 cm Stockmaß) angegeben, der Brustumfang betrug 182 cm, das Röhrbein maß 20,5 cm. 249 Folie hinterließ drei Söhne:

1. 14 Folie I, geb. 1887, der ab 1891 als Landbeschäler in Tirol eingesetzt wurde.
2. 37 Laas, geb. 1896, er wurde ab 1900 als Landbeschäler aufgestellt.
3. liz. 252/233 Hafling, geb. 1897.

Die Durchschnittsmaße dieser drei Hengste betrugen:

Widerrist/Bandmaß	155 cm
Brustumfang	172 cm
Röhrbein	20 cm

Da Laas keine Hengstnachzucht hinterließ, wurde die Stammlinie nur von 14 Folie I und liz. 252/233 Hafling weitergeführt.

Zur Rassebezeichnung »Haflinger« kam es dann schließlich 1898 in Bezugnahme auf die kleine Ortschaft Hafling im Entstehungsgebiet der Rasse, zwischen Bozen und Meran. Der Vorschlag wurde mit einem Erlaß des k.u.k. Ackerbauministeriums vom 2.5.1898 bestätigt.

Wie bereits erwähnt, existieren sieben Blutlinien, wovon sechs auf 14 Folie I und eine auf 252/233 Hafling zurückzuführen sind.

Die einzige auf Hafling zurückgehende Linie, die den Hengst 401 liz. Willi zum Begründer hatte, vererbte einen etwas massiveren Haflinger, der aber noch mit genügend Adel versehen war.

Liz. 42 Mandl lieferte in seinen 14 Jahren Deckzeit 130 registrierte Zuchthengste sowie wertvolles Stutenmaterial und gilt somit als erfolgreichster Hengst der Haflingerrasse.

Sein Sohn Bolzano ist Begründer der rein italienischen B-Linie.

Der Stammvater der N-Linie, Nibbio (Niggl 2), lieferte bedeutende Nachzucht, der er aber meist auch seine weißen Abzeichen vererbte.

Massimo wird als edel und typtreu beschrieben (M-Linie). Der Stammhengst der ST-Linie, 1074 Student, brachte 24 Söhne hervor, von denen besonders 128 Stromer Bedeutung erlangte.

999 Anselmo (A-Linie) wird als etwas derber, sehr breiter und tiefer Hengst mit viel Fundament und besonders viel Temperament bezeichnet. Noch mit 28 Jahren erreichte er einen Trächtigkeitsprozentsatz von 85%.

In folgender Übersicht wird die Herkunft der einzelnen Linien aufgezeigt:

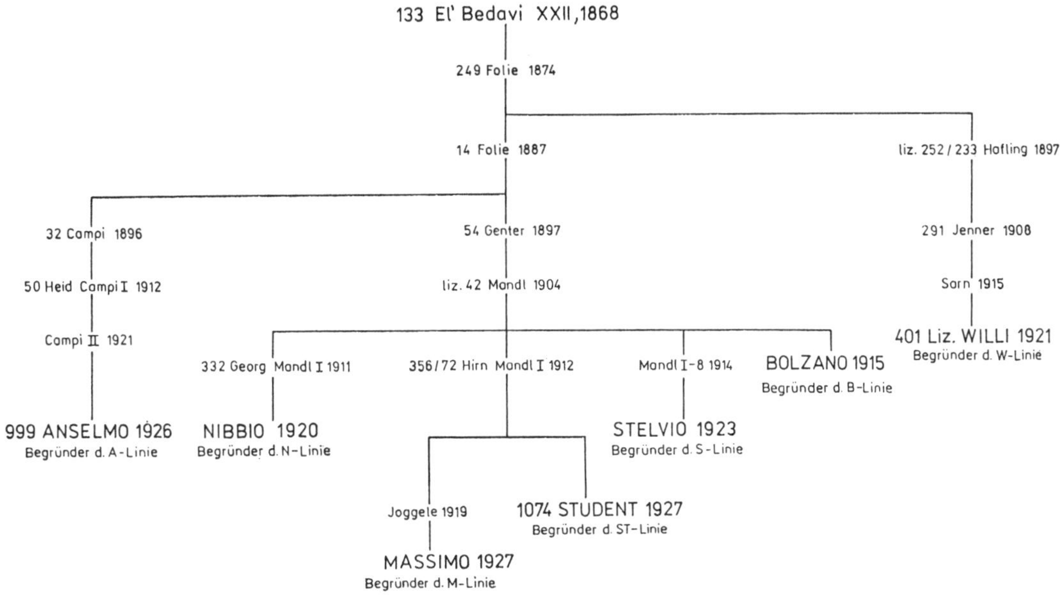

Darstellung 1. Stammtafel der Blutlinienbegründer. Nach Schweisgut 1965

Die nächste Übersicht zeigt die auch heute noch existierenden sieben Linien, auf die alle reingezogenen Hengste zurückgehen:

A-Linie: 999 Anselmo, geb. 1926, 5. Gen. nach 249 Folie

B-Linie: Bolzano, geb. 1915, 4. Gen. nach 249 Folie

M-Linie: Massimo, geb. 1927, 6. Gen. nach 249 Folie

N-Linie: Nibbio, geb. 1920, 5. Gen. nach 249 Folie

S-Linie: Stelvio, geb. 1923, 5. Gen. nach 249 Folie

St-Linie: 1074 Student, geb. 1927, 6. Gen. nach 249 Folie

W-Linie: 401 liz. Willi, geb. 1921, 4. Gen. nach 249 Folie

Daraus wird ersichtlich, daß der Haflinger als ein Produkt der Inzucht zu bezeichnen ist, da sich alle sieben reinen Blutlinien auf 249 Folie zurückführen lassen. Im Anfangsstadium der Zucht wurde die Methode der Inzucht nur ungewollt und zufällig angewandt: aus Mangel an Hengsten, zu großen Entfernungen, oder weil ein Hengst zu lange im gleichen Zuchtgebiet verblieb. Die Inzucht kann — sachgemäß angewandt — eine äußerst effektive tierzüchterische Maßnahme sein, um die Erbanlagen wertvoller Zuchttiere auszunutzen und bewirkte bei der Haflingerrasse die Anhäufung gewünschter rassetypischer Eigenschaften. Die Gefahr der Inzucht liegt in einer Blutlinienverengung, und bei der Nachzucht ist verstärktes Augenmerk auf die Erbgesundheit der Tiere zu richten, um Inzuchtschäden wie Konstitutionsschwächen, Unfruchtbarkeit, geringe Lebensfähigkeit der Neugeborenen und allgemeine Degenerationserscheinungen zu vermeiden. Durch die harte Selektion der Haflinger auf den Bergbauernhöfen konnten jedoch keine Negativvarianten bestehen.

Gegen 1900 wurden von einer Kommission des k.u.k. Ackerbauministeriums ca. 200 Stuten aus dem Meraner Gebiet und dem Vintschgau zum Aufbau einer Tragpferdezucht ausgewählt, sie stellten die Zuchtbasis dar.

Es wurde ein geregelter Zuchtbetrieb eingeführt, die wilde Belegung verboten und die individuelle Paarung der Stuten angeordnet.

Graf Huyn beschreibt den damaligen Haflinger folgendermaßen: »Der Haflinger ist ein kleines, 150-160 cm (Bandmaß) hohes

Gebirgstragetier, kurz und breit, über viel Boden, hat breiten Rücken, gewölbte Lende, ist gut gerippt und tief, mit nicht sehr langer Kruppe, vielleicht etwas wenig Widerrist, kurzen Röhren, starken Fesseln, vorzüglichen Hufen, breiten gut gewinkelten Gelenken... Der starke, oft etwas verkehrte Hals ist gut aufgesetzt, kurzes starkes Genick, breiter, kurzer, trockener Kopf, ein leichter Eindruck am Nasenrücken kommt vor, lebhafte Augen, guter raumgreifender praktischer und korrekter Gang, verbunden mit großer Geschicklichkeit und Vertrautheit im schwierigen Terrain. Der Haflinger ist sehr willig und arbeitsfreudig...«.

Mit der Gründung der ersten Haflingerpferdezuchtgenossenschaft 1904 in Mölten begann die systematische Zucht des Haflingers. Strenge Selektionskriterien für Hengste und Stuten sowie staatliche Zuchtförderungsmaßnahmen führten zur Konsolidierung der Rasse, es entstand ein an die Verwendung im Gebirge bestens angepaßter Rassetyp.

Mit Ende des Ersten Weltkrieges 1918, wurde das Zuchtgebiet des Haflingers entzweit, der Norden Tirols ging an Österreich und der Süden wurde Italien zugesprochen. Der Fortbestand der Zucht ist dem Zufall zu verdanken, daß fast alle Hengste auf österreichischer Seite, aber fast alle Stuten auf italienischer Seite zurückgeblieben waren. In Südtirol ergab sich also nach der Abtrennung 1919 ein Hengstmangel, während reinblütige Stuten ausreichend vorhanden waren. Die italienische Regierung entwickelte in Zusammenarbeit mit der Pferdezuchtkommission Bozen Richtlinien zum Aufbau der Zucht. Die restlichen im Lande verbliebenen österreichischen Hengste wurden übernommen und mit neu angekauften Hengsten auf Deckstationen verteilt. Auf Empfehlung der Bozener Pferdezuchtkommission richtete man Zuchtzonen für die beiden Landesrassen Haflinger und Noriker ein, um Kreuzungen zu vermeiden.

Das Zuchtgebiet um Jenesien verfolgte streng das Reinzuchtprinzip und konnte am ehesten Zuchtfortschritte verbuchen. Im Sarntal wurde aber immer noch mit Norikern gekreuzt, wodurch ein als »Sarntaler Schlag« bezeichneter schwerer Typ dominierte.

Aufbau der Zucht in Nordtirol/Österreich nach 1919

In Österreich, dem eigentlichen Norikerzuchtgebiet, setzte man die Zucht in den Hochtälern, besonders Nordtirol fort. Diese Regionen glichen in Klima und Bodenbeschaffenheit der Südtiroler Heimat. Aus Mangel an einer reinblütigen Stutengrundlage wurde am Anfang eine Kreuzungszucht mit Kriegsrücklaßstuten wie Huzulen, Bosniaken, Koniks und Norikern praktiziert. Man hoffte, über eine Verdrängungskreuzung dem Rassetyp des Haflingers wieder näherzukommen. Die Zucht wurde vor allem dort angesiedelt, wo schon vor dem Ersten Weltkrieg Privatgestüte gegründet waren. Die größten Zuchterfolge hatte schon damals Tirol, wohl auch, weil es klimatisch und bevölkerungsmäßig mit Südtirol am stärksten verwandt war.

In der Zeit von 1921 bis 1951 wurden in Nordtirol mehrere Haflingerpferdezuchtgenossenschaften gegründet, darunter auch die 1921 entstandene erste Nordtiroler Zuchtgenossenschaft in Zams, die praktisch als Vorgänger des heutigen Zuchtverbandes Tirol anzusehen ist. 1926 richtete man ein Stutbuch ein, in das nur Original-Haflingerstuten eingetragen wurden. Der nach dem Krieg vorhandene Stutenmangel wurde durch Importe von Originalstuten aus Südtirol behoben. Die Zucht maßgeblich beeinflussende Hengste waren: 999 Anselmo, 850 Mordskerl, 1582 Monarch, 401 liz. Willi, 1074 Student, liz. Stürmer, 423 Midas, 128 Stromer und 122 Wardein.

Der Haflinger fand eine immer größer werdende Verbreitung und konnte sich auch in klassischen Norikerzuchtgebieten behaupten. Die klimatischen Bedingungen verlangten nach einem anspruchslosen, leichtfuttrigen Pferd, dem der Haflinger in idealer Weise entsprach. Die Durchschnittsmaße der in den 30er Jahren aufgestellten Hengste betrugen 149-158 cm Bandmaß.

Ab 1938 konnte der Haflinger seine eigentliche Blütezeit verzeichnen, als ein starkes Interesse der Wehrmacht an Tragtieren für die Gebirgstruppen bestand. Vom damaligen Reichsminister für Ernährung und

(Fortsetzung Seite 25)

Tiroler Stutenfamilie in Hessen im Vogelsberg (aus der Zucht Karl-Wilhelm Weimann, Hintersteinau) (Foto: Weimann)

Wo und wie es anfing

Haflinger um 1920 (Foto: Stang-Wirth)

Die an der Entstehung und rassespezifischen Typausprägung des Haflingers maßgeblich beteiligten Rassen waren:

Der Orientale: Vollblut-Araberhengst (Foto: Palzer)

Beschreibung: 150-155 cm Stockmaß, häufig quadratisches Format, Kopf klein mit breiter Stirn, große und schöne Augen, eingedrückter Nasenrücken, mittellanger, hochaufgesetzter Hals, Rücken und Kruppe verhältnismäßig kurz, leichtes trockenes Fundament, die Beinstellung an den Vorderbeinen ist oft zehenweit und hinten kuhhessig. Der Araber ist ein außerordentlich temperamentvolles, lebhaftes und feuriges Pferd. Von ihm erbte der Haflinger: Härte, Leistungsfähigkeit, Akklimatisationsfähigkeit, Adel. Sein Einfluß wird vor allem in einer arabisierten Profillinie sichtbar.

Der Kaltblüter: Neran v. Negur a.e. Junkers-Stute. Z.: J. Hosp, Bes.: A. Höcherl, Deisenhofen

(Foto: Palzer)

Beschreibung: echtes Gebirgspferd der österreichischen und bayerischen Alpenländer, sehr kräftig, hart, anspruchslos, futterdankbar, frühreif, langlebig, gutmütiger Charakter, leicht zu behandeln, zugfest, schweres landwirtschaftliches Arbeits- und Gebrauchspferd, teilweise schwere Kopfform mit gutmütigen Augen, kraushaarige Mähne, der Hals ist von mittlerer Länge, der Widerrist kurz mit straffen Muskeln bepackt, Rücken von mittlerer Länge, gut bemuskelt, Kruppe breit und gespalten, tief angesetzter Schweif mit starkem gewelltem Haar. Sein Anteil wird sichtbar in spezifischen Merkmalen des Körperbaus, Bemuskelung, Kruppe, Breite, Tiefe, Kaliber, in Nervenstärke, ruhigem Temperament, Umgänglichkeit sowie dem dichten, blonden Langhaar.

Vollblut-Araber Stute aus Marbach
(Foto: Palzer)

Süddeutsche Kaltblutstute (Foto: Palzer)

Das Endprodukt: der Haflinger. Außerordentlich ausdauerndes, genügsames, trittsicheres Gebirgspferd von robuster Gesundheit, gutmütig und willig, kleiner edler Kopf, kräftiger, schön angesetzter Hals, Rücken mittellang, trockene Beine mit deutlich markierten Sehnen und Gelenken, hervorragend harter, gesunder Huf. Charakteristischstes Rassekennzeichen: Fuchsfarbe mit hellem Behang.

Stromboli v. Strumer a.e.
Alpha-Stute, Z.: Ebbs, Bes.:
Haflingerhof, Gönnern
(Foto: Palzer)

Anforderungen und Verwendung

Neben den Zuchtschauen ist die große Verwendungsbreite des Haflingers immer wieder ein gutes Schaufenster der Möglichkeiten. Folgende Bilder sollen eine kleinen, aber umfassenden Ausschnitt zeigen. Weiterhin ist auf die Verwendung des Haflingers in der Reittherapie hinzuweisen.

Sechserzug in Tiroler Anspannung beim Hessentag Lauterbach 1983 (Fahrer: Klaus Schmelz)
(Foto: Schmelz)

Fahren vom Sattel
(Foto: Oberg)

Haflinger Hengste des Hofs Müller, Gönnern, bei landwirtschaftlichen Arbeiten. (E. May) (Foto: Palzer)

Der »moderne« Landwirt und sein »barockes« Tragtier. (Günther Probst, Schönaich) (Foto: Probst)

Dressurvorführung im Damensattel (Reiterin: Inge Dellé) (Foto: Oberg)

Voltigiergruppe »Kreuzerhof«, Hannelore Strübel, Mainz-Budenheim, zeigt u.a. Voltigieren ohne (!) Longe (Foto: Schmelz)

»Grande« von Gigolo, Haflingerzucht Basenach als Western-Pferd (Foto: Palzer)

»Mero« bei zirzensischer Dressurübung (Klaus Schmelz, Lauterbach) (Foto: Schmelz)

Haflinger Stuten zur Stutenmilchproduktion im Kurgestüt Waldbrunnen (Foto: Palzer)
Die Produktion von Stutenmilch als Rohstoff für wertvolle diätetische und kosmetische Produkte erfordert besonders strenge Hygienemaßnahmen und Sachkenntnis. Die Stuten werden 4 mal am Tag gemolken, da immer nur jeweils eine kurze Melkzeit mit ausreichendem Milchfluß ausgenutzt werden kann. Die durchschnittliche Milchmenge pro Stute beträgt ca. 6 Liter, wobei man berücksichtigen muß, daß diese Stuten auch ein Fohlen bei Fuß führen.

Reinzucht - Arabisierung
Pro und contra

Hier eine Studie mit Arabo-Haflingern mit verschiedenen Blutanteilen.
1. Stute mit 50%:
Arabo-Haflingerstute. Hier sind starke Abweichungen vom Haflingertyp deutlich erkennbar. Der helle Behang ist von rotbraunem Langhaar verdrängt worden. Auch exterieurmäßig erinnert die Stute eher an ein kleines Reitpferd oder Reitpony (Foto: Palzer)

2. Stute mit 37,5%:
Auch diese Stute, die über Vater- und Mutterlinie Araberblut führt, läßt den eigentlichen Habitus des Haflingers vermissen und steht in Typ und Ausdruck einem Warmblutpferd nahe. (Foto: Palzer)

3. Hengst mit 25%:
Der Hengst, ein Produkt der 1. Rückkreuzungsgeneration mit 25% Blutanteil, läßt den eigentlichen Haflingertyp bereits wiedererkennen, was besonders durch das Vorhandensein des hellen Behangs unterstützt wird. In einigen Merkmalen des Körperbaus ist der arabische Einfluß jedoch sichtbar. (Foto: Palzer)

Landwirtschaft wurden Richtlinien für die Haflingerzucht erlassen, in denen es u.a. heißt, daß es sich hierbei um eine Spezialzucht handele, die aus Gründen der Landesverteidigung betrieben werde. Dementsprechend muße das Zuchtziel nach den Anforderungen der Wehrmacht ausgerichtet werden, was erhebliche Nachteile mit sich brachte.

Der vom Heer bevorzugte Typus des kleinen, edlen, drahtigen Haflingers entsprach jedoch auch den Vorstellungen der Bergbauern. Der Haflinger wurde automatisch zum kleinen Tragtier umgezüchtet, gegenüber den Stutenimporten von 1927, bei denen man Pferde um 150 cm Bandmaß eingeführt hatte, wurden jetzt Stuten mit einem Bandmaß um 140 cm bevorzugt. Der Ausspruch, daß der Haflinger nur selten zu klein, aber bald zu groß wäre, gibt die damalige Situation wieder. Diese Verkleinerung hatte Folgen bis in die heutige Zeit und bereitete für die Zucht eines Freizeitpferdes, das auch als Erwachsenenreitpferd genutzt werden soll, Probleme.

Exterieurmäßig wurden geringe Größe, Untersetztheit, steile Schulter, kurzer, breiter Rücken, Rundrippigkeit, geringer Widerrist und eine abgeschlagene Kruppe angestrebt.

Betrachtet man sich diese Merkmale, so stehen sie genau konträr zu den heute gewünschten Points und es ist nicht verwunderlich, daß eine derartige Zuchtzielumstellung, wie sie beim Haflinger von einem Extrem ins andere vollzogen wurde, züchterische Probleme und Schwierigkeiten bereitete. Vorteile der starken Zuchtlenkung durch die Wehrmacht ergaben sich im Aufbau der Hengstfohlenhöfe und dem relativ sicheren Absatz der Hengstfohlen zu stabilen Preisen durch den eigenen Bedarf des Heeres.

Nach Ende des Zweiten Weltkrieges hatte die Haflingerzucht durch die Auflösung der Fohlenhöfe sowie die fehlende Nachfrage der Wehrmacht einen Tiefpunkt zu verzeichnen. Man hatte sich zu einseitig auf den Abnehmer Wehrmacht konzentriert, der die Massenproduktion eines kompakten Tragtieres forderte. In dieser Form schien der Haflinger nach Kriegsende auch als Wirtschaftspferd ungeeignet, deswegen war eine Neuorientierung auf einen zeitgemäßen Verwendungszweck notwendig. Der 1945 in Tirol zum Zuchtleiter ernannte Otto Schweisgut strebte als Zuchtziel ein Universalpferd an, das aber auch den Forderungen der Landwirtschaft nach einem massiveren Haflinger gerecht wurde. Um das gesteckte Ziel schnellstmöglich zu erreichen, wurde im ehemaligen Heeresfohlenhof von Zams eine Hengstaufzuchtstätte ausgebaut und das Tiroler Verbandsgebiet als ein großes Gestüt erklärt. Folgende Zuchtförderungsmaßnahmen, die auch heute noch z.T. Gültigkeit besitzen, wurden festgelegt:

1. Die Haflingerzucht soll in Reinzucht weitergeführt werden.
2. Sämtliche Hengstfohlen müssen der Zuchtleitung zur Auswahl der Zuchthengste zur Verfügung gestellt werden.
3. Alle nicht zur Aufzucht ausgewählten Hengstfohlen müssen außerhalb des Zuchtgebietes abgesetzt werden.
4. Eine Aufzuchtstätte (Fohlenhof) ist zu schaffen.
5. Jede Umstellung von Hengsten obliegt der Zuchtleitung.
6. Der Haflinger muß zu einem von der Wirtschaft verlangten vielseitigen Pferd umgezüchtet werden.

1947 konnte der verbandseigene Hengstaufzuchthof in Ebbs eingerichtet werden. Eine optimale Voraussetzung für die Beschaffung von Vatertieren war damit gegeben, gleichzeitig wurde die private Hengsthaltung verboten.

1952 formulierten die Haflinger züchtenden Staaten (BRD, Italien, Schweiz, Österreich) ein neues Zuchtziel in Richtung eines Universalpferdes: »Angestrebt wird die Züchtung eines kleinen, edlen und kräftigen Gebirgspferdes, das sowohl als Zug- und Tragtier wie auch als Reitpferd verwendet werden kann... Der angestrebte Typ verkörpert ein Pferd, das genügend Adel, große Tiefe und Breite mit guter Rippung, tiefer Flanke, breiter Lende, trockenes Fundament sowie korrektes und flottes Gangvermögen, leicht gespaltene und gut bemuskelte Kruppe verfügt. Haupteigenschaften: Gesundheit, Härte, Widerstandskraft, Genügsamkeit, großes Arbeitsvermögen sowie Fruchtbarkeit bei einwandfreien Charaktereigenschaften mit viel Temperament.« Als Bestmaße wurden für Stuten festgesetzt:

Stockmaß, Widerristhöhe: 134-140 cm

Brustumfang:	170-190 cm
Röhrbeinstärke:	17,5-20 cm

Für Hengste gelten die Maße plus 1 cm.
Die Fuchsfarbe sollte typisch sein, helles Langhaar und Aalstrich waren erwünscht, während starke Abzeichen an Kopf und Beinen nicht gerne gesehen waren.
Der Haflinger verkörperte demnach ein kleines edles Gebirgspferd mit vielseitiger Verwendungsmöglichkeit. Im Zuge der Technisierung wurde das schwere Kaltblutpferd immer mehr aus den landwirtschaftlichen Betrieben verdrängt, der Haflinger war dank seiner Genügsamkeit und Anpassungsfähigkeit geeignet, als kostengünstige Zugkraftreserve von Traktor und Maschinen diese Lücke zu schließen. Der Haflinger war rentabler und z.B. am Steilhang Maschinen überlegen, außerdem wurde er zur Bewirtschaftung der Alm gehalten und stellte darüber hinaus auch noch eine zusätzliche Nebeneinnahme dar.
Im Jahre 1958 wurde das Stammbuch in Tirol geschlossen, d.h. es wurden nur noch Stuten, die dem Zuchtziel entsprachen und für die Aufnahme ins Hauptstammbuch geeignet waren, eingetragen. Dafür mußten mindestens drei Generationen Abstammung nachweisbar sein.
1965 veranstaltete der Haflinger Pferdezuchtverband Tirol die erste Internationale Haflinger Ausstellung mit Beteiligung der BRD, den Niederlanden, der Schweiz und Österreich.
Neben weiteren zahlreichen Veranstaltungen war vor allem die Jubiläumsfeier 1971 »50 Jahre Haflinger Pferdezuchtverband Tirol« eine enorme Werbung für das Haflingerpferd. Aus dem von Schwark zusammengestellten Bericht über diese Schau ist zu entnehmen, daß bereits damals Pferde vorgestellt wurden, die in hohem Maße den Ansprüchen nach einem modernen Freizeitpferd entsprachen. Auf der österreichischen Bundespferdeschau 1976 demonstrierten die Tiroler Haflinger ihr hohes züchterisches Niveau. Schwark kommentierte dazu: »...Sie standen durchweg im Rassetyp des modernen Haflingers mit ausgeprägten Reitpferdemerkmalen und einer Größe von 140-145 cm Stockmaß.«
Auch auf der 1985 durchgeführten Internationalen Zuchtschau, bei der nur Familien vorgeführt wurden, konnte der hohe Zuchtstandard erneut unter Beweis gestellt werden, indem die ausgestellten Pferde in Größe, Rahmen, Gangvermögen, in moderner Linienführung und Eleganz überzeugten, dabei wurde nichts an Rassetyp, Charme und Adel des Haflingers eingebüßt. Als einer der Höhepunkte, auch für die gesamte europäische Haflinger-Zucht gesehen, sind die jeweils im Herbst stattfindenden Stutfohlenauktionen zu bezeichnen. Was die Auswahl der Hengstkandidaten betrifft, so werden nur Hengstfohlen zugelassen, die abstammungsmäßig in Zuchtqualität, Exterieur, Fruchtbarkeit, Charakter, Temperament und Farbe entsprechen. Die Mutterlinie muß in der ersten Generation 80% und in der zweiten und dritten Generation 75% Trächtigkeitsquote aufweisen.
Rückblickend kann gesagt werden, daß es mit harten Zuchtförderungsmaßnahmen unter der Leitung von Otto Schweisgut gelungen ist, das in Tirol vor ca. 40 Jahren gesteckte Zuchtziel (Universalpferd), zu erreichen. Hauptproblem war, den Haflinger auf die Größe zurückzuführen, die er in den 20er Jahren besaß. Dabei wurden keinesfalls die begehrten, unverzichtbaren Eigenschaften des Haflingers, wie der gute Charakter, das ruhige Temperament, der spezifische Charme, Härte, Genügsamkeit, Ausdauer und Fruchtbarkeit, aufs Spiel gesetzt. Von Ebbs ausgehend wurden auch weltweit Exporte getätigt.
Seitens der Tiroler Zuchtleitung wird betont, daß einmal die kompromißlose Reinzucht, das Bestehen des Fohlenhofes Ebbs und eine intensive Werbung die drei Säulen des Erfolges seien. Mit Hilfe des Fohlenhofes Ebbs, dem größten Haflingergestüt Europas, war es auch möglich, die sieben reinen Hengstlinien zu erhalten. Als Spitzenvererber sind u.a. noch zu nennen liz. Afghan, geb. 1969 und Brutus, geb. 1976, beides Inzuchtprodukte. Der Hengst Stuart ist durch seine einwandfreien S-Dressurvorführungen bekannt.
Das Hochzuchtland Tirol hat einen Bestand von ca. 2000 Haflingern aufzuweisen, die Anzahl der Deckhengste beträgt um 40.

Mittlerweile ist der Haflinger auf allen Kontinenten vertreten, allein bis 1980 stieg die Zahl der Zuchtländer auf über 30.

(... Aus: Hans-Joachim Schwark - Petra Petzold »Das Haflinger Pferd«, A. Ziemsen Verlag, Wittenberg, 1986[2]...)

Zuchtbestände des Haflingers in einigen ausgewählten Zuchtländern. Nach Schweisgut 1980.

Land	Zuchttierbestand (1980) Hengste		Stuten
Weltbestand	720		14000
Österreich	121		3496
davon Tirol	42		1530
Italien	184	etwa	5000
davon Südtirol	28		1611
BRD[1]	309		5655
davon Bayern[1]	92		2470
DDR[2]	60		1665
Niederlande	40		780
Frankreich	26		453
Schweiz	18		362
Belgien	17		266
Großbritannien	15		150
Türkei	9		128

1 Bestand 1984, 2 Bestand 1984

Heutige Anforderungen an das Haflinger Pferd und seine Verwendung

Der Haflinger war im Laufe seiner Geschichte verschiedenen Typumwandlungen unterworfen, denkt man z.B. an die Verkleinerung um 1935 bis 1945, die ihn zum kleinen Tragtier der Armee formte, danach das Bestreben, ihn kalibriger, massiver werden zu lassen, um als Wirtschaftspferd eingesetzt zu werden. Später wollte man schon lieber ein Universalpferd, das vielseitig sein sollte und somit mehreren Verwendungsmöglichkeiten gerecht wurde. Vor etwas mehr als zwanzig Jahren verlangte man dann plötzlich vom Haflinger verstärkt Reiteigenschaften, im Exterieur sollten sogenannte Reitpferdepoints erkennbar sein, die Linienführung wünschte man sich eleganter, die Gänge sollten raumgreifend und flach sein, kurz: aus dem muskelbepackten stämmigen Bauernpferd sollte eine Umzüchtung zum großrahmigeren, eleganteren Freizeithaflinger mit betonten Reitpferdepartien vollzogen werden. Das heutige Zuchtziel ist also an einem Freizeit- und Familienpferd orientiert, das (bis zu einem gewissen Maße) für alle Disziplinen des (amateurmäßigen) Pferdesports, aber auch für land- und forstwirtschaftliche Arbeiten geeignet ist. Dr. Jurcoviĉ, Experte der Haflingerzucht Jugoslawiens, definiert den Begriff »Freizeitpferd« folgendermaßen: »Ein Pferd, das dem Ansehen nach hübsch und gefällig, daher nicht ohne Adel ist, das jeder auch weniger gute Reiter problemlos reiten oder anspannen kann und beim Reiten ein angenehmes Gefühl verschafft.« Die Betonung liegt also auf den Reiteigenschaften sowie aber auch in der Hauptsache auf einem ruhigen, umgänglichen Temperament und hervorragendem Charakter.
Bevor nun die einzelnen Kriterien, die der sogenannte moderne Haflinger zu erfüllen hat, aufgeführt werden, sollen zur Verdeutlichung der außergewöhnlichen züchterischen Umwandlung des Haflingers Auszüge aus alten Beschreibungen wiedergegeben werden:

Gaßebner, 1890: in Exterieur Ähnlichkeiten mit dem Huzulen, jedoch länger und gestreckter und mit 150 cm Bandmaß größer als dieser. Der Leib gut geschlossen, die Brust breit, die Gliedmaßen kurz und stämmig mit vorzüglichen Hufen, der orientalische Einschlag ist unverkennbar. In der Mechanik ein sicherer, ruhiger Gang mit viel Knieaktion.
Verwendungszweck: Gebirgsreit- und Saumpferd.
Graf Huyn, 1897: kurzer, breiter, trockener Kopf mit leichtem Eindruck am Nasenrücken, lebhafte Augen, kurzes, starkes Genick, gut angesetzter Hals, oft Unterhals, breiter Rücken, gewölbte Lende, gut und tief gerippt, Kruppe nicht sehr lang, Widerrist wenig ausgeprägt, Gliedmaßen mit guter Winkelung, kurze Röhre, über viel Boden stehend. Größe 150-160 cm Bandmaß.
Mechanik: guter, raumgreifender, praktischer und korrekter Gang, sehr trittsicher.
Interieur: willig, arbeitsfreudig, genügsam.
Farbe: Fuchs mit heller Mähne am beliebtesten.
v. Pretz, 1925: Schulter mäßig schräg, nicht sehr lang, gespaltene Kruppe, Becken ziemlich abfallend, durchschnittlich genauso lang wie Kruppe breit, Kruppe in der Regel höher als der wenig ausgeprägte Wi-

derrist, dadurch Überbautheit, Gliedmaßen mit deutlich markierten, trockenen Gelenken und hervortretenden Sehnen. Hinterröhre ziemlich lang, daher oft eine gewisse Säbelbeinigkeit anzutreffen. Mechanik: raumgreifender Gang bei größter Kraftersparnis, durchschnittlich 138,5 cm Stockmaß. Verwendungszweck: Gebirgstragetier.

Heutige Anforderungen

Kopf: hier sollte unverändert ein geschlechtsspezifischer und rassetypischer Ausdruck, ein kurzer trockener Kopf mit eingedrücktem Nasenrücken, breiter Stirn, weit auseinanderliegenden Augen verlangt werden. Nicht gerne gesehen sind übermäßig breite Blessen.

Hals: der kurze kräftige Hals des Haflingers früherer Zeiten war für den Verwendungszweck als Zugpferd eher günstig zu bewerten. Aus reiterlicher Sicht ist jedoch ein leichtes Genick und ein konvex geformter Hals erforderlich, der gut aufgesetzt ist und harmonische Übergänge aufweist, ausreichend, aber nicht zu stark bemuskelt ist, um noch genügend Ganaschenfreiheit zu gewährleisten. Ein zu starker Muskelansatz am Unterhals ist unerwünscht, da dies zu reiterlichen Problemen bei der Versammlung des Pferdes führt.

Widerrist: diesbezüglich war man lange mit einem schwach ausgeprägten, nur angedeuteten, flachen Widerrist zufrieden, der für ein Fahrpferd völlig ausreicht und auch beim Aufliegen eines Tragsattels keine Probleme verursachte. Die ideale Sattellage zeichnet sich durch einen deutlich markierten, lang in den Rücken verlaufenden Widerrist, verbunden mit einer langen, schrägen Schulter, aus.

Schulter: für ein Reitpferd ist eine lange, schräge und bemuskelte Schulter Voraussetzung, um genügend Schulterfreiheit zu ermöglichen, damit aus der Vorhand ausreichender Raumgriff entwickelt werden kann. Eine steile, kurze Schulter in Verbindung mit einem kurzen Oberarm bewirkt einen gebundenen Gang mit wenig Raumgriff.

Brust: die breite, tiefe Brust des Wirtschaftshaflingers war Ausdruck von Genügsamkeit, Futterdankbarkeit und Zugkraft. Allerdings trat dabei, durch die Breite bedingt, oft auch eine zehenenge Stellung der Vordergliedmaßen auf. Heute sind Haflinger mit extrem breiter und tiefer Brust nur noch selten anzutreffen.

Rücken: hier wird allgemein ein mittellanger, gut gespannter Rücken mit ausreichender Bemuskelung verlangt, der eine elastische, schwingende Bewegung gewährleistet. Die Lende soll breit und geschlossen sein.

Kruppe: die gespaltene, stark bemuskelte Kruppe ist ein Erbe seiner Kaltblutahnen. Heute wünscht man sich eine abgerundete, »melonenförmige« Kruppe, jedoch sollte die gespaltene Kruppenform nicht unbedingt als Mangel angesehen werden, da sie Ausdruck starker Bemuskelung ist und als typisches Merkmal des Haflingers galt.

Gliedmaßen/Fundament: auf trockene, korrekt gestellte Extremitäten mit deutlich markierten Gelenken, Sehnen und Muskeln ist grundsätzlich zu achten. Eine mittellange, elastische Fesselung kommt den Forderungen nach schwungvollen, federnden Bewegungen entgegen und verschafft dem Reiter ein angenehmes Gefühl. Eine zu weiche oder extrem steile Fessel kann zu Überbeanspruchungen und somit zu vorzeitigen Verschleißerscheinungen des Sehnenapparates führen.

Vorderextremitäten: ein langer, gut bemuskelter Unterarm mit kurzer, starker Röhre ermöglicht flache, raumgreifende Bewegungen. Das Röhrbein zeigt, ob eine genügend große Ansatzfläche für den Muskel- und Sehnenapparat gegeben ist. Das Vorderfußwurzelgelenk soll eine schwache Wölbung nach vorne aufweisen, dabei breit und besonders kräftig ausgebildet sein, weil sich dadurch der Belastungsdruck je Flächeneinheit reduziert. Unter diesem Aspekt betrachtet, ist eine Verfeinerung des Fundaments, die sich in einer Feingliedrigkeit ausdrückt, als nicht erstrebenswert anzusehen. Wichtig ist das harmonische Verhältnis von Röhrbeinstärke zu Rahmen und Gewicht.

Hintergliedmaßen: Ober- und Unterschenkel sollen gut bemuskelt sein, je weniger stumpf ihr Winkel zueinander, um so besser ist die Schubentfaltung. Gut ausgeprägte Sprunggelenke sind klar und deutlich markiert und zeigen eine breite Einschienung. Allgemein sind an den Extremitäten weiße Abzeichen nicht gerne gesehen und werden teilweise als fehlerhaft beurteilt.

Farbe: obligatorisch ist die Fuchsfarbe mit hellem Langhaar, wobei verschiedene Fuchsschattierungen auftreten können. Das helle, blonde Langhaar gilt als unverzichtbares, charakteristisches Rassemerkmal.

Mechanik: flache, elastische korrekte Bewegungen mit genügend Raumgriff.

Interieur: Ein ruhiges, gelassenes Temperament, Nervenstärke, ein gutmütiger, umgänglicher und unkomplizierter Charakter werden als unerläßliche Forderungen an ein Familien- und Freizeitpferd gestellt. Diese Eigenschaften sind besonders wichtig, weil der Haflinger oft mit Menschen konfrontiert wird, die im Umgang mit Pferden unerfahren sind und er dann als Reitpferd unqualifizierten Einwirkungen durch einen »reiterlichen Laien« ausgesetzt ist. Dies zu ertragen, erfordert von einem Pferd ein gewisses Maß an gesundem Phlegma, damit es nicht innerhalb kurzer Zeit verdorben ist und für jegliche Nutzungsmöglichkeiten des Freizeitsports unbrauchbar wird.

Genügsamkeit, Anspruchslosigkeit, Härte und Leistungsvermögen sind zwar auch heute noch wichtige Kriterien, die der Haflinger auch erfüllt, sie stehen aber nicht mehr so stark im Vordergrund wie früher. Wie man sieht, werden heute eine Reihe völlig neuer und andersartiger Merkmale gefordert. So verlangt man eine schräg gelagerte Schulter, bei Pretz heißt es noch, die Schulter sei mäßig, schräg und auch kurz, für ein Zugpferd oder Tragtier bedeutete dies eher einen Vorteil. Der früher wenig ausgeprägte Widerrist soll nun deutlich markiert sein, um mit der schrägen, langen Schulter eine gute Sattellage zu gewähren. Im Gegensatz zu dem kurzen, starken Genick und massiven Hals von einst, wünscht man sich heute ein leichtes Genick und den Hals lang und konvex geformt. Anstelle der gespaltenen und teilweise stark geneigten Kruppe wird eine abgerundete, seitlich und rückwärts verjüngte Kruppe als ideal bezeichnet.

Der Gang wird in alten Aufzeichnungen als korrekt, raumgreifend und flott beschrieben, aber auch die hohe Aktion erwähnt. Heute stellen flache, raumgreifende Bewegungen ein Hauptkriterium der Zucht dar. Bei der vormaligen Verwendung als Gebirgs- oder Saumpferd wurde mehr Wert auf Trittsicherheit als auf Raumgriff gelegt, die Hauptarbeitsgangart dürfte der Schritt gewesen sein, höchstens vor dem Wagen eingespannt, mußte der Haflinger auch Trabstrecken zurücklegen. So ist es verständlich, daß man damals nicht an flache, federnde und leichtfüßige Bewegungen gedacht hatte. Die interieuren Eigenschaften blieben unverändert. Beim Haflinger teilweise noch anzutreffen und heute als Mängel bezeichnete Merkmale, wie ein kurzer, massiver Hals, wenig ausgeprägter Widerrist, zehenenge Stellung der Vordergliedmaßen, eine steile Schulter sowie eine säbelbeinige Stellung der Hinterbeine, haben sich zum Teil allein durch Anpassung an Umweltgegebenheiten entwickelt und waren somit durchaus zweckmäßig und bedeuteten für das Pferd in seinem Lebensraum sinnvolle Spezialisierungserscheinungen. Eine steile Schulter bewirkt eine stampfende Aktion mit Verlust an Raumgriff, ist aber in Verbindung mit kurzen, kräftigen Vordergliedmaßen und steiler Fessel gut geeignet für schwere Zugarbeit und Fortbewegung in schwierigem Berggelände. Eine abfallende Kruppe zusammen mit stark gewinkelten Hinterextremitäten bedeutet nicht nur eine gute Kraftentfaltung und Erhöhung der Zugkraft, sondern ist speziell als eine Anpassungsform an die Steigbewegungen in steiler Bergregion zu betrachten. Durch diese Beinstellung ist es dem Pferd auch möglich, sich aus Schnee, Sumpf oder Unterholz durch langsames Rückwärtsrichten zu befreien. Diese Säbelbeinigkeit entsteht durch sehr lange Hinterröhren, wodurch auch ein leichtes Überbautsein hervorgerufen wird. Auch die häufig zehenenge Stellung der Vordergliedmaßen ist eine ererbte Anpassung an Spezialleistungen. Beim Bergsteigen setzt das Pferd automatisch die Zehen nach innen, je steiler der Hang, um so mehr dreht sich die Zehenachse nach innen. So gesehen ist auch ein bügelnder Gang als eine dem stein- und geröllhaltigen Gelände des Gebirges an-

gepaßte Bewegungsmechanik zu erklären. Im übrigen sind für die Nutzung als Freizeitpferd leichte Abweichungen von einem korrekten Gang und einer absolut einwandfreien Stellung durchaus tolerierbar, solange keine extremen Mängel oder dadurch bedingte Schäden, wie vorzeitige Abnutzungserscheinungen, auftreten.
Die größten Probleme auf dem Wege zum neuen Zuchtziel eines vielseitig einsetzbaren Freizeitpferdes bereitete die ehemalige Verkleinerung des Haflingers zum Tragetier der Gebirgstruppen. Es muß jedoch die enorme züchterische Leistung hervorgehoben werden, wenn man bedenkt, daß aus dem einstigen reinen Wirtschaftspferd ein rittiges, ansprechendes Familienpferd herausgezüchtet wurde. Dies ist um so bemerkenswerter, betrachtet man sich die kurze Zeitspanne, in der das heutige Zuchtziel erreicht und Spitzenprodukte hervorgebracht wurden. Wenn auch Eleganz und Feingliedrigkeit oft von manchen Seiten in den Vordergrund gestellt werden, so sollte der Haflinger doch ein gewisses Maß an Robustheit und Urwüchsigkeit behalten, auch ist ein stabiles Fundament im Hinblick auf ein Erwachsenenreitpferd und Fahrpferd durchaus positiv zu sehen.
Abschließend zu diesem Kapitel seien noch zwei weitere Einsatzbereiche genannt, in denen der Haflinger bevorzugt verwendet wird, zum einen in der Stutenmilchproduktion, wofür Pferdetypen gesucht werden, die sich durch hohe Fruchtbarkeit, Leichtfuttrigkeit, Anspruchslosigkeit, Robustheit und ein ruhiges, umgängliches sowie unkompliziertes und wenig schreckhaftes Wesen auszeichnen. Aus dieser Sicht eignen sich besonders Haflingerstuten des alten schweren Typs für diesen Zweck. Stutenmilch stellt das Rohmaterial wertvoller diätetischer und kosmetischer Produkte dar, zum anderen der Bereich des therapeutischen Reitens, d.h. im krankengymnastischen und im heilpädagogischen Reiten. Hier werden u.a. auch die Interieureigenschaften des Haflingers gewünscht.

So zeigten z.B. die Pr.St. Nuja von Nordkar (Reittherapie Enon, Anstalt Bethel, Bielefeld) und der Wallach Artus von Arras (Verein für heilpädagogische Hilfe e.V., Osnabrück) anläßlich der Haflinger-Jubiläumsschau, Gütersloh 1984 ihre hervorragende Eignung als Therapiepferd beeindruckend vor großem Publikum.

Reinzucht/Arabisierung Pro-Contra

In einem Buch über den Haflinger kann man das heikle Thema der Arabereinkreuzung nicht ausklammern. Wenn auch die einzelnen Entscheidungen darüber in den Zuchtverbänden und Ländern schon längst gefallen sind, so ist die leidenschaftliche Diskussion über diese Grundsatzfrage noch immer akut. Deswegen soll nun eine Aufzählung der pro-und-contra-Argumente gegenübergestellt werden.
Zur Einführung sei der Begriff »Züchten« definiert:
»Auswahl von Paarungspartnern, verbunden mit der Auslese unter den Paarungsprodukten, beides im Hinblick auf ein bestimmtes Zuchtziel und Verwendungszweck.« (Dr. Schön). In jeder Generation soll eine Verbesserung in der Qualität gegenüber der Ausgangspopulation eintreten (Zuchtfortschritt). Das Zuchtziel wird umso eher verwirklicht, je stärker die gewünschten Merkmale in der Zuchtbasis vertreten sind. Der heute geforderte Typ des modernen Haflingers ist auf dem Wege der Reinzucht durchaus zu erhalten, wie schon oft genug gezeigt wurde. Es ist der längere, aber risikoärmere Weg, bei dem man nicht mit extremen Aufspaltungen rechnen muß. Bei Verwendung bestimmter Linien, die in der Vererbung bekannt sind und von jeher leichtere, elegantere, gängigere Produkte hervorbringen, ist

vor allem der Erhalt der typischen, unverzichtbaren Charaktereigenschaften und des Temperaments ein Argument für die Anwendung der Reinzuchtmethode. Das Tiroler Zuchtgebiet, wo man sich seit 1947 für die Reinzucht entschieden hatte, gilt als Beispiel. Als entscheidender Faktor erwies sich in Tirol die frühzeitige Selektion der Mutterlinien, wobei über 100 Stutenfamilien, die in Exterieur und Charakter nicht entsprachen, aus der Zucht genommen wurden. Dies zeigt wiederum, wie wichtig auch die Beachtung der mütterlichen Seite ist. In Tirol hatte man sich rechtzeitig auf die neue Zuchtrichtung des Freizeitpferdes eingestellt und es gelang, in Reinzucht den eleganteren, leichten Haflinger im Reittyp anzubieten. Schon Thurner schrieb seinerzeit (1942), daß nur die Anhäufung gleicher Blutströme zu Ausgeglichenheit und Erfolg führt.
Die Entscheidung zwischen Reinzucht und Einkreuzung von Veredlerblut war letztlich in vielen Zuchtgebieten eine Frage der Zeit. Zum einen, da plötzlich ein Kleinpferd mit Reiteignung auf dem Markt verlangt wurde, aber keine andere Ponyrasse vorhanden war, zum anderen, weil man vielerorts über eine schwere Stutenbasis verfügte, die den neuen Ansprüchen nicht mehr gerecht wurde. Dabei griff man auf den Araber zurück und versuchte, aus schwerem, nicht mehr zeitgemäßen »Material« innerhalb kürzester Zeit den modernen Haflinger zu erhalten.
Als Motive für die Arabisierung werden folgende Argumente angeführt:

— Die Reitpferdepoints und Merkmale, die die Reiteignung beeinflussen, werden schneller erreicht bzw. verbessert, wie z.B.: ein leichteres Genick, längere Halsung mit mehr Ganaschenfreiheit, deutliche Ausprägung des Widerristes, schrägere lange Schulter, längsovale Rippung, trockenes Fundament, elastische längere Fessel, mehr Größe, flachere, raumgreifende, leichtfüßige Bewegungen und mehr Rittigkeit,
— der Reittyp mit längeren, eleganteren Linien kann eher auf dem Markt angeboten werden,
— mehr Feingliedrigkeit des Fundaments, wie es von manchen Seiten befürwortet wird, ist über den Araber sicherer zu erreichen.

Stute ox-Anteil %	Hengst ox-Anteil %	Reinzucht-araber	F_1	R_1	R_2	R_3	R_4
		100	50	25	12,5	6,25	3,125
Reinzucht-hafl.	0	50	25	12,5	6,26	3,125	1,5625
F_1	50	75	50	37,5	31,25	28,125	26,5625
R_1	25	62,5	37,5	25	18,75	15,625	14,0625
R_2	12,5	56,25	31,25	18,75	12,5	9,375	7,8125
R_3	6,25	53,125	28,125	15,625	9,375	6,25	4,6875
R_4	3,125	51,5625	26,5625	14,0625	7,8125	4,6875	3,125

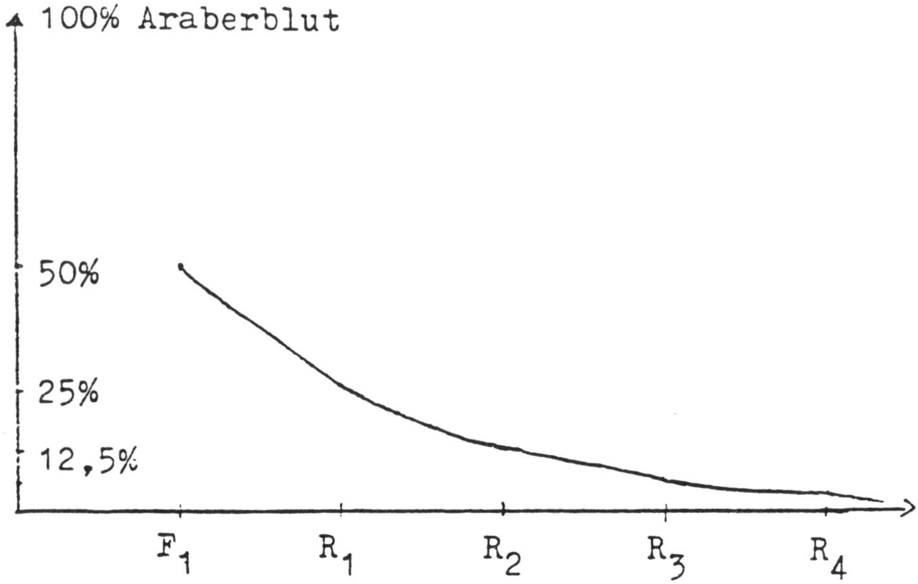

Das Hauptproblem liegt in der Auswahl eines für die Haflingerzucht passenden Hengstes. Oft ist es fraglich, ob es sich dabei überhaupt um einen Reinblutaraber handelt, oder ob er gar fremdes Blut einer weiteren Rasse führt, was unerwünschte Effekte zur Folge haben kann. Als Bedingungen für einen Araberhengst, der zur »Veredlung« der Haflingerrasse eingesetzt werden soll, gelten folgende Kriterien:

— großer Rahmen
— gut geformter und aufgesetzter Hals
— straffe Oberlinie
— Korrektheit des Fundaments
— möglichst Fuchsfarbe mit hellem Langhaar und wenig weißen Abzeichen, wobei die farblichen Anforderungen bei den einzelnen Zuchtverbänden differieren
— beste, flache, korrekte, raumgreifende Bewegungen.

Bei der Araberrasse sind drei im Typ voneinander abweichende Stämme zu unterscheiden: 1. Saglawi, 2. Munighi und 3. Kuheilan, wovon letzterer für die Verwendung in der Haflingerzucht aufgrund seines kompakten, abgedrehten, soliden Körperbaus am ehesten geeignet wäre. Allerdings verfügt dieser Typ nur selten über die Fuchsfarbe, die man vielerorts als Voraussetzung ansieht. I.d.R. zeigen hauptsächlich Exemplare, die im Typ des langlinigen, schmalen und eckig wirkenden Munighistammes stehen, die Fuchsfarbe. Sie eignen sich jedoch wegen des groben, langen und schmalen Kopfes (oft regelrechte Ramsköpfe), eckiger Formen, schmaler Rippung, heftigem Temperament und oft schwierigem Charakter nicht zur Einkreuzung in eine mit so viel Charme ausgestatteten Rasse wie dem Haflinger. Bei der Nachzucht entsteht dann oft ein unharmonisches Bild.

Folgende Punkte sprechen gegen eine Arabisierung und somit für die Reinzucht:

1. Verlust rassetypischer Merkmale des Exterieurs und Interieurs, i.e.:

— die helle, dichte Mähne des Haflingers wird durch Arabereinkreuzung zumindest in der F1-Generation, aber auch in manchen Fällen in der 1. Rückkreuzungsgeneration von einem dünnen, roten Behang verdrängt, was eine erhebliche Einbuße an Charme und Ausstrahlung des Haflingers bedeutet. Selbstverständlich hat dieser Umstand keinerlei Einfluß auf die Qualität des Pferdes, man muß aber stets bedenken, daß der Haflinger einen Großteil seiner Popularität dem attraktiven Erscheinungsbild verdankt, für das nun einmal der blonde Behang ein unverkennbares Markenzeichen darstellt. In einer von R. Dörr veranlaßten Umfrage konnten bezüglich diesem Merkmal von 82% der Antwortenden negative Veränderungen an Kreuzungstieren gegenüber Reinzuchthaflingern festgestellt werden. Besonders wenn väterlicher- und mütterlicherseits eine arabische Blutführung vorhanden ist, sind die Produkte doch teilweise weit entfernt vom Haflingertyp, was sich nicht nur durch das rote Langhaar, sondern das gesamte Erscheinungsbild in Typ und Linienführung ausdrückt.

— aus den abgedrehten, runden Formen des Haflingers werden häufig eckige, unharmonische Proportionen bei den Kreuzungstieren. In der aus derartigen Anpaarungen resultierenden Nachzucht sind häufig Aufspaltungen anzutreffen, die vom etwas derb und unproportioniert wirkenden Kleinpferd mit großen, geraden, strengen Köpfen, leichtem Fundament bei noch relativ schwerem Rumpf bis hin zum stark arabisierten Reitponytyp reichen. Erfahrungsgemäß sollten die zu einer Paarung mit einem Vollbluthengst vorgesehenen Stuten so modern wie möglich sein, denn man kann nicht mit zwei Extremen in Form einer schweren kaltblutähnlichen Stute und einem edelsten, feingliedrigen Araberhengst das erstrebte Mittel des modernen, eleganten und mit Reiteigenschaften ausgestatteten Haflingers erreichen. Analoge Beobachtungen wurden auch in der Warmblutzucht bei der Erzeugung von Halbblütern gemacht.

Erst in der 3. und 4. Generation tritt dann wieder auch optisch der eigentliche Habitus des Haflingers mit hellem Langhaar auf, wenn auch temperamentsmäßig teilweise noch Abweichungen vom reingezogenen Haflinger erkennbar sind. So wurden laut Dörr's Umfrage von ungefähr einem Drittel der Befragten Veränderungen z.B. in Richtung eines heftigeren Temperaments oder vermehrter Schreckhaftigkeit festgestellt. So zeigen Pferde mit einem höheren Anteil Edelblut bekanntermaßen oft ein labiles Wesen. Der Umgang mit solchen Tieren, die zwar vielleicht eleganter sind und einen »edleren Eindruck« erwecken, aber auch wesentlich sensibler und heftiger reagieren, erfordert mehr Pferdekenntnis, Geduld und Einfühlungsvermögen. Von dem Reiter wird somit mehr Sachverständnis und ein höherer Ausbildungsgrad verlangt, ansonsten können diese Pferde durch unfachmännische Einwirkungen schnell verdorben werden, eher als ein mit einem gewissen Phlegma ausgestatteter reiner Haflinger. In der Hand eines erfahrenen Fachmanns könnten diese arabisierten Produkte u.U. größere reiterliche Möglichkeiten bieten, ein Hobbyreiter, der jedoch nur über eine — manchmal sehr dürftige — reiterliche Grundausbildung verfügt, braucht ein ruhiges, umgängliches und charakterlich einwandfreies Pferd. Überempfindliche, nervöse und schreckhafte Tiere scheiden für den Entspannung und Erholung suchenden Freizeitreiter aus und stellen sich für ihn als Problempferde dar.

Natürlich kann dies nicht generell und nicht für jedes Exemplar der Arabisierung festgestellt werden, auch sollte dies auf Haflinger mit 12,5% und weniger Blutanteilen kaum mehr zutreffen. Hiermit seien lediglich die möglichen Risiken und Probleme aufgeführt, wie sie bei einem Einsatz von Araberblut auftreten können und auch beobachtet wurden.

2. Durch Einkreuzung des Arabers ist eine geringere Futterdankbarkeit, verbunden mit einem Verlust an Robustheit, zu verzeichnen, wie sich ebenfalls aus Dörr's Befragung ergab. Die arabisierten Produkte stellten mit ihrem lebhafteren Temperament erhöhte Fütterungs- und Haltungsansprüche.

Hinsichtlich der bekannten Futterdankbarkeit und Anspruchslosigkeit des Haflingers ist dies, wenn es auch heute und hierzulande eine geringere Rolle spielt, als Nachteil zu bewerten.

Außerdem erfordert ihr forcierter Bewegungsdrang ein regelmäßiges, möglichst tägliches Arbeiten. Da aber gerade Freizeitpferde oft nur am Wochenende richtig bewegt werden und unter manchen Reitern die Meinung vorherrscht, das Pferd könne sich ja die Woche über ausruhen und deshalb am Wochenende mal so richtig strapaziert werden, sind (untrainierte) Pferde mit einem starken Vorwärtsdrang und einem hohen Maß an Gehfreude besonders gefährdet. Folgen können Verletzungen oder der gefürchtete Kreuzverschlag sein.

Somit sind eine robuste Konstitution, ein schnelles Regenerationsvermögen in Verbindung mit einem ruhigen Temperament, einem wohldosierten Maß an Phlegma, besonders in kritischen Situationen für ein Freizeit- und Familienpferd, als wertvoller zu erachten als allzuviel Temperament und

eine ausgesprochene »edle«, feine Konstitution.
3. Bei der Verwendung des Arabers liegen Risikofaktoren in den bei dieser Rasse selbst oft auftretenden Schwächen, die dann in der Nachzucht zum Vorschein kommen:
— kurzer Hals mit schlechtem An- und Aufsatz, dabei oft deutlicher Unterhals, also keine konvex geformte Linie des Halses, wie man es sich wünscht.
— Mängel in der Oberlinie, vor allem matter Rücken bzw. häufig Senkrücken,
— unkorrekte Stellung der Extremitäten, verstellte Gliedmaßen, steile Hinterhand,
— eiliger kurzer Schritt, wenig ergiebige Bewegungen,
— nerviges Temperament, übermäßig sensibel.
4. Bei vermehrtem Zuchteinsatz von zu leichten, feinknochigen Modellen mit starker Betonung der Reiteignung ist ein Verlust an Vielseitigkeit des Haflingers zu befürchten, da er gemäß Zuchtziel auch als Fahrpferd und für Arbeiten der Land- und Forstwirtschaft einsetzbar sein soll. Zu denken ist dabei auch an den internationalen Markt, der nicht ausschließlich auf einen absoluten Reithaflinger ausgerichtet ist, und wo teilweise auch heute noch ausgesprochene Wirtschaftspferde gefragt sind.
5. Der moderne, mit Reitpferdemerkmalen ausgestattete Haflinger ist ebenso über dem Weg der Reinzucht zu erhalten, ohne dabei einen Verlust der rassetypischen Merkmale zu riskieren.
Heute gilt der Zuchtversuch bzw. das Veredlungsprogramm als weitgehend abgeschlossen. Der Einsatz von Araberhengsten wird i.d.R. nicht mehr praktiziert, auch Hengste der F1-Generation finden nur noch begrenzt Einsatz. Dafür stehen vermehrt R1-, R2- und R3-Hengste, also mit 25%, 12,5% bzw. 6,25% Araberblut zur Verfügung. Gleichfalls besteht aber eine immer größer werdende Nachfrage nach modernen, typvollen, reingezogenen Vererbern.
Zusammenfassend kann man sagen, daß vor allem die veränderten interieuren Merkmale gegen den Einsatz von Veredlerblut sprechen, insbesondere dann, wenn man sich den Interessentenkreis des Haflingers aufgliedert:
1. Hobbyreiter, die den Haflinger hauptsächlich zum Spazieren- und Wanderreiten verwenden möchten, eventuell kleine Dressur- und Springlektionen reiten und einen unkomplizierten, charakterlich einwandfreien und zuverlässigen Haflinger benötigen, der sich trittsicher im Gelände bewegt.
2. Kutschfahrer, teils turniersportmäßig, teils als Freizeithobby.
Der Fahrer bevorzugt ein zugwilliges und zugfestes Pferd, das zwar ruhig und gelassen ist, aber dennoch über genügend Gehfreude verfügt. Für ein Gespannpferd wichtig ist auch das ansprechende Äußere, die Aufmachung.
3. Land- und Forstwirtschaft, Weinbau — der Haflinger als Wirtschaftspferd —
Auch heute noch wird der Haflinger in der Landwirtschaft, im Weinberg und mittlerweile wieder verstärkt in der Forstwirtschaft eingesetzt. Hier ist der kalibrige, schwere Typ gefragt.
4. Reit- und Fahrtourismus, Einsatz als Verleihpferd zum Reiten und Fahren, z.B. auch Planwagenfahrten, auf Ferien- und Reiterhöfen.
All diese Interessenten benötigen ein unkompliziertes, nervenstarkes, charakterlich einwandfreies Pferd, eine Anhebung des Temperaments wäre oft nicht erwünscht. Die Aufzählung macht aber auch wiederum deutlich, daß man eine gewisse Bandbreite und Typenvielfalt erhalten sollte und nicht ein spezielles Modell als ideal hinzustellen, das hieße, z.B. einen zu feingliedrigen, temperamentvollen Reitponytyp zu bevorzugen, der aber für die vielschichtigen Aufgaben, die der Haflinger weltweit zu erfüllen hat, als Arbeits-, Trag-, Holzrücke-, Kutsch-, Voltigier- und Reitpferd nicht mehr tauglich wäre.
Eine zu einseitig ausgerichtete Zucht bringt immer Gefahren mit sich (es sei an die bereits beschriebene Verkleinerung des Haflingers um 1935 erinnert), und letztlich ist überall im Zuchtziel ein vielseitig verwendbares Kleinpferd gefordert. Jede Variante, ob jetzt eleganter Reittyp oder im Wirtschaftstyp stehender Kleinkaltblüter, sie alle haben ihre Vorzüge und finden ihre Liebhaber.
Beim Einsatz von Araberblut müssen in der Nachzucht jedenfalls strengste Maßstäbe in der Selektion bezüglich Typ, Tem-

perament und Charakter angelegt werden. Hiermit soll dem Araber keinesfalls ein negatives Interieur nachgesagt werden, es treten aber bekanntlich öfter Veränderungen gegenüber reingezogenen Haflingern auf. Viele Anhänger der Reinzucht wehren sich aus dem Grund gegen die Zufuhr von Fremdblut, weil sie befürchten, daß das, was in jahrzehntelanger züchterischer Arbeit entstanden ist, mit einem Mal zerstört werden könnte. Dies muß nicht sein, wenn stets unter dem Aspekt selektiert wird, daß die Veredlungsmaßnahmen lediglich in bestimmten Merkmalen verbessern sollen, ohne die geschätzten Eigenschaften des Haflingers zu gefährden. Es ist dabei oberstes Gebot, dem Haflinger seine charakteristischen Merkmale wie den typischen kurzen Kopf, mit breiter Stirn, eingedrücktem Nasenrücken, großen, freundlichen Augen, den kleinen Ponyohren, seine abgedrehten, harmonischen Formen, den hellen dichten Behang und den liebenswerten Charakter zu erhalten, denn dies sind alles Kriterien, die das vertrauenerweckende, sympathische Erscheinungsbild ausmachen, denen er seine weltweite Verbreitung und Beliebtheit verdankt. Es war nie die Absicht der Züchter und auch nie das Zuchtziel, den Haflinger zu einem hocheleganten, anspruchsvollen und nervigen Turnierpony umzufunktionieren. Der Markt im Sportbereich ist bereits durch andere Pony- bzw. Kleinpferderassen gesättigt und der Haflinger soll hierzu nicht als Konkurrent auftreten und nicht durch überhöhte Erwartungen überfordert werden, wenn er auch durchaus in der Lage ist, Prüfungen aus verschiedenen Bereichen des Pferdesports zu absolvieren. Die Hauptnutzungsform des Haflingers, nämlich die des Universalpferdes, erfordert ein Pferd von robuster Konstitution, ruhigem, gelassenen Temperament, Nervenstärke und einen unkomplizierten Charakter, Kriterien, die mancherseits über eine stark betonte Reiteignung gestellt werden.

Dies bedeutet nicht, daß auf die Ausprägung bestimmter Points verzichtet werden sollte, ihr Vorhandensein ist notwendig, um ein angenehmes Reitgefühl zu vermitteln, und diese Punkte sind bei der Selektion auch als wesentlich zu betrachten. Nur sollten derartige Forderungen nicht überbewertet, sondern nur in einem Maße verlangt werden, wie es die Rasse ohne Schaden, ohne Verlust des Typs, ihrer speziellen Ausstrahlung, ihres Charmes verträgt. Es zeigt sich auf den verschiedenen Schauen und Ausstellungen immer wieder, wo reingezogene und arabisierte Haflinger in Konkurrenz stehen, daß über Selektion und gezielte Paarungen auf beiden Wegen Spitzenprodukte hervorgebracht wurden, die keinerlei Konkurrenz zu scheuen brauchen.

Dr. Michael Schäfer nimmt Stellung zum allgemeinen Bestreben, dem Haflinger mehr Eleganz und Schnittigkeit anzuzüchten und vertritt die Ansicht, daß dabei Robustheit und Tragfähigkeit verlorengehen können. Betrachte man das Zuchtziel zu sehr unter dem Aspekt der ausschließlichen Reiteignung, Forcierung der Rittigkeit und des Temperaments, so besteht die Gefahr, daß man nicht nur vom Körperbau her, sondern auch im Charakter zu sehr zu einem Warmbluttyp gelangt. Das Resultat wäre ein langgestreckter Kopf, verhältnismäßig lange Ohren, ein großpferdeähnlicher Körper und hauptsächlich ein heftigeres Temperament. Darunter fällt auch die Tendenz, den Haflinger immer größer, über das international geltende Kleinpferdemaß von 148 cm hinaus, züchten zu wollen. Probleme entstehen dabei einmal, daß man in Bereiche hineingerät, die durch andere Pferderassen bereits zur Genüge abgedeckt sind und zum anderen müßte man Verluste in Typ und Charme hinnehmen, wie sie oben genannt und auch bei Exemplaren, die größenmäßig an oder über Höchstgrenze standen, schon beobachtet wurden.

Unbestritten war eine Umzüchtung nötig, um dem Haflinger in unserer Zeit eine Überlebenschance zu geben. Es ist ein Erfordernis des Marktes, das Angebot so schnell wie möglich an die aktuelle Nachfrage anzupassen, um den Marktanteil nicht zu verlieren, was u.U. bedeutet hätte, daß der Haflinger von anderen Kleinpferderassen in seiner Position verdrängt worden wäre. Daß es dank großer züchterischer Leistungen gelungen ist, einen Haflinger anzubieten, der allen vielfältigen Ansprüchen genügt, drückt sich auf bundesdeutscher Ebene darin aus, daß die Haflingerrasse bestandsmäßig an erster Stelle vor allen anderen Kleinpferde- und

Ponyrassen steht und, international betrachtet, daß der Haflinger eine Weltrasse darstellt, die auf allen Kontinenten der Erde ihre Anhänger und Liebhaber gefunden hat. Der Haflinger gehört mit seinem breitgefächerten Spektrum an Einsatzbereichen zu einer der vielseitigsten Rassen überhaupt und konnte sich dadurch seine spezielle Stellung im Freizeitpferdebereich erobern.

Der ehrliche Charakter, sein liebenswertes Wesen, die eindrucksvolle Erscheinung, seine Vielseitigkeit, seine Leistungsbereitschaft, kurz, die der Haflingerrasse eigenen typischen Charakteristika haben ihn zum idealen Freizeitpferd für die ganze Familie werden lassen.

Behält der Haflinger seine spezifischen Merkmale und Eigenschaften, die ihn schon seit über 100 Jahren ausgezeichnet haben, so wird er auch weiterhin Pferdefreunde begeistern!

Rückblickend betrachtet, war die Entwicklung der Haflingerzucht in Deutschland teilweise durch die Bevorzugung des Norwegers seitens der Landwirtschaftskammern erschwert bzw. später durch die bereits vorhandenen Reitponyzuchten behindert. Es wurde sogar der Vorschlag gemacht, den Norweger nördlich und den Haflinger südlich des Mains zu züchten. Diesem wirkte der Tiroler Zuchtverband durch intensive Werbung entgegen. Das Fjordpferd hatte vor allem bis Mitte der 50er Jahre eine große zahlenmäßige Zunahme zu verzeichnen. Ab 1965 konnte ein stärkerer Anstieg der Haflingerzucht beobachtet werden. Dr. H. Dohn, Zuchtleiter des Rheinischen Pferdestammbuches, erklärte dies damit, daß der Norweger mehr als der Haflinger in der Landwirtschaft eingesetzt und seinerzeit speziell dafür importiert wurde. Die hiesigen optimalen Haltungs- und Futterbedingungen ließen ihn schnell schwerer werden als unter den kargen Bedingungen seiner Heimat. Mittlerweile war der Bedarf an vielseitig einsetzbaren Freizeitpferden aber größer als an Wirtschaftspferden. Der Haflinger im leichteren Typ konnte den Reitpferdeansprüchen eher gerecht werden.

Es wurde hier nur für das Zuchtland Bayern das Zuchtziel herausgestellt, da die folgenden Bundesländer darin weitgehend übereinstimmen.

Deswegen soll nun abschließend ein allgemeingültiges Zuchtziel festgehalten werden:

Angestrebt wird ein Familien- und Freizeitpferd, das für alle Disziplinen des Pferdesports, aber auch für land- und forstwirtschaftliche Arbeiten geeignet ist. Die Betonung liegt auf den Reiteigenschaften sowie auf einem hervorragenden Charakter. Bei vermehrter Zucht auf Reitpferdepoints soll der rassespezifische Typ des Haflingers, sein Charme vor allem, nicht verloren gehen. Die Anforderungen an den modernen Haflinger lauten:

Exterieur: leichtes Genick, gut geformter und angesetzter Hals, markierter Widerrist, lange schräge Schulter, trockene Gliedmaßen mit ausdrucksvollen, klaren Gelenken, Hufe fest, nicht zu groß.

Mechanik: flache, elastische, korrekte Bewegungen mit genügend Raumgriff.

Interieur: ruhiges, gelassenes Temperament, unkomplizierter Charakter, gutmütig und umgänglich.

Farbe: obligatorisch ist die Fuchsfarbe, sie kommt in verschiedenen Schattierungen vor, helles Langhaar ist überall erwünscht, wenn nicht obligatorisch.

Verwendung: vielseitiges Kleinpferd, sowohl als Reit-, Fahr-, Arbeits- und Voltigierpferd einzusetzen. Der Haflinger ist ein gutes, trittsicheres Wanderreitpferd und verfügt auch über ein beachtliches Springvermögen.

Maße:	Stuten	Hengste
Stockmaß	140-144 cm	142-146 cm
Röhrbeinstärke	18- 20 cm	19- 21 cm

Haflinger-Pferdezucht im Original-Zuchtgebiet Südtirol

Ursprungsland und Originalzuchtgebiet des Haflinger Pferdes ist Südtirol, die italienische Provinz Bozen.
Während im vorigen Jahrhundert im österreichischen Tirol mit heterogenem Hengstmaterial norische Pferdezucht betrieben wurde, züchtete man im Bezirk Meran zur selben Zeit schon ein bekanntes und über die Grenzen Südtirols hinaus beliebtes Kleinpferd für Saum- und Reitdienste, den Haflinger.
Durch die besondere geographische Lage Südtirols im Herzen Europas konnten sich seit jeher Elemente des Mittelmeerraumes mit denen Zentraleuropas treffen. Daraus ergaben sich in den verschiedensten Bereichen, kulturell wie wirtschaftlich, neue Verbindungen, die nicht zuletzt auch der Entstehung der Haflinger-Pferderasse zugrundeliegen. Die weitere Zucht und Verbreitung dieser Rasse lassen sich durch die gebirgige Lage und die besondere landwirtschaftliche Struktur des Landes Südtirol erklären, welche ein kleines, genügsames Saum- und Reitpferd besonders wertvoll machten.
Ab 1875 haben sich die österreichischen k. und k. Ackerbau- und Kriegsministerien dieser lokalen Rasse angenommen und sie mit ausgewähltem Hengstmaterial gefördert und beeinflußt. Man sah darin das ideale Saumpferd fürs Gebirge, das man im Kriegsfalle einsetzen konnte. Insofern waren viele Hengste Staatsbesitz, die Mehrzahl jedoch lizenzierte Privathengste.
Nach dem 1. Weltkrieg hat die Haflinger Zucht im Original-Zuchtgebiet durch die Angliederung an Italien neue Förderer gefunden: während im österreichischen Tirol mit den dort verbliebenen Hengsten die Zucht betrieben wurde, ging in Südtirol die Zucht den wirtschaftlichen und politischen Verhältnissen entsprechend weiter. Schon 1920 griff der italienische Staat regelnd in die Haflinger Pferdezucht ein: u.a. Neuordnung des Beschäldienstes; Abhaltung von Ausstellungen, bei denen die Bauern für gute Zuchtpferde Geldpreise erhielten.
Die Aufrüstung für den 2. Weltkrieg hat diesem außerordentlich kräftigen und ausdauernden Saumpferd in den Alpenländern des großdeutschen Reiches zu rascher Verbreitung verholfen. Zu dieser Zeit exportierten die Südtiroler Haflinger Züchter vorwiegend nach Österreich und Bayern.
Bald nach dem 2. Weltkrieg versuchte man in Nordtirol eine bestimmte Population als richtungsweisend aufzubauen. Auch heute noch schreiben angesehene Hippologen, der Haflinger sei eine österreichische Rasse, während in Italien, Südtirol, durch Verdrängungskreuzung ein neuer Schlag entstanden wäre, der »Aveligneser«.
Ganz im Gegenteil: in Südtirol, dem Ursprungslande dieser Rasse, wird der Haflinger, wie in Italien, reingezogen und entspricht im wesentlichen immer noch der Rassenbeschreibung von Graf Huyn (1897): 'Der Haflinger ist ein kleines, 150 bis 160 cm Bandmaß hohes Gebirgspferd, über viel Boden stehend, hat breiten Rücken, gewölbte Lende, ist gut gerippt und tief, mit nicht sehr langer Kruppe, vielleicht etwas zu wenig Widerrist, kurzer Röhre, gut gewinkelten Gelenken, nicht sehr hoch angesetztem Schweif; der starke, oft etwas verkehrte Hals ist gut aufgesetzt, kurzes starkes Genick, breiter, kurzer, trockener Kopf, leichter Eindruck am Nasenrücken kommt oft vor, lebhafte Augen; guter, raumgreifender, praktischer und korrekter Gang, verbunden mit großer Geschicklichkeit und Vertrautheit im schwierigen Terrain. Die Farbe ist für den Haflinger der Fuchs mit hellflachsblonder Mähne.'
Heute gibt es im Original-Zuchtgebiet Südtirol etwa 1350 selektionierte Zuchtstuten,

die im zentral geführten Stammbuch eingetragen sind. Der gesamte Bestand an Zuchtpferden beträgt ca. 2000 Stück.

Die Züchter haben sich seit 1953 im Verband der Südtiroler Haflinger Pferdezuchtgenossenschaften zusammengeschlossen: die Südtiroler Haflinger Pferdezuchtverband Gen.m.b.H., mit Sitz in Bozen. Sie betreut 19 Zuchtvereine mit rund 1300 Züchtern.
Zweck dieses Verbandes ist es, die Qualität der Haflinger Pferde zu heben, züchterische Maßnahmen zu überwachen, den Absatz von Zuchtpferden zu fördern und vieles mehr. An oberster Stelle steht für alle Züchter das Ziel, das originale Haflinger Pferd als Kulturgut des Landes zu erhalten und zu verbreiten.

Die über das ganze Land verbreiteten Deckstationen sind die Grundlage für die praktische Zucht. Heute gibt es in Südtirol 24 Deckstellen, in denen 28 gekörte Hengste den Züchtern zur Verfügung stehen. Jährlich werden dort ca. 1150 Stammbuchstuten gedeckt; der Decktarif liegt bei 70 000 Lire.
Die Hengste sind im Besitz des Haflinger Pferdezuchtverbandes und werden durchschnittlich für drei Jahre den verschiedenen Deckstationen zugeteilt. Die Hengsthalter werden angemessen entlohnt. Die Umbesetzung der Deckstationen erfolgt durch die Stammbuchkommission, mit einem besonderen Augenmerk auf das Stutenmaterial des jeweiligen Einzugsgebietes sowie auf die Wünsche der Zuchtvereine.
Bei der Blutführung der Zuchthengste sind sechs Linien vertreten. Es überwiegt die N-Linie mit 14 Deckhengsten. Der Hengst »Nerv« ist heute der bekannteste Vertreter dieser Linie, ein Sohn vom »Niger« aus der Spitzenstute »Edle« vom Hengst »Nissl«, die bei der letzten Landesausstellung in Meran Siegerin war. Seine Nachkommen zeigen sehr gute Entwicklung, besonders gutes Fundament, Widerrist und gute Oberlinie; sie entsprechen insgesamt dem modernen Zuchtziel. Es decken heute in Südtirol bereits zwei vielversprechende Söhne von ihm: »Negus« und »Neves«. Nicht zu vergessen ist der »Nissl«-Sohn »Nektar«, der über viele Jahre in Südtirol sehr typische Nachkommen gezeugt hat. Von ihm stehen vier Söhne und ein Enkel in der Zucht.
Die zweitstärkste Hengstlinie ist die S-Linie. Sie war in Südtirol immer besonders beliebt. Der typische Althengst »Sandhofer« ist ihr wichtigster Vertreter, der gute Farben, ausdrucksvolle Köpfe und viel Adel auf seine Nachkommen weitergibt. Neben ihm decken seine drei Söhne und ein Enkel. Die ST-Linie ist durch drei Zuchthengste vertreten. Der »Stern«-Sohn »Sterzl«, ein großer, eleganter, sportlicher Haflinger Hengst hat bei den Züchtern viel Anklang gefunden; seine Nachzucht ist vielversprechend.

Die B-Linie zählt drei Deckhengste, die vom Zuchthengst »Balzer« abstammen. »Burger«, Sohn der »Ballarina« nach »Tribulaun«, hat die besten Voraussetzungen diese Blutlinie zu verstärken.

Für die M-Linie decken zwei Hengste, von denen der »Oberst«-Sohn »Martell« für gezielte Paarung eingesetzt wird.
Die A-Linie ist zur Zeit nur durch ein Zuchthengst vertreten, »Andreas«. In Aufzucht stehen jedoch vielversprechende Junghengste aus gezielten Paarungen vom bekannten Althengst »Artist«.
Der Großteil der Stuten wird zwischen März und Juni gedeckt.
Während der Rosseperiode werden sie jeden zweiten Tag zum Hengst geführt, im Durchschnitt dreimal; drei Wochen später werden sie nachprobiert. Die Befruchtungsquote kann bei 70% angenommen werden.
Die meisten Fohlen werden im April geboren. Der Züchter meldet innerhalb zehn Tage nach der Abfohlung mittels Geburtsmeldekarte, die gleichzeitig Decknachweis ist, das Fohlen dem Zuchtverband. Während des Sommers werden die Stuten mit ihren Fohlen sowie Jungpferde auf Almen, oft 2000 m.ü.M., gebracht. Die Vorteile der Alpung auf die Entwicklung der Jungpferde ist allgemein bekannt; für den Haflinger hat sie eine rasseformende Bedeutung.
Ab September muß der Züchter die Stute mit dem Fohlen der Stammbuchkommission vorführen. Diese überprüft anhand der eingesandten Meldekarte ihre Abstammung. Entspricht das Fohlen in Typ, Entwicklung und Farbe den Bestimmungen,

wird es mit dem Fohlenbrand am linken Oberschenkel versehen und dadurch für die weitere Aufzucht empfohlen. Schwache, mißfarbige oder mit Mängel behaftete Fohlen werden nicht gebrannt, also nicht ins Fohlenregister eingetragen, und scheiden somit aus der Zucht aus. Genaue Beschreibungen der eingetragenen Fohlen, belegt mit Photos, besonders der Kopfabzeichen, schließen Verwechslungen aus.

Hat die Zuchtkommission Zweifel über die Herkunft eines Tieres, wird die Blutprobe als Beleg zwingend vorgeschrieben. Der Züchter erhält eine Kopie des Fohlenscheines, aus dem Abstammung und Nationalität ersichtlich sind. Alle Originale bleiben beim Verband.

Sehr streng werden im Herbst die Hengstfohlen selektioniert. Von einem Jahrgang erhalten im gesamten Zuchtgebiet kaum mehr als 20 Hengstfohlen den Fohlenbrand, der sie als Zuchtkandidaten ausweist. Sie bleiben im Besitze von privaten Aufzüchtern und müssen jährlich, bis sie zweieinhalb Jahre alt sind, einmal der Zuchtkommission zur Ausmusterung vorgeführt werden. Die Sommermonate verbringen die Junghengste auf der gemeinschaftlichen Weide am Sandhof im Passeiertal. Der Sandhof wird vom Haflinger-Zuchtverband verwaltet und dient als Deckstation, Reitbetrieb und Aufzuchtweide. Hier erfolgt im Oktober jedes Jahres die zentrale Junghengstkörung. Nur die besten zweieinhalbjährigen Hengste werden angekört und in das Hengstregister eingetragen; gleichzeitig erhalten sie dabei den zweiten Brand auf der linken Halsseite. Diese Veranstaltung wird zum Treffpunkt von in- und ausländischen Haflinger Züchtern, zumal dabei auch ein reger Hengstmarkt stattfindet.

Alle dreijährigen Haflinger Stuten werden im April jedes Jahres zur zentralen Stammbuchaufnahme nach Bozen gebracht. Hier werden die Jungstuten, nach Hengstlinien gruppiert, zwei Tage lang in einer Großmarktanlage aufgestallt. Es obliegt dann der Stammbuchkommission, die sich aus Landestierzuchtinspektor, Rasseexperten und Züchtervertretern zusammensetzt, die Auswahl vorzunehmen. Jedes einzelne Tier wird zur genauen Musterung vorgeführt.

Die Beurteilung erfolgt ausschließlich nach dem Exterieur des Tieres, aufgrund folgender zehn Elemente:

1 — Typ, Adel und Harmonie der Formen
2 — Farbe und Abzeichen
3 — Entwicklung
4 — Kopf
5 — Hals und Schulter
6 — Brust und Rippung
7 — Oberlinie
8 — Kruppe
9 — Fundament
10 — Stellung und Gang.

Für jeden dieser Punkte kann die Stammbuchkommission die Note 6 bis 10 vergeben. Nicht ins Stammbuch eingetragen werden Tiere, die in der Gesamtbewertung zweimal die sechs oder eine 5 erhalten. Die schönsten Tiere erreichen 90 und mehr Punkte; mit 85 bis 90 Punkten gehört ein Tier noch zur ersten Zuchtwertklasse. Gut bezeichnet man jene mit 80 bis 84 Punkten, befriedigend jene darunter.

Die durchschnittlich gut punktierte Haflinger Jungstute im Originalzuchtgebiet kann folgendermaßen beschrieben werden: Widerristhöhe von 140 cm Stockmaß, 175 cm Brustumfang und 18,5 cm Schiene; Goldfuchs mit lichtem Langhaar, Kopfabzeichen, wenn möglich keine Beinabzeichen; der Kopf ist eher leicht, trocken, gut aufgesetzt, sehr ausdrucksvoll, am oberen Nasenrücken leicht eingedrückt, mit weiten und beweglichen Nüstern, mit weitem und trockenem Kehlgang, mit kleinen, beweglichen, gut angesetzten Ohren, mit lebhaften, ausdrucksstarken großen Augen und betonten Augenbögen; der Hals ist genügend lang, gut aufgesetzt, muskulös, mit leichtem Genick; deutlicher, trockener, aber breiter Widerrist; der Rücken ist nicht zu kurz, gut gespannt und muskulös; die Kruppe ist gut gelagert, muskulös und nicht zu kurz; die Brust ist schön, gut bemuskelt, die Rippe gut gewölbt; die Schulter ist schräg gelagert, gut anliegend und muskulös; das Fundament ist trocken, mit großen, starken Gelenken, die Sehnen sind deutlich abgesetzt, langer, gut bemuskelter Oberarm mit eher kurzer, trockener Schiene, Fessel nicht zu kurz und gut gewinkelt, der Huf gesund und hart.

Zu den gravierendsten Fehlern eines Haflinger Pferdes zählen: grober und schwerer

Kopf, lange abstehende Ohren, unharmonische Körperformen, Senkrücken, flache Rippung.
Alle Jungstuten, die ins Stammbuch aufgenommen werden, erhalten auf der linken Halsseite den zweiten Brand. Diese Stammbuchaufnahme in Bozen hat sich für die Südtiroler Haflinger Züchter zu einem zentralen Ereignis entwickelt. Die Züchter haben hier nicht nur die Vergleichsmöglichkeit mit eigenen Zuchtprodukten, sondern sie können auch die Gesamtentwicklung Jahr für Jahr verfolgen. Besonders interessant ist es, die Nachzucht der einzelnen Deckhengste untereinander zu vergleichen, um die Paarung der eigenen Stute vorzuplanen.
Der Zuchtverband organisiert jährlich zwei große Absatzveranstaltungen für Haflinger Zuchtpferde in Bozen.
Die erste findet im Frühjahr anläßlich der Stammbuchaufnahme der dreijährigen Jungstuten statt. Es kommen dabei dreijährige, aber auch ältere Pferde zur öffentlichen Versteigerung, insgesamt etwa 60 bis 80 Stück.

Die Herbstversteigerung, anfangs Oktober jedes Jahres, dient vor allem dem Fohlenabsatz. Es werden meist mehr als 100 Stück aufgetrieben und gut abgesetzt; dazu kommen noch 20 bis 30 meist trächtige Zuchtstuten. Fohlen erzielen Durchschnittspreise von 1.100.000 Lire bis 1.300.000 Lire, Stuten einen Preis von 2.500.000 bis 3.000.000 Lire. Für erstklassige Zuchtpferde werden von den Züchtern selbst Spitzenpreise bezahlt, die auf öffentlichen Versteigerungen nicht erreicht werden.

Auch im Laufe des Jahres vermittelt der Verband Zuchtpferde an interessierte Käufer. Letztere kommen vor allem aus italienischen Provinzen, in denen durch lokale Maßnahmen das Haflinger Pferd gefördert wird. Pferde aus Südtirol werden aber auch ins Ausland, so in die Schweiz, Deutschland, Nordamerika, Polen, Österreich, neuerdings auch nach Venezuela verkauft.
In Südtirol ist der Haflinger immer schon als Reitpferd verwendet worden und die ersten Pferderennen waren schon, bevor es eine organisierte Haflinger Pferdezucht im heutigen Sinne gab. Seit die Kurstadt Meran Pferderennen auf dem berühmten Maiser Rennplatz organisiert, sind Haflinger dabei. Das Bauerngaloppreiten am Ostermontag in Meran ist ein weit über die Grenzen des Landes bekanntes Ereignis. Diese Begeisterung für den Galoppsport hat seit Beginn der Haflinger Zucht in Südtirol auf die Rasse positiv eingewirkt: elegante, gängige Haflingerpferde, mit Kämpferherz, sind immer noch gesucht, setzt sich doch jeder Züchter als höchstes Ziel, einen Sieger zu besitzen oder gezüchtet zu haben.
Seit mehr als zehn Jahren gibt es in Südtirol einen Haflinger Pferde-Sportverein, der Landesschlittenrennen, Skijörings, Trabrennen und Galopprennen veranstaltet. Die Züchter organisieren aber schon auf Vereinsebene Wettkämpfe für Jungpferde und trächtige Stuten, um die schnellsten Pferde ihres Zuchtvereines zu küren. Beim Landesschlittenrennen treffen sich dann die besten Pferde des gesamten Zuchtgebietes. Eine große Veranstaltung, bei der sich die Haflinger durch besondere Geschicklichkeit, Ausdauer und Rittigkeit auszeichnen, ist der jährlich in den Gemeinden Kastelruth, Seis und Völs ausgetragene Oswald-von-Wolkenstein-Ritt: ein Reitermannschaftswettbewerb, bei dem mittelalterliche Reiterspiele ausgeführt und bewertet werden.
Auch bei Distanzritten von über 40 km in schwierigem Gelände hat sich der Haflinger in Südtirol ausgezeichnet bewährt.
Das Fremdenverkehrsland Südtirol bietet heute seinen Gästen immer mehr Reitmöglichkeiten an. Viele Gasthöfe, Pensionen und Kurorte betreiben einen Reitstall. Dort stehen fast ausschließlich Haflinger, die soliden, ruhigen Reitpferde für jedermann.
Der Haflinger mußte früher im Original-Zuchtgebiet nie schwere Zugarbeit verrichten; er war vor allem für Saum- und Reitdienst im schwierigen Gelände gezüchtet worden. Es wundert also nicht, daß er als Sport- und Freizeitpferd bestens geeignet ist.
Der Südtiroler Haflinger Pferdezuchtverband beteiligt sich jährlich an nationalen und internationalen Schauen. Er war auf der Equitana in Essen genauso vertreten wie in Mailand und Paris, wo er mit

(Fortsetzung Seite 49)

4. Hengst mit 12,5%:
»Marnbach« von Makler aus einer Mutter von Antimon verkörpert den Typ des modernen Haflingers mit ausgeprägten Reitpferdepoints, dabei aber im gewünschten Rassetyp stehend. (Foto: Palzer)

5. Hengst mit 6,25%:
»Attaché« von Atlas-Ambassador: rassetypisch farbtreu mit den gewünschten Verbesserungen. (Foto: May)

6. Stute mit 6,25%:
»Okarina« von Nassauer a.d. Olive von Nabob präsentiert sich als äußerst harmonisches Stutenmodell mit abgedrehten Formen, viel Ausdruck und Charme ausgestattet. Durch ihren Vater Nassauer verfügt sie über 6,25% Araberblut, dieser Anteil ist jedoch praktisch nicht mehr sichtbar. (Foto: Fiegel)

Südtirol

»Edle« v. Niger a.d. Claudia nach Caesar (Foto: Messner)

»Erle« geb. 1981 (hier dreijährig) v. Nerv a.d. Adelige nach Amboss (Foto: Thaler)

»Gloriose« v. Ströcker aus der Pandora nach Nautilus, mehrfache Siegerin beim Bauerngaloppreennen in Meran (Foto: Verband)

»Grazia« v. Niger a.d. Mali von Nautilus (12jährig) (Foto: Verband)

Junghengste am Sandhof, dem Aufzuchthof des Südtiroler Haflinger Pferdezuchtverbandes (Foto: Verband)

Bauerngaloprennen auf der Maiser-Rennbahn in Meran (Foto: Verband)

Haflinger im Rennschlitten bei festlicher Ausfahrt (Foto: Verband)

Skijöring im Originalzuchtgebiet Südtirol (Foto: Verband)

Haflinger und Volkskultur - in Südtirol zählt der Haflinger zum Kulturgut. (Foto: Valtiner)

Zwei Südtiroler Damen - beide im Festtagsschmuck
(Foto: Valtiner)

»Achensee« 1159 (Foto: Mann)

Österreich

»Mars« 1193 - Landessiegerhengst 1987 (Foto: Maurer)

»Apell« 1309 (Foto: Tauber)

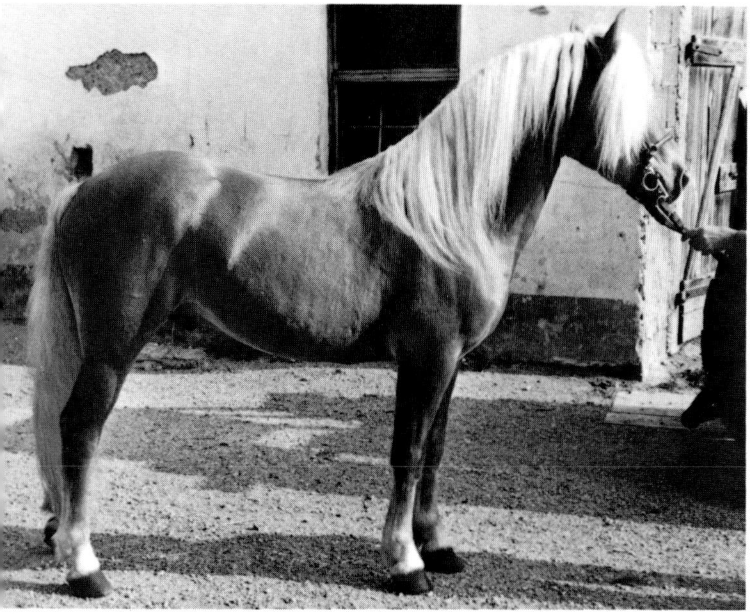

»Weltmeister« - Junghengst (Foto: Köstler)

»Fabiola« 3140, geb. 1978 v. 1137 Warrant, Siegerstute der Zentralen Eintragung 1981 (Foto: Erasimus)

Belgien

»Weredi's Lente HR 41« von Were-di van de Vrijthof nach Waldemar (geb. 1978) NL, (Foto: privat)

»Apollo van Schafferden HR 52« v. Adelbert nach Winston, geb. 1980, National Champion 1986 und Reserve National Champion 1987 (Foto: privat)

»Loretta van de Mariahoeve« von Wreker nach Michael, Siegerstute 1987 (Foto: Brinkmann)

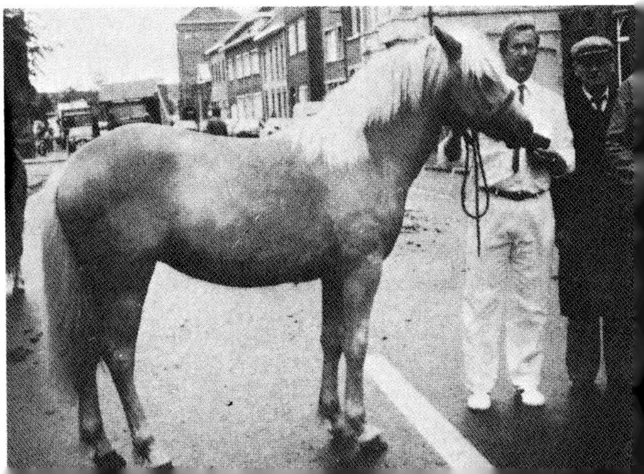

»Vanessa« Siegerstute der jüngsten Klasse von West-Flandern (C. Vancanneyt) (Foto: Brinkmann)

Zuchtpferden und Schauprogrammen viel Begeisterung hervorgerufen hat. Auf nationaler Ebene ist die jährliche Pferdemesse in Verona, anfangs November, ein Muß für die Südtiroler Haflinger Züchter. Diese Messe war von Beginn an mit der Haflinger Pferderasse verbunden, besonders wegen des zentralen Junghengstmarktes. Es treffen sich dort die Züchter Italiens zum nationalen Championat und kören die Siegerstute und den schönsten Hengst. Die Haflinger aus Südtirol waren dort schon oft erfolgreich.

Auf Landesebene werden jährlich zwei Zuchtausstellungen von den lokalen Zuchtvereinen veranstaltet. Dort treffen sich Züchter aus dem ganzen Land, um die Zuchtfortschritte der jeweiligen Gebiete zu begutachten.

Selbstverständlich fehlt der Haflinger nie auf folkloristischen Veranstaltungen, ist er doch ein Symbol dieses Landes.

Strenge Selektion nach einem klaren Zuchtziel hat zur Verbesserung der Haflinger Pferde in Südtirol geführt. Jungpferde werden durchwegs besser gefüttert, was sich sehr positiv auf die Entwicklung auswirkt. Der Rassetypus, der sprichwörtliche Adel, der berühmte Kopf des Südtiroler Haflingers sind trotz Betonung des Größenwuchses erhalten geblieben. Wenn heute in allen Staaten Europas Haflinger gezüchtet und als Freizeitpferde bekannt und geschätzt sind, so sollte man immer auch an die ursprünglichen Rassemerkmale, die, von Bodenbeschaffenheit und Klima geprägt, typisch für das Original-Zuchtgebiet Südtirol sind, denken.

Übersicht Haflinger, gedeckte Stuten 1969 - 1986

Jahr	Stammbuchstuten	Gebrauchsstuten	Insgesamt
1969	779	600	1379
1970	786	539	1325
1971	809	481	1290
1972	784	461	1245
1973	760	395	1155
1974	812	439	1251
1975	885	439	1324
1976	945	422	1367
1977	974	402	1376
1978	1059	353	1412
1979	831	378	1209
1980	843	326	1169
1981	815	273	1124
1982	918	241	1159
1983	971	222	1193
1984	1016	185	1201
1985	1036	152	1188
1986	1124	166	1290

Übersicht gedeckte Stuten 1986

Deckstelle	Hengst	Stamm-buch-stuten	Gebrauchs-stuten	Insgesamt
Haflinger				
St. Valentin	Natural	24	7	31
Mals	Stern	17	4	21
Laas	Napoleon	11	8	19
Tanas	Sahib	43	9	52
St. Nikolaus/Ulten	Sobek	38	2	40
St. Leonhard/Pass.	Narrator	70	2	72
St. Leonhard/Pass.	Balzer	11	—	11
Hafling	Sailer	64	2	66
Mölten	Borax	22	5	27
Jenesien	Negrus	96	1	97
Jenesien	Sterzl	73	1	74
Sarnthein	Nimrod	50	6	56
Sarnthein	Sandhofer	39	1	40
Aberstückl	Nestor	18	11	29
Pens	Stolz	24	3	27
Reinswald	Nerv	72	9	81
Reinswald	Artist	56	2	58
Unterinn/Ritten	Saltner	42	4	46
Unterinn/Ritten	Nissl II	32	3	35
Deutschnofen	Nektar	72	4	76
Seis a. Schlern	Burger	58	12	70
Villanders	Andreas	33	3	36
Latzfons	Naturns	45	4	49
Sterzing	Status	23	10	33
Meransen	Mölten II	9	7	16
Stern/Gadertal	Martell	38	17	55
Prags	Noldin	9	15	24
Pfelders	Nardus	26	1	27
Kematen	Bund-schen	9	13	22
		1124	166	1290

Hengsteinteilung 1987

Nr.	Deckstelle	Name des Hengstes	Linie	Gebj.	Abstammung
1	St. Valentin	Natural	N	1972	V. Tribulaun M. 4817 n. Gutedel
2	Mals	Stern	ST	1971	V. Sonnyboy M. 17HT - Michl

3	Laas	Borax	B	1981	V. Balzer M. 6546 n. Saturn
4	Tanas	Sahib	S	1977	V. Sandhofer M. 6727 n. Nimbus
5	St. Nikolaus	Sobek	S	1983	V. Sahib M. 6379 n. Nissl
6	Pfelders	Noldin	N	1976	V. Nektar M. 4821 n. Jochl
7	St. Leonhard	Niriak	N	1984	V. Nektar M. 7259 n. Martell
8	Hafling	Sailer	S	1983	V. Sandhofer M. 7180 n. Artist
9	Mölten	Nektar	N	1971	V. Nissl M. 5590 n. Pluto
10	Jenesien	Negus	N	1980	V. Nerv M. 6098 n. Hafling
11	Jenesien	Saltner	S	1982	V. Sandhofer M. 7183 n. Nektar
12	Sarnthein	Sandhofer	S	1973	V. Santner M. 4320 n. Caio
13	Sarnthein	Nimrod	N	1980	V. Noldin M. 6980 n. Nimbus
14	Aberstückl	Nardus	N	1976	V. Natural M. 6476 n. Ströcker
15	Pens	Stolz	ST	1975	V. Stern M. 6060 n. Ströcker
16	Reinswald	Narrator	N	1978	V. Nektar M. 6429 n. Petrus
17	Reinswald	Artist	A	1972	V. Amboss M. 5599 n. Ideal
18	Unterinn	Nerv	N	1975	V. Niger M. 6305 n. Nissl
19	Unterinn	Nissl II	N	1981	V. Nektar M. 7170 n. Martell
20	Deutschnofen	Sterzl	ST	1980	V. Stern M. 5999 n. Rhythmus
21	Seis	Burger	B	1983	V. Balzer M. 7526 n. Tribulaun
22	Villanders	Andreas	A	1976	V. Artist M. 5737 n. Laurin
23	Latzfons	Naturns	N	1982	V. Nektar M. 6582 n. Ströcker
24	Sterzing	Statuts	ST	1981	V. Stern M. 5999 n. Rhythmus
25	Meransen	Mölten II	M	1974	V. Ideal M. 6270 n. Nabucco
26	Stern	Martell	M	1971	V. Oberst M. 5726 n. Nobler
27	Prags	Nestor	N	1974	V. Nelson M. 5421 n. Oberst
28	Kematen/Sand Taufers	Bundschen	B	1982	V. Balzer M. 6546 n. Saturn
29	Gröden	Napolen	N	1970	V. Nissl M. 5151 n. Ezio

Durchschnitt der Jahrgänge 1978 bis 1983

Nr.	Hengst	Jahrgänge						Punkte-durchschnitt
1	Sandhofer	1978	1979	1980	1981	1982	1983	82,13
2	Sahib	1978	1979	1980	1981	1982	1983	82,01
3	Nerv	1978	1979	1980	1981	1982	1983	81,82
4	Narrator	1978	1979	1980	1981	1982	1983	80,86
5	Napoleon	1978	1979	1980	1981	1982	1983	80,71
6	Balzer	1978	1979	1980	1981	1982	1983	80,33
7	Martell	1978	1979	1980	1981	1982	1983	80,26
8	Andreas	1978	1979	1980	1981	1982	1983	80,22
9	Artist	1978	1979	1980	1981	1982	1983	80,19
10	Stolz	1978	1979	1980	1981	1982	1983	80,17
11	Stern	1978	1979	1980	1981	1982	1983	79,78
12	Salurn	1978	1979	1980	1981	1982	1983	79,68
13	Nektar	1978	1979	1980	1981	1982	1983	79,40
14	Armin	1978	1979	1980	1981	1982	1983	79,01
15	Nestor	1978	1979	1980	1981	1982	1983	78,54
16	Nardus	1978	1979	1980	1981	1982	1983	78,50
17	Natural	1978	1979	1980	1981	1982	1983	78,43
18	Noldin	1978	1979	1980	1981	1982	1983	77,51
19	Mölten	1978	1979	1980	1981	1982	1983	77,37
20	Merkur	1978	1979	1980	1981	1982	1983	77,42
21	Nipper	1978	1979	1980	1981	1982	1983	76,81
22	Sylvaner	1978	1979	1980	1981	1982	1983	75,01
23	Silvius	1978	1979	1980	1981	1982	1983	74,45

Der Aufbau der Zucht in Nordtirol ist ja bereits in dem einleitenden Kapitel dargestellt worden und in den bekannten Veröffentlichungen bestens dokumentiert. Von daher tritt diesmal dieses Bundesland etwas zurück und erlaubt den Blick auf die Haflinger Zucht im übrigen Österreich, nicht ohne nochmals die außerordentliche Bedeutung hervorzuheben, werden sich doch in den folgenden Kapiteln immer wieder Pferde finden, die hier ihren Ursprung hatten.

Kurzdarstellung der historischen Entwicklung der Haflinger Zucht in Niederösterreich

Das Haflinger Pferd hat in Niederösterreich bereits vor der Zeit des 1. Weltkrieges gewisse Verbreitung erlangt. Die Zucht wurde damals hauptsächlich in Privatgestüten betrieben, hier vor allem im Kupelwieser'schen Privatgestüt in Lunz/See, in Gestüten in Gösing an der Mariazellerbahn sowie in Rehhof und Seehof am Erlaufsee. Aber auch in den Gebieten um Neunkirchen, Neuhofen/Y. und Lilienfeld wurde der Haflinger, wenn auch anfangs zur Kreuzungszucht, verwendet.

Durch den Verlust Südtirols im Jahr 1919 waren zwar beinahe sämtliche Haflinger Deckhengste im Land geblieben, die Zuchtstutenbasis war allerdings beinahe zur Gänze verlorengegangen und in Niederösterreich fast ausschließlich in Privathänden. Nach dem Verlust des Hochzuchtgebietes versuchte man durch Aufstellung von Staatshengsten in vermeintlichen Zuchtgebieten eine breite Basis für die Weiterentwicklung der Rasse zu schaffen. Durch geschickte und weitblickende Zuchtarbeit wurden sämtliche Fremdrassen aus der Population entfernt und so das uns heute bekannte und vielbeachtete Haflinger Pferd systematisch entwickelt.

Die Pferdezucht Niederösterreichs war natürlich bereits zur Jahrhundertwende in Form von Interessengemeinschaften, Genossenschaften und Vereinen organisiert. Im Jahr 1937 entstand schließlich der landesweite Verband niederösterreichischer Pferdezüchter, welcher die drei Hauptrassen Noriker, Haflinger und Warmblut zu betreuen hatte.

Nach dem 2. Weltkrieg bestand die Aufgabe des Zuchtverbandes vor allem in der Erfassung, Betreuung und Verbesserung der Zucht. So waren im Jahre 1948 lediglich 16% aller in Niederösterreich belegten Stuten in ein Zuchtbuch eingetragen, im Jahr 1949 waren es bereits 33%. Neben dieser züchterischen Erfassung und Weiterentwicklung mußte vor allem aber auch der enorme Bedarf an Zugpferden (5000 im Jahr 1948 in Niederösterreich) gedeckt werden. Dies führte in weiterer Folge zur raschen Ausbreitung und Entwicklung der Zucht.

Bis zu dieser Zeit wurde der Haflinger in Niederösterreich ausschließlich in Gebirgsgegenden gezüchtet. Im Jahr 1949 wurde erstmals ein Haflingerdeckhengst nördlich der Donau im Waldviertel zur Zuchtverwendung aufgestellt, seit dieser Zeit hat sich die Zucht und Haltung des Haflingers in allen Gebieten des Bundeslandes verbreitet und entwickelt.

Neben den vielen züchterischen Maßnahmen zur Verbesserung der Zucht wurde im Jahr 1950 ein Ankauf von 50 Haflinger Stuten aus Tirol organisiert. Auch in der nachfolgenden Zeit konnte ein reger Zuchttieraustausch zwischen den Bundesländern aufrechterhalten bleiben. Bereits im Jahr 1954 wurden die ersten Haflinger- und Norikerfohlen und Jungpferde versteigert.

In der Zeit der raschen Motorisierung und Technisierung der Landwirtschaft wurde der Haflinger Bestand in Niederösterreich nicht reduziert. Die Gebirgsbauern verwendeten den Haflinger nach wie vor als Arbeitspferd und sahen in ihm eine ideale Ergänzung zum Traktor. Diese Bedeutung hat der Haflinger nie zur Gänze verloren, in den letzten Jahren wurde sie im Zuge der Neuorientierung in der Landwirtschaft wieder verstärkt betont.

Der Haflinger wird heutzutage neben seiner ursprünglichen Nutzung im Arbeitsprozeß und Fremdenverkehr, vor allem auch im Freizeitbereich, verwendet. Der Verband nö. Pferdezüchter hat bereits im Jahr 1952 wesentlich zur Gründung des Niederösterreichischen Reit- und Fahrvereins mit Sitz in Wr. Neustadt beigetragen. Dies war eigentlich der Beginn der Aktivierung und Förderung von ländlichen Reitergruppen in Niederösterreich und somit auch der Haflinger Reiterei.

Zucht

Der Verband nö. Pferdezüchter betreut derzeit 1090 Mitglieder, davon 54,6% Haflinger Züchter. Im Jahr 1987 wurden in Niederösterreich insgesamt 568 Haflinger Stuten belegt. Im Belegjahr 1988 sind im Verbandsgebiet 25 Deckhengste zur öffentlichen Zuchtverwendung aufgestellt. Der Zuchtverband organisiert alljährlich eine Vielzahl von einschlägigen Veranstaltungen. Einige davon sollten nachstehend angeführt und kurz beschrieben werden:

Zentrale Stutbucheintragung

Alljährlich werden anfangs Mai alle einzutragenden drei- bis zehnjährigen Haflinger- und Warmblutstuten an einem Ort zusammen .einer internationalen Bewertungskommission zur Eintragung in das Zuchtbuch vorgestellt. Diese drei Tage dauernde Veranstaltung endet mit einer ausführlichen Schaubesprechung und Kritik und gibt dem Beobachter die Möglichkeit, Stand und Entwicklung der niederösterreichischen Haflinger Zucht einzuordnen. Im Laufe der bisher durchgeführten zehn zentralen Eintragungen wurden insgesamt 774 Haflingerstuten vorgestellt, davon 687 (86,5%) in das Stutbuch eingetragen. Die vorgestellten Stuten sind allerdings bereits bezüglich Größe, grober Exterieurmängel und Fehlfarben vorselektiert. Der nö. Pferdezuchtverband ist in der glücklichen Lage, daß beinahe sein gesamter Haflinger Zuchtstutenbestand im Rahmen dieser zentralen Eintragung mit Hilfe des 100-Punkte-Systems einheitlich benotet und somit in den einzelnen Merkmalen genau definiert ist. Die Analyse dieser Daten bietet Grundlage für weitreichende züchterische Überlegungen und Maßnahmen.

Zentrale Hengstenschau

Im Rahmen dieser zentralen Hengstenschauen müssen alle in Niederösterreich im Deckeinsatz befindlichen Hengste einer Anerkennungskommission vorgestellt werden. Diese Veranstaltung wurde bisher zweimal durchgeführt (1978 und 1984) und soll dazu beitragen, das Vatertiermaterial aufgrund von Typ, Abstammung und Exterieur sowie Eigen- und Nachzuchtleistung zu ordnen.

Regionale Pferdeschauen

Im Laufe eines Züchterjahres werden in Niederösterreich etwa sieben bis zehn regionale Pferdeschauen durchgeführt. Dabei werden vor allem die Fohlenjahrgänge bewertet und die Vererbungskraft der Hengste analysiert. Neben der züchterischen Bedeutung dieser Veranstaltungen werden die verschiedenen Verwendungsmöglichkeiten im Rahmen von Schauvorführungen gezeigt. Die größte Pferdeschau Niederösterreichs ist die alljährlich im September in Hiesbach (Neuhofen/Y.) stattfindende Pferdeschau des westlichen Zuchtgebietes mit etwa 170 Pferden und ca. 4000 Besuchern.

Fohlenauktion

Alljährlich wird im September im Rahmen der Wiener Internationalen Herbstmesse eine Fohlenauktion der verkäuflichen Stutfohlen durchgeführt. Dabei werden nach strenger Vorbesichtigung lediglich die besten Stutfohlen des Landes zum Verkauf angeboten.

Haflinger Zuchtstuten-Leistungsprüfung

Der Verband nö. Pferdezüchter führt als einziger Zuchtverband Österreichs bereits seit dem Jahr 1979 Haflinger Zuchtstuten-Leistungsprüfungen durch. Dabei müssen die Stuten in den drei Grundgangarten eine Mindestleistung erbringen, vor allem aber auch im Zug entsprechende Leistungen aufweisen.

Zuchtbetriebe

Wie in anderen Ländern hatten auch in Niederösterreich einige wenige Zuchtbetriebe maßgeblichen Anteil an der Verbreitung und Entwicklung der Haflinger Zucht. Es seien hier nachstehend vier Zuchtbetriebe genannt, die seit vielen Jahren tragende Säulen des niederösterreichischen Zuchtgeschehens sind.

Köstler Rudolf, 3142 Langmannersdorf 55

Herr Köstler besitzt eine Landwirtschaft 15 km nordöstlich von St. Pölten im Herzen Niederösterreichs. Er hat erstmals im Jahr 1953 zwei Hauptstammbuchstuten angekauft und war seit dieser Zeit züchterisch sehr erfolgreich tätig. Insgesamt wurden auf dem Hof 86 Haflinger Fohlen aus eigener Zucht geboren.
Im Jahr 1962 wurde auf dem Betrieb eine staatliche Hengstenstation errichtet. In den Jahren 1962 bis 1987 wurden insgesamt 1532 Haflinger Stuten von 13 verschiedenen Haflinger Hengsten belegt, in den Jahren 1971 bis 1979 waren auch fünf Warmbluthengste stationiert, die 212 Stuten belegten. Derzeit sind auf diesem Betrieb die Hengste 1159 Achensee und Weltmeister stationiert. Diese belegen insgesamt 85 bis 90 Stuten pro Jahr.

Tauber Harald, 2301 Wittau 6

Der landwirtschaftliche Betrieb des Herrn Tauber liegt 10 km östlich von Wien. Herr Tauber hat erstmals im Jahr 1964 zwei Haflinger Zuchtstuten erworben und seit dieser Zeit 196 Haflingerfohlen auf seinem Betrieb gezüchtet. Er ist maßgeblich verantwortlich für die Verbreitung des Haflingers im östlichen Niederösterreich.
Im Jahr 1968 wurde erstmals eine staatliche Haflingerhengstenstation auf seinem Betrieb errichtet, bis zum heutigen Zeitpunkt haben 19 Hengste insgesamt 1292 Stuten belegt. Die von Herrn Tauber betreute Haflinger Reitergruppe Wittau ist weit über die Landesgrenzen hinweg bekannt. Sie repräsentiert den Haflinger bei den verschiedenen regionalen Veranstaltungen und zeigt die Möglichkeit der Nutzung und Verwendung dieser Rasse auf.

Pfeffer Hans, Joachimsberg 1, 3223 Wienerbruck

Der Betrieb liegt im südlichen Niederösterreich in den Voralpen und umfaßt eine Landwirtschaft und eine Fremdenpension. Bereits im Jahr 1932 wurde hier mit der Zucht begonnen, 1946 wurde eine staatliche Deckstation errichtet. Die insgesamt elf Hengste, welche bis heute auf diesem Betrieb gewirkt haben, deckten eine Vielzahl von Stuten. Insgesamt wurden im eigenen Betrieb 180 Fohlen geboren.
Eine besondere Attraktion ist die alljährlich auf dem Betriebsgelände der Familie Pfeffer im August stattfindende Haflinger-Schau des Zuchtgebietes Annaberg. Im Rahmen dieser Veranstaltung wird der neue Fohlenjahrgang bewertet, aber auch dem zahlreichen Publikum ein reichhaltiges Schauprogramm geboten.

Sachslehner Hans, Buch 12, 3371 Neumarkt

Auf dem im Westen Niederösterreichs gelegenen landwirtschaftlichen Betrieb des Herrn Sachslehner wurden ursprünglich Noriker gezüchtet. Im Jahr 1966 kaufte sich der Besitzer die erste Haflinger Stute und hat seit dieser Zeit 76 Haflinger Fohlen gezüchtet. Sein enormer züchterischer Ehrgeiz und Wille ist weit über die Landesgrenzen bekannt. Seine züchterischen Leistungen und Erfolge geben Zeugnis über Arbeit und Fleiß. Die Mutterstuten des Betriebes werden neben der züchterischen Nutzung vor allem auch im Gespann im Rahmen verschiedenster Veranstaltungen gezeigt und verwendet.

Bedeutende Hengste

1159 Achensee
Deckstation: Köstler, Rudolf, 3142 Langmannersdorf 55

Haflinger			**1159 Achensee**			Geb.: 1973 Grundfarbe: Fuchs	
3936/T Nelli 58 F				liz. Amor 69 F			
Hst. 1947/ISt. Nekta 51 F		1925 Stift-51 51 F		8521/T Jelli 63 F		853 Artist 64 F	
5115/T Nera 46 F	1232 Mentor	587/V Erlana 41 F	1482 Stolz 47 F	7388/T Jagd 58 F	506 Strudel 57 F	7496/T Doritte 55 F	631 Anker 59 F

Der Hengst »Achensee« war Reservesiegerhengst bei der 1. Zentralen Hengstenschau im Jahr 1978 und Sieger der Althengste bzw. Landessieger der 2. Zentralen Hengstenschau im Jahr 1984. Der Hengst hat bisher insgesamt 615 Stuten belegt und 90 Töchter wurden in das Stutbuch des Verbandes nö. Pferdezüchter eingetragen, 2 gekörte Söhne sind ebenfalls in der Zucht eingesetzt.

1193 Mars
Deckstation: Tauber, Harald, 2301 Wittau 6

Haflinger			**1193 Mars**			Geb.: 1974 Grundfarbe: Fuchs	
2678/NÖ Monpti				1047 Mai 69 F			
8119/T Minerva		900 Alarich 65 F		8585/T Tobina 63 F		251 Merkur 54 F	
5991/T Morea	251 Merkur 54 F	7742/T Talia 60 F	631 Anker 59 F	6182/T Tresl 51 F	505 Strüber 57 F	5611/T Ungarin 49 F	1480 Marius 47 F

Der in Niederösterreich gezogene Hengst »Mars« war Siegerhengst der 1. Zentralen Hengstenschau im Jahr 1978 und Reservesiegerhengst der 2. Zentralen Hengstenschau in der Gruppe der Althengste 1984. Der Hengst hat insgesamt 269 Belegungen und 28 eingetragene Töchter.

1309 Apell
Deckstation: Tauber, Harald, 2301 Wittau 6

<table>
<tr><td colspan="3">Haflinger</td><td colspan="3">1309/liz. Apell</td><td colspan="2">Geb.: 1978
Grundfarbe: Fuchs</td></tr>
<tr><td colspan="4">H/3628/H Irene</td><td colspan="4">1187 Ali 74 F</td></tr>
<tr><td colspan="2">H/3558/H Indora</td><td colspan="2">188 Marling-81
53 F</td><td colspan="2">9488/T Lira</td><td colspan="2">liz. Afghan
69 F</td></tr>
<tr><td>H/1145/H
Idi</td><td>1655
Standard
49 F</td><td>2649/T
Augen-
weide
Lora 44 F</td><td>1430
Marius
47 F</td><td>8450/T
Loni</td><td>755
Merold
61 F</td><td>8228/T
Jeruse
62 F</td><td>8531
Artist
64 F</td></tr>
</table>

Der Hengst »Apell« war bei der 2. Zentralen Hengstenschau 1984 Reservesieger der 5-bis 9jährigen Haflingerhengste. Er hat insgesamt 200 Stutenbelegungen und 21 eingetragene Töchter.

Erfolgreiche Haflinger im Sport

Deckhengst Amatus 18
Züchter: Köstler, Anton, 3142 Langmannersdorf 33
Besitzer: Auer, Karl, Gut Hof 5, 3073 Stössing

<table>
<tr><td colspan="3">Haflinger</td><td colspan="2">Amatus 18</td><td colspan="3">Geb.: 1977
Rotfuchs</td></tr>
<tr><td colspan="4">2423/Nö. Wilma</td><td colspan="4">1159 Achensee</td></tr>
<tr><td colspan="2">113/Nd. Wally</td><td colspan="2">1360 Meister</td><td colspan="2">8936/T Nelli</td><td colspan="2">liz. Amor</td></tr>
<tr><td>42/Nd.
Walburga</td><td>1746
Max</td><td>1739/T
Bellatrix</td><td>425
Mohamed</td><td>1947/ISt.
Nekta</td><td>1925
Stift-51</td><td>8521/T
Jelli</td><td>853
Artist</td></tr>
</table>

Erfolge:

1982:	— Lizenzprüfung R 1 auf Amatus		
	— Warmblutspringprüfung		2. u. 5. Platz
1983:	— Haflinger Cup:	Springen Kl. A	2. Platz
		Springen Kl. L	3. Platz
		Kombination A	5. Platz
	—Warmblutspringprüfung Kl. A		5. u. 6. Platz
1984:	—Bundesländermeisterschaften Haflinger		
		Springen	3. Platz
1985:	— Haflingercup:	Springen	2. Platz
		Dressur	4. Platz
		Kombination	2. Platz
	— Warmblutspringprüfung Kl. A		5. Platz
	— Bundesländermeisterschaften Haflinger		
		Springen	8. Platz
1986:	—Landesmeisterschaften der Kleinpferde		3. Platz
	—Christian-Wallner-Wanderpokal Springen-Gewinner		
1987:	—Haflingercup:	Springen	1. Platz
		Dressur	2. Platz
		Kombination	1. Platz

—Landesmeisterschaft der Haflinger	Dressur Kl. A	2. Platz
—Bundesländermeisterschaften der Haflinger	Springen	4. Platz
—Bundesländermeisterschaften der Haflinger	Mannschafts-dressur	3. Platz

1983-
1987 17 Plazierungen bei Warmblutbewerben (Dressur und Springen Kl. A)
12 Plazierungen bei Warmblutspringen der Kl. AO

H/2935/Nö. Luzzi
Züchter und Besitzer: Zwinz Franz, 2734 Puchberg/Schnbg., Knipflitz 120

<table>
<tr><td colspan="4">Haflinger</td><td colspan="2">**2935/Nö. Luzzi**</td><td colspan="2">Geb.: 20.4.1974</td></tr>
<tr><td colspan="4">2717/Nö. Lori</td><td colspan="4">1078 Markus</td></tr>
<tr><td colspan="2">2409/Nö. Elsa</td><td colspan="2">85 Marein-63</td><td colspan="2">6405/T Horta</td><td colspan="2">935 Madras</td></tr>
<tr><td>Hafl.St. Elise</td><td>1589 Medar-dus-5</td><td>1794/T Ebronia</td><td>850 Mordskerl</td><td>5102/T. Hanka</td><td>1480 Marius</td><td>71851/T Vira</td><td>630 Moment</td></tr>
</table>

H/2935/Nö Luzzi

»Luzzi wurde am 20. April 1974 im Stalle Zwinz als zarter Haflinger geboren (Mutter: Lari, Vater: Markus). Sie wurde sofort auf eine harte Probe gestellt, denn die lebenswichtige und so begehrte Muttermilch blieb aus. Also mußte sie sich mit Ersatzmilch aus der Flasche zufriedengeben. Trotzdem gedieh sie prächtig und wurde ein aufgewecktes Fohlen.
In den Sommermonaten genoß sie die Höhenluft auf der 1200 m hoch gelegenen Alm.

Als Vierjährige ließ sie sich problemlos zureiten, ging willig, aber rasant im Reitbetrieb, ließ aber erkennen, daß sie zu Höherem geboren war.
Nun wurde sie trainiert. Im Parcours und im Gelände war sie schon bald fast unschlagbar.
Die damals neunjährige Claudia — immerhin ist sie um drei Jahre älter als Luzzi und wuchs praktisch mit ihr auf — erklärte eines schönes Tages, Luzzi ist mein Pferd. Sie trainierten fleißig, besonders Dressur. Den ersten Turniererfolg feierten die beiden dann beim Osterturnier in Gloggnitz 1980.

Nach und nach arbeiteten sie sich hoch bis zur:

»Österr. Meisterin im Springreiten 1987 Haflinger«
»Österr. Meisterin im Dressurreiten 1986 Kleinpferde«
»Vizemeisterin im Springreiten 1986 Kleinpferde«
»Vizemeisterin im Springreiten 1985 Kleinpferde«
»Nö Landesmeisterin im Springreiten 1986 Haflinger und Kleinpferde«
»Nö Landesmeisterin Vielseitigkeit 1986 Haflinger und Kleinpferde«
»Nö Landesmeisterin im Dressurreiten 1986 Haflinger und Kleinpferde«
»Nö Landesmeisterin Vielseitigkeit 1985 Haflinger und Kleinpferde«
»Nö Landesmeisterin im Springreiten 1985 Haflinger und Kleinpferde«
»Nö Landesmeisterin im Springreiten 1984 Haflinger und Kleinpferde«
»Nö Haflinger Cup« — Gesamtsiegerin in den Jahren 1981-1986.

Luzzi ist in der Dressur LM ausgebildet, springt 1,60 m hoch und Claudia kann sich nicht erinnern, daß sie im Parcours oder Gelände jemals verweigert hätte.
An die 150 Pokale erkämpften die beiden in allen Disziplinen, wovon bestimmt 100 mit blauen Mascherln geziert sind.

Ein deutscher Reitertrainer sagte nach einem Kurs: »Das ist der beste Haflinger, den ich je gesehen habe!«
Nach diesen turbulenten Jahren hat sich Luzzi eine Pause verdient, und wenn Gott will, wird sie auch erfahren, was Mutterglück ist.«

Haflinger Pferdezuchtverband Salzburg

In den Jahren 1947/48 erfolgte auf die Initiative einiger Züchter in diesem Bundesland die Gründung des Verbandes — allen Schwierigkeiten trotzend, dies im Hochzuchtgebiet des Norikers zu tun. . .
Die Erfolge zeigten sich bald — 20 Jahre später läßt sich dies auch in Zahlen belegen.

Jahr	Anzahl	WR Stock/Band	BU	Röhrbein
1970	39	136,8/148,4	182,2	19,2
1971	32	137,0/148,5	182,1	19,1
1972	37	135,2/146,3	187,0	19,0
1973	40	135,5/146,2	180,0	18,7
1974	43	135,4/146,3	178,6	18,5
1975	43	137,4/147,4	177,2	18,9
1976	67	136,0/147,0	170,0	18,4
1977	66	136,5/146,5	169,0	18,3
1978	67	137,3/148,0	171,0	18,5
1979	73	137,3/148,0	174,0	18,4
1980	86	138,2/148,1	175,0	18,7
1981	60	139,0/148,2	177,0	18,6

Diese Statistik sagt einiges über die Entwicklung der Haflinger Zucht im Land Salzburg im letzten Jahrzehnt aus. Bis 1975 war die durchschnittliche Aufnahmezahl bei 40 Stuten, von 1976 bis 1981 war der Zuwachs an Jungstuten durchschnittlich 70 Stück pro Jahr.

Das durchschnittliche Stockmaß von 1970 bis 1975 war bei 136 cm und ist in der zweiten Hälfte des Dezenniums auf durchschnittlich 137,5 cm angestiegen. Leider liegen aus früheren Jahren keine vergleichbaren Zahlen vor. 1960 war das durchschnittliche Stockmaß z. B. 136 cm, wobei aber der Anteil an älteren Stuten bei der Stutbuchaufnahme sehr hoch war (60% über vier Jahre).

Doch Haflinger gab es natürlich schon viel früher:

Die Firma Krupp aus Essen, welche ungefähr 1916 das Blühmbachtal bei Werfen im Pongau angekauft hat, begann schon sehr bald eine Haflinger Zucht und stellte die einzige Zuchtinsel im sonst rein norischen Zuchtgebiet Salzburgs dar. Diese Zuchtinsel wurde auch in der Zeit der Zugehörigkeit Salzburgs zum Deutschen Reich 1938-1945 vom Reichsnährstand genehmigt. In der Nachkriegszeit haben einige Bergbauern, wahrscheinlich im Krieg bei der Gebirgstruppe mit Haflingern bekanntgeworden, mit deren Zucht begonnen. Schon 1945 wurden einige steirische Haflinger Stuten im Lungau, dem süd-östlichen Bezirk Salzburgs, welcher an die Steiermark grenzt, eingeführt. Es waren meist starke, kräftige Stuten im Typ eines kleinen Zugpferdes, die in der Landwirtschaft voll eingesetzt wurden. Da damals kein Haflinger Hengst auf einer staatlichen Deckstation stand, wurde von den Züchtern ein Privathengst eingestellt. Es galt, große Schwierigkeiten zu überwinden, da sich auch hier, wie im ganzen Land, die angestammten Norikerzüchter gegen eine neue Rasse wehrten. Doch wurde schon vor der Gründung des Haflinger Verbandes Salzburg (der für das ganze Land zuständig war), ein Lungauer Zuchtverein gegründet, welcher auch heute noch, da er nie aufgelöst wurde, besteht, allerdings heute in der Praxis als einer der sieben Gebietsvereine im Rahmen des Landesverbandes geführt wird. Die neuen Haflinger Züchter waren ungefähr je zur Hälfte frühere Kaltblutzüchter oder keine Pferdezüchter, da sie ihre Arbeit mit Ochsen verrichteten.

Der erste Staatshengst der Haflinger Rasse, der Semmelfuchs »Nuto« (Nr. 1815) — mit Aalstrich —, welcher längere Zeit im Lungau deckte und etliche Stammstuten hinterließ, kam 1953 auf die staatliche Station Unternberg. Bald darauf wurde ein zweiter Staatshengst im Bezirks-Hauptort Tamsweg aufgestellt. Die nächsten Hengste waren u.a. 1926 »Stoss«, 1952, »332 Monaco«, 1955, »149 Marsch«, 1953, welche einige Stuten hinterließen. Hengstfohlen wurden ja nie als Zuchtremonten ausgewählt, da der gesamte Hengstnachwuchs von Tirol gestellt wurde, mit wenigen Ausnahmen. Bis 1970 waren die Stuten zumeist 131-135 cm Stock mit 19 Röhre, edlem Kopf, kräftiger Hinterhand und kurzem, kniehohem Gang, steiler Schulter und überhaupt keiner Sattellage, aber sehr leichtfuttrig. Ab 1970 versuchte man, im Zuchtziel eine Vergrößerung zu erreichen, was durch den derben, kräftigen Hengst »1016 Wedel« 1967 teilweise gut gelang. Die Stockmaße stiegen auf 137-138 cm, die Köpfe wurden unedler. 1975 wurden erstmals im Lungau, und zwar im Skigebiet Obertauern, das damals noch ein beliebter Sommerferienort war, Haflinger Stuten als Wanderreitpferde eingesetzt. Unkompliziert in Haltung und Behandlung und (mit Ausnahmen) angenehm im Temperament fiel der mangelhafte Widerrist und damit die schlechte Sattellage unangenehm auf, ebenso bei vielen der kurze, zackelnde Trab. Um diese Zeit war der sogenannte moderne Freizeit-Typ schon im Kommen, doch hat sich diesbezüglich in den letzten zehn Jahren nicht viel geändert, höchstens durch die Tatsache, daß wesentlich mehr Pferde im Reitdienst eingesetzt und daher auch besser ausgebildet und trainiert sind, heute ungefähr 30% des Bestandes, doch höchstens vier im Turniersport. Die Bestände haben sich im Lungau seit 1975 folgendermaßen entwickelt:

Jahr	Züchter	Stammstuten	Jungstuten	Geburten
1975	47	59	11	39
1976	50	56	17	30
1978	59	66	22	34
1980	68	58	30	40
1982	62	67	24	44
1985	70	85	35	54

Zum Auszug über den Haflinger Pferdezuchtverband Salzburg ergänzende Zahlen noch für 1983 mit 457 Mitgliedern und 485 Stuten bei 16 eingesetzten Hengsten sowie 1984 mit 466 Mitgliedern und 508 Stuten und 16 Hengsten. Die Belegungen waren 1982: 456, 1983: 494, 1984: 506.

Bezüglich der Haflinger Zucht im Lungau gilt noch folgendes:
Seit über 100 Jahren wurden alle verkäuflichen Fohlen stets am traditionellen Bartholomä-Markt in Mauterndorf verkauft. Erstmalig 1973 wurde auf Betreiben der drei Lungauer Zuchtvereine (Norikerverein Nr. 9, Norikerverein Nr. 11 und Haflingerverein) eine Versteigerung durchgeführt, wobei allerdings der Landespferdezuchtverband als Veranstalter galt. Diese Auktion hat sich preislich sehr bewährt, so daß der Fohlenmarkt in St. Johann im Pongau 1974 und endlich der Markt in Abtenau 1977 in Versteigerungen umgewandelt wurden.
Aufgrund der gewaltigen Preisentwicklung bei Haflinger Stutfohlen bei den Versteigerungen in Ebbs ging von den Lungauer Züchtern die Bestrebung aus, sich an den Tiroler Haflinger Verband anzuschließen, mit welchem Anfang 1972 bereits Anschluß-Gespräche geführt wurden. Der Tiroler Verband war bereit und gewillt, die Salzburger Züchter aufzunehmen, nachdem die Haflinger Züchter der Gemeinde Saalfelden im Pinzgau bereits Tiroler Mitglieder waren. Es entstanden heftige Debatten, man einigte sich schließlich, daß ein Mehrheitsbeschluß bei der Jahreshauptversammlung des gesamten Verbandes darüber entscheiden soll. In einer geheimen Abstimmung, zu der fast alle Mitglieder erschienen waren, entschieden sich ungefähr ein Drittel für einen Anschluß an den Tiroler Verband und zwei Drittel dagegen. Damit blieb der Salzburger Haflinger Verband weiterhin selbstständig. Von der Verbandsleitung wurde vermehrt für Absatzförderung gesorgt, neben den Fohlenversteigerungen wurden auch in Maishofen Zuchtstuten, Ausmerzpferde und Jungpferde zur Versteigerung gebracht, Zuchtstuten privat vermittelt und über den Einsatz von Professor Jurcovic nach Jugoslawien exportiert. Auch konnten über den Tiroler Verband noch Anfang der 80er Jahre einige Stuten für die Indische Armee exportiert werden.

Ein besonderes, wenn auch kleines Kapitel, bildet im Land Salzburg die Veredelung und Umzüchtung durch Einsatz arabischer Hengste. Ein Mitglied des Salzburger Haflinger Verbandes, Herbert Trapp in Puch bei Hallein, unternahm 1970 einen Zuchtversuch mit einer tiefen, aber edlen Haflinger Stute v. »1913 Strachun«, »1118 Morgen« und einem ägyptischen Vollblutaraber (Fawzane ox). Aus diesen Anpaarungen entstanden bis 1979 zwei Hengstfohlen und vier Stutfohlen. Auf Trapps Antrag wurde 1975 vom Verbandsvorstand unter Geschäftsführung von Dr. Holz-Dahrenstaedt, der schon damals den Landesverband ländlicher Reiter Salzburg leitete, ein Zuchtversuch mit genauen Richtlinien beschlossen. Auf freiwilliger Basis konnten Züchter ihre Haflinger Stute für diesen Zuchtversuch zur Verfügung stellen, mußten sich aber verpflichten, geeignete Zuchtfohlen unter Kontrolle des Verbandes bis drei Jahre aufzuziehen.

Geplant war eine Rückzüchtung. Damit wollte man das erstrebte Zuchtziel eines eleganten, reitfähigen Haflingers schneller erreichen. 1976 wurde der dreijährige Hengst »Faisal« (von vorgenannten Eltern) bis 1982 im Lungau eingesetzt, wo außer Herrn Rigele noch vier Züchter an diesem Zuchtversuch teilnahmen. Nach Ausscheiden von Dr. Holz aus der Verbandsgeschäftsführung wurde der Zuchtversuch seitens des Verbandes wieder aufgelassen und die erzeugten Produkte sollten als Gebrauchspferde einklassiert werden. Die beteiligten Züchter waren aber mit dieser Lösung nicht einverstanden, da mittlerweile auch über eine Tochter des ox-Hengstes Fawzane eine Zuchtinsel in Abtenau entstand, die neben der Lungauer Veredlungszucht sehr brauchbare Tiere zeigte, die eine erfolgreiche Weiterzucht versprachen. Nach längeren Verhandlungen wurde Anfang 1979 ein eigenständiger Verband der Züchter des Araber-Haflinger Pferdes Salzburg gegründet, von der Behörde genehmigt und von der Landwirtschaftskammer anerkannt. Somit wurde eine Trennung vorgenommen und der Haflinger Verband Salzburg von der ARGE

Haflinger in Österreich als Reinzuchtverband voll anerkannt.
Wenn auch die Salzburger Araber-Haflinger theoretisch, bzw. nach dem Gesetz eine eigene Rasse (oder besser Zuchtform) sind, stellt der Obmann dieses Verbandes dieses Zuchtziel dar. In diesem Zusammenhang wird berichtet, wie sich die Veredlungszucht in den österreichischen Zuchtverbänden auswirkt. Tirol ist ja bekanntlich orthodoxes Reinzuchtgebiet, obwohl Ing. Schweisgut vor etlichen Jahren einen Enkel des OX-Hengstes Fawzane, »Freiherr«, in Ebbs eingesetzt hat.
In Oberösterreich werden die F1 Produkte im Pony-Verband geführt, die R1 Generation wird wieder als reine Haflinger im Stutbuch eingetragen (Brand, Fohlenschein wie Reinhaflinger). In Niederösterreich gibt es für die arabisierten Haflinger ein eigenes Stutbuch und einen eigenen Brand, erst ab 10% oder 6% Araberanteil kommen sie ins Haflinger Stammbuch. Kärnten steht auf der Reinzucht, dort wird aber auf der Hollenburg, dem Stammsitz der Kärntner Haflinger Zucht, auch ein Araberhengst für Haflinger Stuten eingesetzt, deren Produkte aber im Nö. Verband geführt werden.

Zuchtprogramm für die Araber-Haflinger Zucht (Salzburg)

Einleitung:
Sinn und Zweck des Zuchtprogramms ist die Züchtung eines Reitpferdes im Kleinpferderahmen auf Grundlage der heimischen, robusten und anspruchslosen Haflinger Rasse, veredelt mit der blutsverwandten Araberrasse. Damit können die mangelnden Reitpferdeeigenschaften des Reinhaflingers rasch verbessert werden. Dabei ist bei entsprechender Ausbildung der Einsatz im Fahrsport ebenfalls gegeben. Die sogenannte Reinzucht mit Selektion wird abgelehnt, weil mit der notwendigen Selektion auf Größe erfahrungsgemäß der Adel vermindert und das Kaltbluterbe gefördert wird.
Ein etwas lebhafteres Temperament und damit eine erhöhte Reaktion auf reiterliche Hilfen ist erwünscht.

Der Blutanschluß an das Araberpferd ist beim Haflinger erwiesenermaßen vorhanden. In der Gründungszeit 1880 bis 1910 standen nicht nur zahlreiche Voll- und Halbblut-Orientalen als Deckhengste in Tirol, wie El Bedavi, Gidran, Tajar, Folie, Shagya, Dahoman usw.), auch das vorhandene Stutenmaterial wies starken orientalischen Einschlag auf, soweit es nicht dem norischen Kaltblut des Sarntales angehörte. Es ist daher vollkommen unsachlich, von einer Kreuzungszucht zu reden, da hier eine neuerliche Blutzufuhr von Edelblut erfolgte, die bereits vor 80 bis 100 Jahren die Entstehung der Haflinger Rasse einleitete. Nach der Beschreibung der ersten Haflinger Hengste um 1900 (Stuten wurden leider nicht beschrieben) verkörperten diese größtenteils den heute angestrebten Reittyp, den sogenannten modernen Typ. Daß dieser im Laufe der nachfolgenden Jahrzehnte immer mehr verlorenging, ist jedenfalls damit zu begründen, daß in den letzten 75 Jahren kein Edelblut mehr zugeführt wurde. Hier sei auf die laufende Vollblutzufuhr in der Warmblutzucht hingewiesen, die immer dann vermehrt wurde, wenn ein Reitpferd und weniger ein Wirtschaftspferd das Zuchtziel war.
Durch den Beschluß des Haflinger Zuchtverbandes Salzburg, die Haflinger Rasse ohne Araberblut weiterzuzüchten, dem Tiroler Beispiel folgend, ist die Verbandsgründung der Züchter des veredelten Haflingers erfolgt, mit dem behördlich genehmigten Namen: Verband der Züchter des Araber-Haflinger Pferdes Salzburg. In der Folge ist daher das Araber-Haflinger Pferd theoretisch als eigenständige Rasse zu bezeichnen, zumindest solange keine diesbezügliche Änderung seitens der ARGE Haflinger Züchter in Österreich eintritt.

Zuchtziel:

Der Typ:
Ein vom Haflinger Typ bestimmtes Freizeit-und Sportpferd mit folgenden Merkmalen: Edler, trockener, ausdrucksvoller Kopf, elegant gebogene Halsung, schräge Schulter, ausgeprägter Widerrist, tiefe,

nicht zu breite Brust, ovale Rippenwölbung, längeres Mittelstück, kräftiger Rücken, guter Schluß und Sattellage, gut gelagerte und kräftig bemuskelte Kruppe, wenig gespalten, gut gewinkelte Hinterhand, breite, starke Gelenke, genügend lange Fessel, harte, wohlgeformte, gesunde Hufe, Röhrbeinstärke 18 bis 20 cm, Widerristhöhe 140 cm, möglich 145 bis 150 cm, Fuchsfarbe, Langhaar, wenn möglich hell, raumgreifende Gänge, Springvermögen bis 130 cm, ruhiges unter dem Reiter lebhaftes Temperament, Vorwärtsdrang, keine Charakterfehler, geringe Haltungsansprüche, Robusthaltung auch in alpinem Klima möglich.

Die Zuchtmethode:
Dieses Zuchtziel ist durch Paarung von Haflingern mit geeigneten Arabern (F1-Generation) und anschließend durch Paarung der F 1-Tiere mit Haflingern (R 1-Generation) zu erreichen. Die R 1-Generation ist als Hauptziel zu betrachten, worauf das o.a. Zuchtziel ausgerichtet ist. In weiterer Folge ist mit den R 1-Tieren (25% A-Blut) ein Zuchtstamm zu bilden, wobei eine Abweichung im A-Blutanteil nach oben (R 1xF 1 = 37,5%) oder nach unten (R 1xH = 12,5%) sowie in allen Zwischenwerten (z.B. 18,25 oder 31,75%) absolut möglich bzw. wünschenswert ist. Entscheidend ist das Produkt bezüglich Typ und Leistung.

Gleichzeitig werden auch Tiere mit 50% A-Blutanteil und mehr gezogen, bei welchen das o.a. Zuchtziel in den Punkten Temperament, Haltungsansprüche, Robustheit und helles Langhaar etwas großzügiger angepaßt wird, da hier der Typ des Reitponys schon vorherrschen kann. Diese Tiere sind einerseits für die Rückzüchtung Richtung Haflinger oder andererseits für die Weiterzüchtung in einem eigenen Schlag ab 50% Edelblut einzusetzen.

Der Einsatz reinblütiger Araber- oder Haflinger Hengste ist von der Zuchtleitung zu überprüfen und zu genehmigen, wobei reinblütige Haflinger Hengste nur ausnahmsweise und nur bei bester Beurteilung eingesetzt werden dürfen, womöglich aber bereits mit einem Edelblutanteil.

Zuchtbuchordnung

Das Zuchtbuch: wird in 3 Abteilungen geführt.

1.) Pferderegister: Eingetragen werden mit fortlaufender Nummer alle im Besitz von Verbandsmitgliedern stehenden Stuten und Hengste der Rassen Araber-Haflinger (AH), Haflinger (H), Vollblutaraber (OX) und Shagya (SA), soweit diese zur AH-Zucht eingesetzt werden und deren Nachzucht. Die Abstammung wird mit 5 bis 6 Generationen eingetragen.

2.) Stutbuch: Eingetragen werden mit fortlaufender Nummer die im Besitz von Verbandsmitgliedern stehenden Stuten ab dem 3. Lebensjahr der unter 1.) angeführten Rassen, die in der AH-Zucht eingesetzt werden, bereits im Pferderegister eingetragen worden sind und den von der Zuchtleitung (Stutbuchaufnahme-Kommission) gestellten Anforderungen an Typ, Charakter und Leistung entsprechen. Die Aufnahme erfolgt in den Zuchtwertklassen (ZWKL) I bis III, wobei die ZWKL I und II jeweils in A und B unterteilt sind. Die Abstammung wird mit sechs Generationen eingetragen.

3.) Hengstbuch: Eingetragen werden mit fortlaufender Nummer die im Besitz von Verbandsmitgliedern stehenden Hengste ab dem 3. Lebensjahr der unter 1.) genannten Rassen, die in der AH-Zucht eingesetzt werden, im Pferderegister eingetragen worden sind und den von der Körkommission gestellten Anforderungen in Typ, Charakter und Leistung entsprechen. Die Aufnahme erfolgt in den ZWKL I und II, die je in A und B unterteilt sind. Die Abstammung wird mit mindestens sechs Generationen eingetragen.

Als Anhang wird eine Hengstlinie geführt, in welcher alle Hengste eingetragen sind, die in der AH-Zucht eingesetzt sind oder waren, aber nicht in Besitz von Verbandsmitgliedern stehen und nicht im Hengstbuch eingetragen sind. Die Abstammung wird mit mindestens vier Generationen eingetragen.

Stutbuchaufnahme, Hengstkörung: Der Verbandsvorstand bestellt eine Aufnahme-

(Fortsetzung Seite 73)

Hengst »Avenin« (Foto: Vonlanthen)

Schweiz

Hengst »Medrano« (Foto: Vonlanthen)

Hengst »Steiger« (Foto: Vonlanthen)

Hengst »Abricot« (Foto: Vonlanthen)

Hengst »Askan« (Foto: Vonlanthen)

Bundesrepublik Deutschland

Ferienkinder auf Haflingern im Ponypark Padenstedt (Foto: Kreikenbohm)

»Urban 1« (Foto: Schwerdtfeger)

»Nastor« (Foto: Landwirtschaftliche Bildberatungsgesellschaft von München)

»Nelson« (Foto: Fiegel)

»Wieland« (Foto: Schwerdtfeger)

»Nadine« von Montana aus der StPrSt Nadja von Nelfried, geb. 1982, Z. u. B.: Georg Karosser, Bad Feilnbach, DLG Hannover 1986 Ia, Bundes-Haflinger-Schau Aachen 1987 Id, ZLF-Siegerin 1987 (Foto: Palzer)

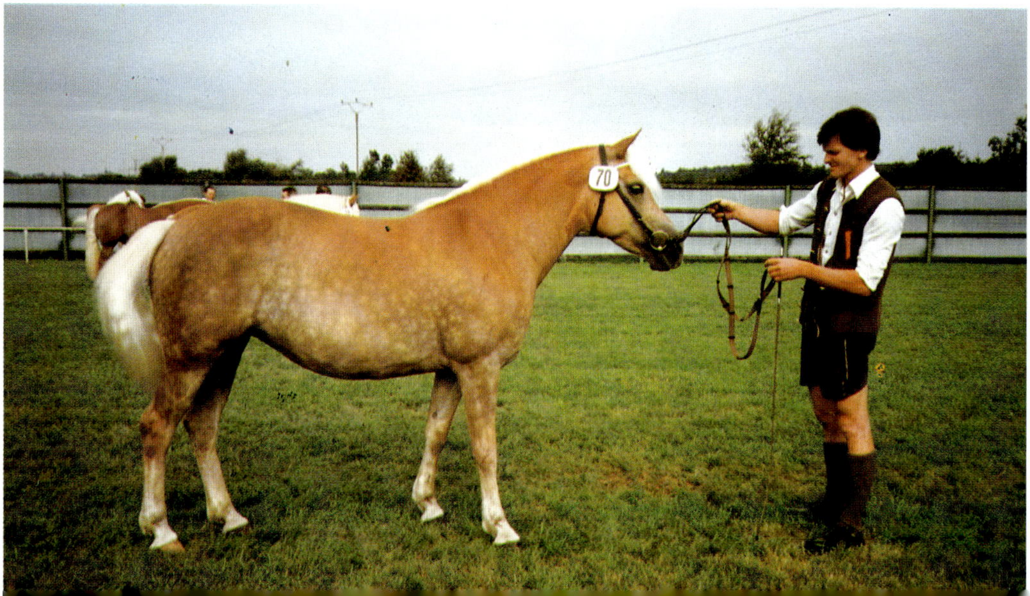

»Bernina« von Nelfried aus der Besse von Asbach, Z. u. B.: Haflingergestüt Schwärzenbach, Gmund/Tegernsee, Bundes-Haflinger-Schau Aachen Ia und Reservesiegerin ihrer Altersgruppe, ZLF 1984 und DLG 1986 jeweils I c (Foto: Fiegel)

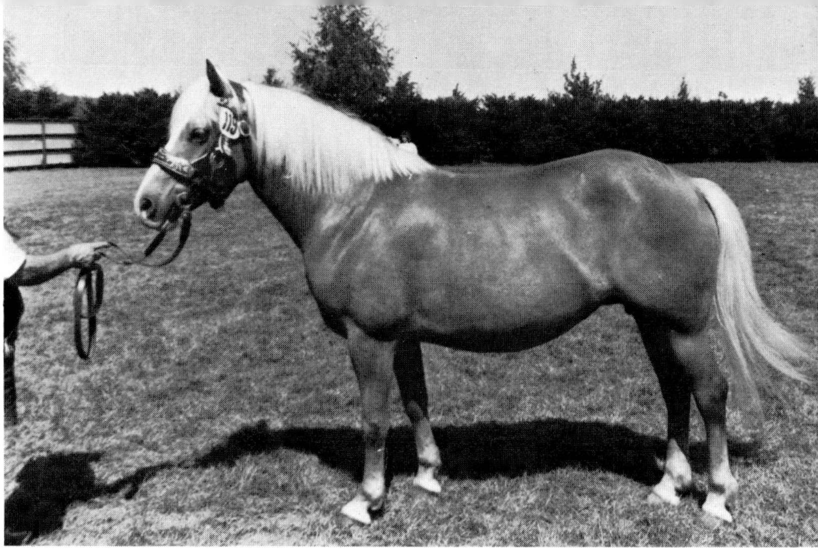

»Operette« von Nelfried aus einer Silbersee-Stute, Z.: Gestüt Schwärzenbach, B.: H. Quercher, Schwärzenbach, Gesamtsiegerstute der Haflinger auf der DLG Frankfurt 1984 und ZLF 1986 Ib (Foto: Palzer)

»Nadin« von Naxos aus der Odessa von Apikal. Z.: Georg Schöllhorn, Bolsterlang, B.: HHG Inntal, Niederaudorf, DLG-Siegerhengst Hannover 1986 und ZLF-Sieger 1987 (Foto: Palzer)

»Berberitze« von Nabob aus der Bernina von Nelfried. Z.: Gestüt Schwärzenbach, B.: K. Reichinger, Bayrisch Gmain (Foto: Reichinger)

»Nikodemus« von Nardus aus einer Alarich-Stute. Z.: Wilhelm Strauß, Wiedergeltingen, B.: HHG Leitzachtal (Foto: Palzer)

Haflinger präsentieren sich zu traditionellen Veranstaltungen. Festzug im Rahmen der Kötztinger Pfingstwoche (Foto: Palzer)

Alljährlich findet am Vortag des Kötztinger Pfingstritts eine Zugleistungsprüfung statt. Hier der Sieger »Max« (J. Geiger, Dachselried) (Foto: Palzer)

Pfingstritt Kötzting (Foto: Palzer)

Roßtag in Rottach-Egern. Vierspänner mit Zuchtstuten aus dem Gestüt Schwärzenbach, gefahren von dem Verwalter des Gestüts, Helmut Quercher, (Foto: Palzer)

Auch die Haflinger Wallache der Tragtierkompanie der Bundeswehr Bad Reichenhall stellen alljährlich beim Roßtag in Rottach-Egern eine Attraktion dar. Für diesen Verwendungszweck wird ein schwerer, kalibriger Haflinger des alten Typs verlangt. (Foto: Palzer)

Schauwagen »Erntekrone« beim Münchner Oktoberfestzug (Foto: Palzer)

kommission, die unter Einladung und Mitwirkung des Tierzuchtamtes der Landwirtschaftskammer Salzburg und der Bundesanstalt für Pferdezucht in Stadl-Paura die Aufnahme bzw. Körung vornimmt. Für die Einklassierung sind heranzuziehen: Typ, Gang, Größe, Entwicklung, Materialprüfung, Leistungsprüfung, Rittigkeit, Abstammung, Alter, u.U. Zugfähigkeit.

Brandzeichen: Fohlenbrand: Zeichen am linken Oberschenkel.
Stuten- bzw. Hengstbrand: Zeichen mit Kranz, linker Hals.

1.) Den Fohlenbrand erhalten alle Zuchtprodukte der AH-Rasse, die im Verbandsgebiet gezüchtet wurden oder ohne Fohlenbrand von Verbandsmitgliedern zugekauft oder eingebracht wurden, wobei die Abstammung einwandfrei nachgewiesen sein muß.

2.) Stuten- bzw. Hengstbrand: erhalten alle Stuten und Hengste anläßlich der Aufnahme in das Stutbuch bzw. Hengstbuch, die noch keinen Brand eines anderen Verbandes aufweisen.

Sportliche Möglichkeiten für Haflinger in Niederösterreich

Für Reiter auch ohne Lizenz:
Haflinger Cup (ohne Altersgrenze)
Landesmeisterschaft (ohne Altersgrenze)
Bundesmeisterschaft (ohne Altersgrenze)
Kleinpferdebewerbe (für Reiter bis 18 a)

Für Reiter mit Lizenz:
Teilnahme an allgemeinen Turnierbewerben unter Großpferden
Bester Haflinger (Stallplakette für den bestplazierten, positiv bewerteten Haflinger)
Christian-Wallner-Wanderpokal (Punktewertung, Pokal geht jährlich an jenen Reiter, der in der Saison die meisten Punkte erreichte).
Prämien des Verbandes Niederösterreichischer Pferdezüchter für 1., 2. und 3. Platz unter Großpferden sowohl für den Reiter als auch für den Züchter.

Drei niederösterreichische Haflinger Deckhengste im Turniereinsatz

Obwohl es nicht gerade angenehm ist, mit einem Deckhengst auf Turniere zu gehen, haben sich doch drei private niederösterreichische Haflinger Hengsthalter der Mühe unterzogen, ihre Hengste auszubilden, zu trainieren und im Turniersport einzusetzen. Sie nehmen die hohen Spesen in Kauf, die unter anderem auch dadurch entstehen, daß die Hengste jeweils in einer Box untergebracht werden müssen, und sie finden sich damit ab, daß diese, vor allem während der Decksaison, auch recht unleidlich und ablenkbar sein können und dadurch unter ihrer wahren Leistungsfähigkeit bleiben. Aber andererseits können natürlich Turnierbewerbe wesentlich besser als eine Leistungsprüfung zeigen, welche Fähigkeiten in einem Hengst stecken.

Liz 16 Galant, mit großem Sprungvermögen ausgestattet, aber, wie dies bei guten Springern häufig der Fall ist, nicht leicht zu reiten, kam nun endlich in fachkundige Hände und belegte 1986, von der jungen Conny Zwinz ausgezeichnet geritten, im Haflinger Cup den 3. Platz im Springen.
Liz 17 Styx, nach mehrjähriger Pause wieder im Turniersport eingesetzt, ist wegen seines beeindruckenden Gangvermögens vor allem als Dressurpferd ausgebildet. Aber auch in den ersten Springbewerben, an denen er teilnahm, konnte er, trotz Routinemangel, jede Höhe bewältigen.
Liz 18 Amatus nimmt schon seit vielen Jahren am Haflinger Cup und anderen Springbewerben teil. Er ist ein ausgezeichneter Springer, der auch auf Schauen und Ausstellungen durch die elegante Bewältigung hoher Sprünge begeistert. In letzter Zeit ist er auch für Plazierungen in der Dressur gut.
Alle drei Hengste haben auch bereits unter Großpferden ihre Fähigkeiten unter Beweis gestellt und dort Plazierungen und sogar Siege erreicht. Den Christian-Wallner-Pokal, der jährlich an jenen Haflinger vergeben wird, der in Großpferdebewerben die meisten Punkte erringen konnte, ging in der vergangenen Saison an den Hengst Amatus und seinen Reiter Karl Auer.

Die Leistungen, die diese drei Deckhengste im Sport erbringen, sind selbstverständlich für all jene Züchter interessant, die beabsichtigen, selbst Haflinger für den Reitsport zu züchten. Denn daß diese Hengste ihre Talente auch vererben, zeigt sich bereits in ihrer Nachzucht. Der Galant-Sohn Goldfuchs belegte in einem L-Springen den 4. Platz, aber auch die noch nicht im Turniersport eingesetzten Nachkommen der drei Hengste zeigen deutlich Springfreudigkeit und -talent oder besonderes Gangvermögen. Dies läßt darauf hoffen, daß in den nächsten Jahren mehr und mehr talentierte Haflinger im österreichischen Reitsport auftauchen werden, die keinen Vergleich mit anderen Kleinpferden zu scheuen brauchen, aber auch für erwachsene Reiter ein vollwertiges und vielseitig verwendbares Reitpferd abgeben.

Stadl Paura — Herz der österreichischen Pferdezucht

Als staatliche Institution unterliegt die Bundesanstalt für Pferdezucht strengen Regeln. Ihr Aufgabenkreis ist gesetzlich festgelegt. §20 des Bundesgesetzes für landwirtschaftliche Bundesanstalten BGBl 230 mit Wirksamkeit vom 1.1.1983 besagt:

(1) Der Sitz der Bundesanstalt ist Stadl Paura

(2) Ihr Wirkungsbereich umfaßt die Gebiete Pferdezucht und Pferdehaltung sowie Reit- und Fahrwesen.

(3) Zum Wirkungsbereich gehören insbesondere:

1. Forschung auf den Gebieten der Pferdezucht und Pferdehaltung mit besonderer Berücksichtigung der Ernährung, Genetik, Andrologie, Gynäkologie, Fortpflanzung und Besamung.

2. Aufstallung, Haltung und tierärztliche Versorgung der Hengste in der Bundesanstalt; Verbringung der Hengste in die Deckstationen; Leistungsprüfung von Zuchtpferden.

3. Gestüts-, Reit- und Fahrwesen und Ausbildung von Gestüts-, Pflege-, Reit- und Fahrpersonal; Führung einer Lehrschmiede für den Hufbeschlag.

4. Dem Landstallmeisteramt bei der Bundesanstalt obliegt die Unterstützung des Landstallmeisters in administrativen Angelegenheiten. Dem Landstallmeister obliegt die Verwaltung der staatlichen Hengste, die Wahrnehmung fachlicher Aufgaben der Pferdezucht sowie die Mitwirkung bei der Vollziehung von Landesgesetzen.

Damit ist zwar der Wirkungsbereich der Bundesanstalt für Pferdezucht klar umrissen, aber nichts über ihre historisch gewachsene zuchtpolitische, wirtschaftliche und kulturelle Bedeutung gesagt. Das Pferd ist entschieden mehr als nur ein Wirtschaftsfaktor. Es ist ein lebendiges Kulturgut mit einem festen und anerkannten Platz in Geschichte und Brauchtum. Sein Platz in der Zukunft muß in zunehmendem Maße als gesichert erscheinen. Durch die aktive Förderung der Pferdezucht erfüllt Stadl Paura demnach eine wirtschaftliche und kulturelle Aufgabe, die gleichermaßen traditionsgebunden wie zukunftsorientiert ist.

Öffentliche Institutionen haben aber nicht nur ihre Funktion und Bedeutung, sondern auch ihren Lebenslauf. Er begann für die Bundesanstalt für Pferdezucht am 17. September 1826 — also vor genau 160 Jahren — mit der Verlegung des staatlichen Hengstenpostens von Schloß Lichtenegg bei Wels in die Stallungen der k. k. Salzregie Stadl Paura. Die Vorgeschichte dieses Ereignisses bestand in einer Reihe von Neuerungen zur Verbesserung der Landespferdezucht, die sich — wie so vieles, das in Österreich Bestand und Bedeutung hat — auf Initiativen der umsichtigen Kaiserin Maria Theresia zurückführen lassen. Grundvoraussetzung für all diese Maßnahmen aber war eine bereits seit altersher bestehende und florierende bodenständige Pferdezucht.

Pferdezucht ist immer etwas Lebendiges, und wie alles Lebendige in Bewegung und in ständiger Anpassung an die wechselnden Bedingungen von Umwelt, Wirtschaft und Politik. In der wechselvollen Geschichte ihres 160jährigen Bestandes konnte die Bundesanstalt für Pferdezucht Stadl Paura sich wie ein ruhender Pol bis in die Gegenwart behaupten.

Die Zucht gehört in den Kompetenzbereich der einzelnen Länder. Stadl Paura gehört

allen, ist Bindeglied, Kernstück und Zentrum der Zucht, ist das Herz, das für alle schlägt. Es mag Zufall sein oder nicht: jedenfalls schlägt dieses Herz der österreichischen Pferdezucht im Herzen Oberösterreichs und daher den oberösterreichischen Züchtern am nächsten und folglich von ihnen am deutlichsten spürbar.
In der vergangenen Decksaison konnte Stadl Paura den österreichischen Pferdezüchtern insgesamt 235 Beschäler der drei Hauptrassen zur Verfügung stellen, die sich folgendermaßen aufteilen: Noriker 93; Haflinger 123; Warmblut 19, wobei die in Ausnahmefällen zum Deckeinsatz herangezogenen 18 Schulhengste und elf Reservehengste nicht mitgezählt wurden.

Zuchtbestand der Bundesländer Österreichs 1985

Bundesland	Hengste	Stuten
Tirol	36	1625
Voralberg	5	285
Oberösterreich	16	560
Niederösterreich	31	701
Steiermark	41	702
Kärnten	18	605
Salzburg	15	512
Burgenland	1	7
Gesamt	163	4997

(aus: Schwark/Petzoldt)

Belgien

In Belgien gibt es ein besonderes Problem für die Haflinger Züchter. Es hat diesmal nichts mit der Blutführung der Haflinger Pferde zu tun, sondern es liegt mehr an einer historischen Ursache: Es ist die Zweisprachigkeit, noch genauer sogar kann man von einer Dreisprachigkeit sprechen.
Nach dem Wiener Kongreß erfolgte 1815 ein aus den nördlichen und südlichen Niederlanden gebildetes Königreich der Vereinigten Niederlande.
Doch bereits 15 Jahre später bildete sich aus dem tiefen Gegensatz der beiden Landesteile heraus das Königreich Belgien. Lange Zeit herrschte die französische Sprache vor, doch in einem langen und zähen Kampf vermochten es die Flamen, daß ihre Sprache gleichberechtigt neben dem Französischen Geltung erlangte.
So setzt sich heute die knapp zehn Millionen zählende Bevölkerung Belgiens aus rund 60% niederländisch sprechenden Flamen im Norden und 39% französisch sprechenden Wallonen im Süden sowie einem Prozent deutsch sprechenden Bürgern im Westen zusammen. Die Fläche des Landes beträgt 30 507 km^2.
Nun mag man das für eine nette Kuriosität halten und ihr keine größere Bedeutung beimessen, scheint doch dieser belgische Staat recht gut zu funktionieren. Versucht man sich jedoch einmal die Problematik bei einem das ganze Land betreuenden Haflinger Verband zu verdeutlichen, so treten doch die Schwierigkeiten dabei deutlich hervor.
So ist zum Beispiel die dreimal jährlich erscheinende Verbandszeitschrift »Haflinger« zweisprachig. Nun mag dies noch angehen, stellt man sich jedoch eine Versammlung der belgischen Verbandsmitglieder vor, in der jede Frage, jede Antwort, jeder Einwand zunächst einmal in die jeweils andere Sprache übersetzt werden muß, vor, dann kann man sich vielleicht einen Eindruck von der besonderen Leistung, einen solchen Verband zu führen, verschaffen.
Ebenso schwierig dürfte es sich bei den Schauen darstellen, wenn die Kommentierung ebenfalls nicht in einer für alle verständlichen Sprache erfolgt.
Nun, trotz aller Schwierigkeiten und Probleme hat es Belgien verstanden, sich mit rührigen Personen und einem aktiven Verband in die Familie der Haflinger züchtenden Länder Europas einzureihen und vermag auch dort seinen Platz zu vertreten.
Von einer kleinen Gruppe belgischer Züchter wurde Ende 1970 das »Belgische Haflinger Stamboek« gegründet. Als Gründer sind hier die Herren Louis Van Den Eynde, Daniel Lettany und Maurice Sempels zu nennen.
1975 wurde dann das Stammbuch vom Belgischen Landwirtschaftsministerium anerkannt. Es hat derzeit sein Sekretariat, das von Frau Brinkmann geleitet wird, beim 1. Vorsitzenden, Herrn Edwin Brinkmann, 7 Grand Rue, 6600 Libramont. Von dort wird auch die Zeitschrift »Haflinger« herausgegeben.
Die ersten Haflinger wurden privat in den 60er Jahren aus Südtirol eingeführt, später dann um 1967 aus Tirol.
Die ersten in Belgien eingesetzten Hengste waren:
»Mahdi« (geb. 1965) v. Maat aus einer Medikus-Tochter und »St. Asterix« (geb. 1968) v. Starost aus einer Strand-Tochter.

Im Laufe der Jahre kamen dann immer mehr Haflinger auch aus deutschen Zuchtgebieten dazu, vor allem aber aus Holland, da die meisten belgischen Haflinger Züchter im Norden des Landes beheimatet sind und traditionell — auch der Sprache wegen — gute Beziehungen zu den nördlichen Nachbarn haben.

Die Haflinger Zucht liegt in der Hand von kleineren Züchtern, die vielfach auch als Nachfolger des berühmten belgischen Kaltbluts nicht auf ein Pferd verzichten möchten, nachdem die »Riesen« ihre wirtschaftliche Bedeutung verloren haben. Die größeren Zuchtstätten haben zwischen

acht und 14 Pferden, davon in der Regel sechs bis zehn Zuchtstuten mit Nachwuchs. Die Hengste sind zumeist bei den mittleren Zuchtbetrieben zu finden.
Das Belgische Haflinger Stammbuch hat in drei veröffentlichten Stutbüchern — die vierte Ausgabe befindet sich in der Vorbereitung — alle in Belgien stehenden Haflinger festgehalten. Diese Fleißarbeit wurde von Eric und Jacqueline Perreman durchgeführt und stellt ein wertvolles Nachschlage- und Informationswerk für die belgische Haflinger Zucht dar.
Dort sind 1400 Pferde mit einer Vorbuchnummer (VB) eingetragen, 631 Stuten haben eine Hauptstutbuchnummer (HSB). Die Hengste tragen eine Hengstregisternummer (HR) und von diesen Vatertieren standen im Jahre 1986 dreizehn im Deckeinsatz. Mittlerweile kann man von etwa 800 HSB-Stuten in diesem Land sprechen, die von den 650 Mitgliedern, die dem Stammbuch angehören, gezüchtet werden.
Darüber hinaus beläuft sich die Gesamtzahl aller Haflinger auf etwa 2000. Einige Zahlen mögen den Aufschwung der Haflinger Rasse in Belgien verdeutlichen, wobei nicht unerwähnt bleiben darf, daß das Engagement einiger Züchter immer wieder der Motor für die Verbreitung einer Rasse ist, selbstverständlich neben den besonderen Eigenschaften, die die Beliebtheit fördern.
Nicht zuletzt ist es Herrn und Frau Brinkmann, Libramont, zu verdanken, die auch immer wieder gute Stutfohlen auf der Auktion in Ebbs für ihr Land erwerben.

Fohlenzuwachs-Anzahl 1986

Année Jahr: 1986	Brabant	Antwerpen	Oost-VL.	West-VL.	Limburg	Hainaut	Liege	Namur	Luxemburg	Total
Cheval de Trait Trekpaard	75	90	161	79	60	86	72	55	108	786
Demi-Sang Belge B. Halfbloedpaard	110	37	24	7	61	281	63	93	43	719
Poney Shetland Shetland Pony	45	56	19	1	9	29	8	3	—	170
Poney Welsh Welsh Pony	11	4	5	2	41	3	4	1	3	74
Haflinger	56	21	46	14	25	19	14	13	4	212
P.S. Arabe Arabisch V.B.	46	40	10	5	15	32	23	26	10	207
Riding Pony	—	—	—	4	—	7	—	—	—	11
New Forest-Pony	4	1	—	—	3	—	—	—	—	8
Poney Islandais Ijsland Pony	2	4	1	—	7	—	—	—	4	18
Trakehner	—	—	7	—	—	—	—	—	—	7
Autres/Andere	1	—	—	—	—	—	—	—	—	1
S. Tot.	350	253	273	112	221	457	184	191	172	2213
Cheval de Sang Warmbloedpaard	515	565	564	246	376	26	153	8	9	2462
Tot. Gen.	865	818	837	358	597	483	337	199	181	4675

Haflinger sind auch in Belgien an der Spitze der Kleinpferde.

Anzahl der Mitglieder in Belgien

1979	167
1980	193
1981	232
1982	284
1983	330
1984	375
1985	463
1986	495
1987	565

Anzahl der eingeschriebenen Haflinger
Fohlen - Stuten Hengste

1979	510
1980	581
1981	697
1982	830
1983	995
1984	1198
1985	1400
1986	1620
1987	1835

Anzahl der Stuten ab 3 Jahre im Hauptstammbuch HSB

1979	141
1980	191
1981	247
1982	320
1983	381
1984	464
1985	565
1986	650
1987	792 bis Juli

Anzahl der pro Jahr gekörten Hengste

1979	17
1980	17
1981	21
1982	15
1983	15
1984	15
1985	14
1986	13
1987	14

Laut Satzung darf in Belgien nur Reinzucht bei den Haflingern betrieben werden, Pferde mit Fremdblutanteil werden in einem Hilfsbuch eingetragen und dürfen nur auf Regionalschauen gezeigt werden. Die Nationale Schau ist nur für reingezogene Haflinger.

Verwendung und Rassebeschreibung

Wie überall in Europa ist auch in Belgien der Haflinger ein Freizeitpferd, ein »Universalpferd«. Der Standard ist dem Tiroler Vorbild angepaßt und die Verbesserung des Haflingers durch Reinzucht wurde von Beginn an in den Satzungen festgelegt.
Viele Haflinger werden geritten und gefahren und in der gesamten Bandbreite des Freizeitgeschehens eingesetzt. Auch in der Land- und Forstwirtschaft haben sie immer noch bzw. wieder ihren Platz gefunden, wobei hier auf mehr Kaliber Wert gelegt wird.
Zu Verdeutlichung eine Standardbeschreibung:
Ursprungsland des Haflingers sind die Tiroler Alpen und er wird heute in der ganzen Welt gezüchtet und selektioniert.
Das Zuchtziel dieser Rasse ist mit der Umschreibung »Universalpferd« am besten verdeutlicht.
Die Zucht verlangt ein Freizeitpferd, stark und voll Adel.
Unter dem Sattel ebenso zu gebrauchen wie zum Anspannen.
Der Haflinger muß elegant, aber auch stark sein. Gut gebaut, mit trockenen Beinen, korrekt in den Bewegungen und gut bemuskelt.
Herausragende Eigenschaft des Haflingers sind sein Aushaltevermögen, seine Arbeitswilligkeit, Leichtfuttrigkeit, außergewöhnliche Fruchtbarkeit und hohes Lebensalter.
Natürlich müssen alle Fehler, die beim Pferd vorkommen und die vom Standard abweichen, vermieden werden.

Größe:	Am Widerrist gemessen und erwachsen (sechs Jahre) — Stuten: 136-147 cm — Hengste: 138-147 cm
Haarkleid:	Fuchs mit allen verschiedenen Fuchsfarbtönen, vom Hellfuchs bis zum Dunkelfuchs, möglichst wenig Abzeichen an den Beinen, Mähne und Schweif weiß bis blond
Kopf:	klein mit viel Adel, arabischen Einfluß verratend. Lebendige, große dunkle Augen, große Nüstern und kleine bewegliche Ohren. Guter Halsansatz
Hals:	gutgeformt, kräftig und trocken ohne Speck
Widerrist:	gut aus der Rückenlinie herausragend
Rücken:	mäßig lang, grade, trocken und muskulös, breit genug
Kruppe:	leichtabfallend, trocken, muskulös, breit mit wenig nach außen stehenden Hüftbeinknochen
Brust:	breit und tief
Beine:	starke und harte trockene Beine mit korrektem Stand
Schweif:	dicht behaart und nicht zu tief angesetzt.
Schulter:	lang, schräg, gut an den Rumpf angesetzt, trocken und muskulös
Vorhand:	ziemlich lang, trockene Muskulatur
Knie:	breit und sauber, in gleicher Linie mit der Vorhand und der Röhre
Röhre:	eher kurz, breit und klar, mit gut sichtbaren Sehnen
Fessel:	kurz, klar und mäßig nach vorn gerichtet
Huf:	klein, gesund, stark und elastisch
Sprunggelenk:	lang und klar, gut ausgerichtet
Stand:	gerade und korrekt bis leicht unterständig, hinten gerade
Gänge:	rein und flott, gerade und raumgreifend.

Das »Belgische Haflinger Stammbuch«, das in Eigenverantwortlichkeit seine gesamte Zucht betreibt, schreibt für die Eintragung von Pferden mit Fremdblutanteil vor, daß nur noch Haflinger mit einem OX-Anteil von 3,15% und weniger in das VB-Register eingetragen werden.
Diese Pferde bekommen nach Kontrolle mit drei Jahren eine HSB-Nummer.
Auf den Abstammungspapieren wird der Fremdblutanteil eingeschrieben, ebenso bei den Voreltern.
Diese Pferde dürfen nur von Haflinger Hengsten belegt werden, die reingezogen sind.
Eine Stute mit Fremdblutanteil, welche von einem Hengst belegt wurde, welcher ebenfalls Fremdblut führt, wird für das Produkt keinen Abstammungsnachweis erhalten. Pferde, die aus dem Ausland eingeführt werden und mehr als 3,15% Fremdblut führen, werden im RA-Register eingetragen, bekommen aber keinen Abstammungsnachweis.

Für Hengste, die zur Körung vorgestellt werden, gelten folgende Bestimmungen: Sie müssen einen Abstammungsnachweis erbringen, der auf den ersten anerkannten Haflinger Hengst »Folie« väterlicher- sowie mütterlicherseits zurückgeht und so beweisen, in Reinzucht gezogen zu sein.

Hier eine Aufstellung der belgischen Haflinger Hengste, die in den letzten 15 Jahren »Championhengste« der Körung waren und für die Zucht von Bedeutung waren und sind:

1972	St. Asterix HR 1 von Starost a.e. Strand-Mutter, geb. 1968 (Jehotte N. — Butgenbach)
1973	St. Asterix HR 1
1974	Walter HR 7 von Waller a. e. Start-Tochter, geb. 1971 (Schauvaerts W. — Hever)
1975	Walter HR 7
1976	Walter HR 7
1977	Walter HR 7
1978	Natan HR 16 von National a.e. Nastor-Tochter, geb. 1971 (Moortgart A. — Lebbeke) gezogen in Bayern
1979	Natan HR 16
1980	Natan HR 16
1981	Natan HR 16

1982 Merlijn v. Oostwinkel HR 30 von Mustang-Mahdi a.e. Mahdi-Tochter, geb. 1977 (Raman W. — St. Kruis-Winkel)

1983 Merlijn v. Oostwinkel HR 30

1984 Weredi's Lente HR 41 von Were-di van de Vrijthof-Welkom a.e. Waldemar-Tochter, geb. 1978 (Perreman, E. — Evergem)

1985 Weredi's Lente HR 41

1986 Apollo v. Schafferden HR 52 v. Adelbert — Absam a.e. Winston-Ward-Tochter, geb. 1980 (Goovaerts A. — O.L.V. Waver)

1987 Weredi's Lente HR 41

Die Körung (Anerkennung) der Hengste im Jahrgang 1987 erfolgte in Brüssel und zeigte folgende Ergebnisse:

3jährig: »Meru du Bhouthan« HR 56 v. Midas a.e. Moment-Tochter (Gijsbeers R. - Overpelt)

4-5jährig: »Nick« HR 57 v. Napoleon-Nektar a.e. Were-di van de Vrijthof-Tochter (Raman W. - St. Kruis-Winkel)
»Stern« HR 50 v. Star-Stainach a.e. Waldemar-Welkom-Tochter (Bams J. - Zolder)
»Acal van Schwacht« HR 51 v. Amor v. Schafferden-Adelbert-Absam a.e. Steven-Stutz-Tochter (Goeleven L. - Zichem)

6-8jährig: »Apollo van Schafferden« HR 52 Reserve-Champion
»Starter« HR 58 v. Stanz a.e. Marschall-Tochter (Gijsbeers R. -Overpelt)
»Wimpel van de kleine Milt« HR 47 v. Waldemar a.e. Milord-Monarch-Tochter (Van Ham L. -Walhain)
»Wodan van Gemonde« HR 44 v. Waldemar a.e. Winar-Welkom-Tochter (Bams J. - Zolder)
»Adonis van Schafferden« v. Adelbert-Absam a.e. Winston-Ward-Tochter (Cruyppendieck D. - Blaugies)
»Marschall van Schafferden« HR 48 v. Mehrwald-Marschall a.e. Adelbert-Absam-Tochter (Goeleven L. - Zichem)
»Stefan« HR 59 v. Steiger-Steinmarder a.e. Monarch-Tochter (Bams, J. - Zolder)

9jährig und älter: »Weredi's Lente« HR 41 National-Champion
»Merlijn van Oostwinkel«
»Wybe van de blauwe Steentjeshoeve« HR 55 v. Were-di van de Vrijthof a.e. liz Strudl-Start-Tochter (Haegdoms J. - Overpelt)
»Strasser von Haflingerhof« HR 60 v. St. Asterix a.e. Nascher-Tochter (Bosard J.L. - Sprimont)
»St. Asterix« HR 1 (Belboom A. - Charneux)

Somit sind in Belgien folgende Blutlinien vertreten:

A:3, B: 0, M: 3, N: 1, S: 0, ST: 5, W: 4

Um auch die besten Stuten des Landes den ihnen gebührenden Platz einzuräumen, ist zunächst auf die Schauen einzugehen. In Belgien finden in jedem Jahr vier regionale Schauen statt und alle zwei Jahre eine Nationale Schau. Diese sind allerdings an keine festen Termine gebunden, sondern über das Sekretariat zu erfragen. Es ist weiterhin in der Planung des Stammbuchs, alle zwei Jahre eine Internationale Schau abzuhalten und so wurden bereits im Juli 1986 in Libramont im Rahmen der Internationalen Landwirtschaftsschau — vergleichbar der DLG — auf Einladung der Königlichen Gesellschaft der Ardenner Kaltblutpferde Züchter aus Belgien (12), Luxemburg (5), den Niederlanden (9) und der BRD (11) begrüßt, die sich dem Richtergremium M. Oomen (NL), Dr. Dohmen (BRD), R. Kox (B) und M. Ziegelmüller (CH) stellten.

Auf der nationalen Schau 1987 konnten folgende Stuten die ersten Plätze in ihrer Klasse belegen:

Saugfohlen: »Sonja van de Wittehoeve (Goeleven, Zichem)

Jährlinge: »Quarta de Bhourthan« (Metens, Maurage)

2jährige: »Lisette« v. Alarich a.e. Steinadler-Tochter (Goovaerts - O. L. Vr. Waver)

3jährige: »Odessa« (Url - Baviere)

4- bis 5jährige: »Loretta van de Mariahoeve« v. Wreker van de Milt-Winner a.e. Michael-Milord-Tochter (Goovaerts-O. L. - Vr. Waver)

6jährig u. älter	»Jessie van het Leefdaalhof« (geb. 1981) v. Wilfried van de Kroemveldhoeve a.e. Waldemar-Tochter (Steurs - Morkhoven)

Selbstverständlich sind auch im Beiprogramm der Zuchtschauen Gespannvorführungen, Römische Kampfwagen, Reitvorstellungen, Quadrillen und der Haflinger im Arbeitseinsatz zu sehen: kurz, die bunte Vielfalt all dessen, was man mit dem Haflinger machen kann, wird vorbildlich und mit Begeisterung gezeigt, und somit erschließt sich man auch hierdurch einem immer größeren Freundes- und Interessentenkreis.

Bei all den eingangs erwähnten sprachlichen Problemen leidet doch keineswegs der Zuchtfortschritt, die Popularität des Haflingers und das Verbandsgeschehen im Königreich Belgien. Mit Liebe und Interesse werden in dem alten Pferdezüchterland heute die Haflinger gepflegt. Die reizvolle Landschaft, hügelig bis gebirgig, vom Rheinischen Schiefergebirge und den Ardennen durchzogen, im Nordwesten mit dem Marsch- und Geestland der niederdeutschen Tiefebene — auch hier konnte der Haflinger die Menschen für sich gewinnen und diese gaben ihm eine weitere Heimat: fast eine Selbstverständlichkeit für eine Weltrasse. Verlassen wir Belgien mit den Worten des 1. Vorsitzenden Edwin Brinkmann, Worte, die sicherlich für alle dem Haflinger verbundenen Menschen, vor allem in unserem kleinen Europa, aber auch überall Gültigkeit haben werden:

»Wir legen viel Wert auf gut nachbarliche Beziehungen; unsere Haflinger kennen keine Grenzen und sind überall zu Hause.«

Schweiz

Die Pferdezucht hatte für einige Gebiete der Schweiz — beispielsweise für den Jura und Teile des Kantons Bern — vom Mittelalter bis zum Anfang des 19. Jahrhunderts große Bedeutung. Erwähnenswert ist vor allem auch das Gestüt des Klosters Einsiedeln, das seine »Cavalli della Madonna« (die Pferde unserer lieben Frau) vorwiegend nach Italien verkaufte. Andererseits waren weite Teile der Schweiz fast vollständig auf den Import von Pferden aus dem Ausland angewiesen.

Während der Napoleonischen Kriege wurden die einstmals blühenden Zuchtstätten der Schweizer Pferde völlig zerstört. In der zweiten Hälfte des 19. Jahrhunderts, als in ganz Europa die Förderung der Pferdezucht mit staatlichen Mitteln einsetzte, wurde auch in der Schweiz durch Einrichten von Fohlen- und Hengstenhöfen, durch Ankauf von Zuchthengsten verschiedener Rassen im Ausland und finanzielle Beihilfen an die Züchter versucht, wenigstens einen Teil der benötigten Pferde im Lande selbst zu züchten. Aus diesen vielfältigen Bemühungen entstand das Freiberger Pferd, dessen Hauptabnehmer die Armee war, die sehr strenge Maßstäbe an die Qualität setzte. Es entstand eine kleine Kaltblutrasse, die sich — dank der Anpassungsfähigkeit der Zuchtleitung — auch heute noch behaupten kann.

Mit der Warmblutzucht tat sich die Schweiz sehr viel schwerer. Sie erreichte während Jahrzehnten nie große Bedeutung. Der Bedarf der Kavallerie konnte nie aus eigener Zucht gedeckt werden. Während des Krieges wurden alle irgendwie verfügbaren Stuten (ob geeignet oder ungeeignet) den Hengsten zugeführt. Da die Nachzucht aus dieser Produktion nur schwer abzusetzen war, ging die Zahl der Belegungen schlagartig zurück.

Während des Krieges hatte die Schweiz einen noch nie dagewesenen Höchstbestand von rund 150.000 Pferden. Um etwa 1950 setzte mit der rasch fortschreitenden Motorisierung und Mechanisierung von Landwirtschaft und Verkehr ein schlagartiger Niedergang in der Pferdehaltung ein. Damit war vor allem auch der Bestand der Freiberger Zucht bedroht.

In dieser Zeit des gravierendsten Umbruches in der Geschichte der Schweizer Pferdezucht kamen einige Pferdefachleute aus der Ostschweiz auf die Idee, das Haflinger Pferd in der Schweiz heimisch zu machen. Sie wollten damit dem schwer bedrängten Freiberger Pferd keine Konkurrenz machen, sondern den Landwirten, denen der Freiberger zu groß und zu schwer und der Warmblüter zu temperamentvoll war, ein praktisches und genügsames Kleinpferd zur Verfügung stellen, um so dem Pferd einen weiteren Lebensraum zu erhalten.

Der Kampf um die Zuchtbewilligung und die endgültige Anerkennung gestaltete sich langwierig und zäh, zumal ein erster Zuchtversuch, welcher in den Jahren 1951/52 im Engadin, der nächsten Nachbarschaft zu Nord- und Südtirol, begonnen worden war, fehlgeschlagen hatte. Rund zehn Jahre dauerte es, bis der Haflinger von Bund und Kantonen neben dem Freiberger- und dem Warmblutpferd als dritte anerkannte Rasse gefördert wurde. Von St. Gallen aus, wo im Jahre 1959 die erste Haflinger Pferdezucht-Genossenschaft gegründet worden war, eroberte sich der Haflinger dann bald auch die übrigen Gebiete der Schweiz.

Ursprünglich waren Halter und Züchter von Haflinger Pferden fast ausschließlich Landwirte. Der Haflinger diente auf den Kleinbauernbetrieben in den Voralpen als alleinige Zugkraft und mußte oft schwerste Arbeit verrichten oder er wurde auf Großbetrieben im Flachland als billige Zugreserve neben dem Traktor gehalten. Mit der Popularisierung des Reitsportes fand der Haflinger dann aber auch bald einen großen Freundeskreis als Freizeitpferd.

Die Haflinger Zucht in der Schweiz kann nicht isoliert von der übrigen Pferdezucht betrachtet werden; an dieser Stelle sind deshalb einige allgemeine Bemerkungen zur Schweizer Pferdezucht angebracht: Bund und Kantone fördern die schweizerische Pferdezucht durch namhafte Beiträge. Der Haflinger ist dem Freiberger Pferd gleichgestellt, wird als militärdiensttauglich eingestuft und erhält die gleiche finanzielle Unterstützung.

Die schweizerischen Pferdezüchter sind in rund 90 Genossenschaften organisiert, sieben davon züchten ausschließlich Haflinger Pferde, eine Genossenschaft hat inzwischen auch den Bestand einer aufgelösten gemischten Pferdezuchtgenossenschaft aufgenommen, und verschiedene Einzelzüchter in Randgebieten haben Unterschlupf in 14 gemischten Genossenschaften gefunden. Alle Pferdezuchtgenossenschaften sind im Schweizerischen Pferdezuchtverband zusammengeschlossen, welcher Absatzveranstaltungen in Form von Auktionen für drei- bis siebenjährige Pferde veranstaltet und der die Fohlen übernimmt, die keine Aufzuchtplätze finden. Außerdem führt der Verband Ausbildungsprüfungen durch. Die Haflinger Zucht-Genossenschaften pflegen regen Kontakt in einer losen »Vorständekonferenz«. So wurden schon dreimal gesamtschweizerische Jungstutenschauen und einige gemeinsame Ausstellungen beschickt.

In Absprache mit dem Eidgenössischen Gestüt wurde das Zuchtziel kürzlich wie folgt neu formuliert:

»Der Haflinger soll ein reinrassiges, fuchsfarbenes Kleinpferd sein mit hellen Schutzhaaren ohne allzuviele Abzeichen; edel, genügsam und gutartig mit solidem Fundament und korrekten, raumgreifenden Gängen. Aufgrund seines Körperbaus ist er als Zug-, Trag- und Reitpferd verwendbar für die Landwirtschaft, Armee und Freizeit.

Größe: Stute mindestens 135 cm, Maximum 145 cm, ideal 138-142 cm Widerristhöhe,

Hengste mindestens 138 cm, Maximum 147 cm.«

Es gilt ein Kreuzungsverbot, d.h. es dürfen Haflinger Stuten nur mit Haflinger Hengsten belegt werden, Haflinger Hengste dürfen nur Haflinger Stuten belegen.

Obwohl der Bund in Avenches ein Hengstendepot (Landgestüt) unterhält, ist die Haflinger Hengsthaltung bis heute ausschließlich genossenschaftlich oder privat. Die Hengste werden dreijährig durch eine eidgenössische Expertenkommission gekört und provisorisch für die Zucht anerkannt. Die endgültige Anerkennung kann der Hengst erst nach Ablegen der obligatorischen Leistungsprüfung im Alter von fünf, ausnahmsweise sechs Jahren erlangen. Die Prüfung besteht seit 1942 in fast unveränderter Form. Sie umfaßt neben der Exterieurbeurteilung einen Kilometerlauf an der Traberkarre, eine Zugwilligkeit mit mehrmaligem Anziehen eines beladenen Brückenwagens im Gesamtgewicht von 2.000 kg auf leicht ansteigender Straße und eine Dauerleistungsprüfung am Wagen über die Distanz von rund 24 km, wobei der halbe Weg im Schritt zurückgelegt werden muß. Während der ganzen Prüfung stehen die Hengste unter der Kontrolle einer Veterinärkommission.

Für die Stuten führt die Genossenschaft Ostschweiz in dreijährigem Turnus in Zusammenarbeit mit der Armee als einzige Pferdezuchtgenossenschaft der Schweiz Leistungsprüfungen durch. Bei diesen Prüfungen werden die Stuten auf Zugwilligkeit, Dauerleistung am Wagen und unter dem Tragsattel geprüft. Dabei wird das Alter und die Trächtigkeit der Stuten berücksichtigt. Bis 1985 haben insgesamt 268 Stuten diese Prüfung abgelegt.

Fast unbekannt sind Prüfungen unter dem Reiter. Die Reitwettbewerbe am Haflinger Fest in Eschlikon haben eher spielerischen Charakter. Leider fehlt bei den guten Reitern das Interesse, das Kleinpferd im Sport zu fördern. Der Ponysport steht deshalb in der Schweiz (noch) auf einem recht tiefen Niveau.

Eine große Chance hatte der Haflinger während vieler Jahre im Fahrsport. Die reglementierten Größenlimiten waren für Haflinger aufgehoben, das heißt, sie konnten an sämtlichen Fahrwettbewerben ohne Einschränkung teilnehmen. Trotz vehementem Widerstand der vielen erfolgreichen Haflinger Fahrer wurden die Größenlimite im Jahre 1985 den Massen im FEI-Reglement angepaßt. Beim allerersten FEI-Marathon, welcher im Jahre 1970 in Luzern zur Austragung gelangte, belegte ein ad hoc zusammengestellter Viererzug der Genossenschaft Ostschweiz inmitten

der damaligen Welt-Elite einige sehr gute Plätze. Im Jahre 1978 wurde ein Haflinger Gespann Schweizer Meister bei den Zweispännern und auch die Pferde des erfolgreichsten Zweispänners des Jahres 1984 waren Haflinger.
Als besonders geeignet erweist sich der Haflinger auch für Distanzritte und -rennen. Regelmäßig nehmen Haflinger am einzigen schweizerischen 100-Meilen-Rennen, dem Schnabelsberg Cup, teil.
Die Haflinger Zucht wurde fast ausschließlich auf Stuten und Hengsten aus Nordtirol aufgebaut. Während einiger Zeit kamen auch etliche Stuten und zwei Hengste aus Südtirol in die Schweiz. In den letzten Jahren wurden sowohl Hengste als auch Stuten aus verschiedenen deutschen Zuchtgebieten eingeführt, vor allem aus Bayern, Westfalen und Rheinland. Der Stutenbedarf kann weitgehend aus eigener Nachzucht gedeckt werden.
Die eigene Hengstnachzucht gestaltet sich recht schwierig. Nachdem von 1967 bis 1971 sechs selbstgezogene Hengste in die Zucht genommen werden konnten, erwies sich der Stutenbestand als zu klein, um auf Dauer Hengste eigener Zucht einsetzen zu können. Die im Ausland erworbenen Hengste sind alle reingezogen. Zur Zeit sind nur etwa fünf Stuten in Zuchtverwendung, bei denen ein kleiner Prozentsatz Fremdblut nachgewiesen werden kann.
Die zahlenmäßige Entwicklung der Haflinger Zucht in der Schweiz ist in zwei grafischen Darstellungen und einer Tabelle festgehalten. Diese Zahlen sind dem Prämienverzeichnis entnommen, welches vom Eidgenössischen Gestüt jedes Jahr veröffentlicht wird. Der Zuchtbestand gliedert sich anläßlich der Pflichtschauen im Herbst 1986 wie folgt auf:

Anerkannte Zuchthengste	25
Hengstanwärter (2 1/2- und 1 1/2-jährig)	13
Zuchtstuten (3 1/2-jährig u. älter)	692
Stutfohlen und Jungstuten (1/2- bis 2 1/2-jährig)	463
Wallache und Hengstfohlen (1/2- bis 2 1/2-jährig)	286
Total	1.479

Nicht enthalten in diesen Zahlen sind rund 2.000 Gebrauchspferde (Stuten und Wallache). Am Gesamtpferdebestand der Schweiz hat der Haflinger einen Anteil von etwa 6%, am Zuchtpferdebestand 6,49%. Im Jahre 1987 belegten 27 Haflinger Hengste 710 Haflinger Stuten (53 mehr als im Vorjahr).
Die Haflinger Zucht hat in der Schweiz eine erfreuliche Entwicklung durchgemacht. Der Haflinger gehört seit vielen Jahren zu den drei offiziell anerkannten und von Bund und Kantonen geförderten Pferderassen, nimmt also gegenüber anderen Kleinpferde- und Ponyrassen eine Sonderstellung ein.
Das Interesse am Haflinger ist immer noch zunehmend, womit der Absatz von jungen Pferden gesichert ist. In erste Linie ist es Aufgabe der Zuchtorganisationen, die Qualität weiterhin zu verbessern.

Bestand an Zuchtstuten in der Schweiz*)

Jahr	Freiberger	Warmblut	Haflinger	Maultier-zucht-stuten	Total
1952**)	8263	551	**30**	153	8997
1953	7559	471	8	124	8162
1954	6574	447	10	110	7141
1955	6677	417	9	86	7189
1956	6633	486	8	62	7117
1957	6677	511	7	48	7243
1958	5942	459	9	57	6467
1959	5802	469	**50**	49	6370
1960	5697	539	67	43	6346
1961	5595	564	77	53	6289
1962	5610	673	89	63	6435
1963	5112	777	104	72	6065
1964	4859	887	105	75	5926
1965	4483	984	109	68	6644
1966	4212	1078	103	65	5458
1967	4011	1236	**136**	53	5436
1968	3813	1333	141	72	5379
1969	3644	1495	131	55	5325
1970	3644	1495	156	38	5311
1971	3303	1867	183	36	5389
1972	3154	2043	207	35	5439
1973	3004	2125	240	37	5406
1974	3049	2334	**273**	29	5685
1975	3000	2164	297	30	5491
1976	2925	1955	**328**	30	5238
1977	2862	1950	320	23	5155
1978	2894	1949	357	25	5225
1979	2921	1904	**362**	28	5215
1980	3069	1974	386	27	5456
1981	3267	1958	464	29	5718
1982	3482	2163	**502**	31	6178
1983	3604	2180	547	28	6359
1984	3872	2309	603	32	6816
1985	4002	2390	638	30	7060
1986	4038	2374	**692**	***)	7104

*) Die Zahlen wurden den Prämienverzeichnissen des Eidgenössischen Gestüts entnommen.

**) Fette Jahreszahlen und Stutenzahlen bedeuten die Gründung einer neuen Haflinger-Zuchtgenossenschaft.

***) Die Maultierzuchtstuten wurden im Jahre 1986 bei den Freiberger Stuten aufgerechnet.

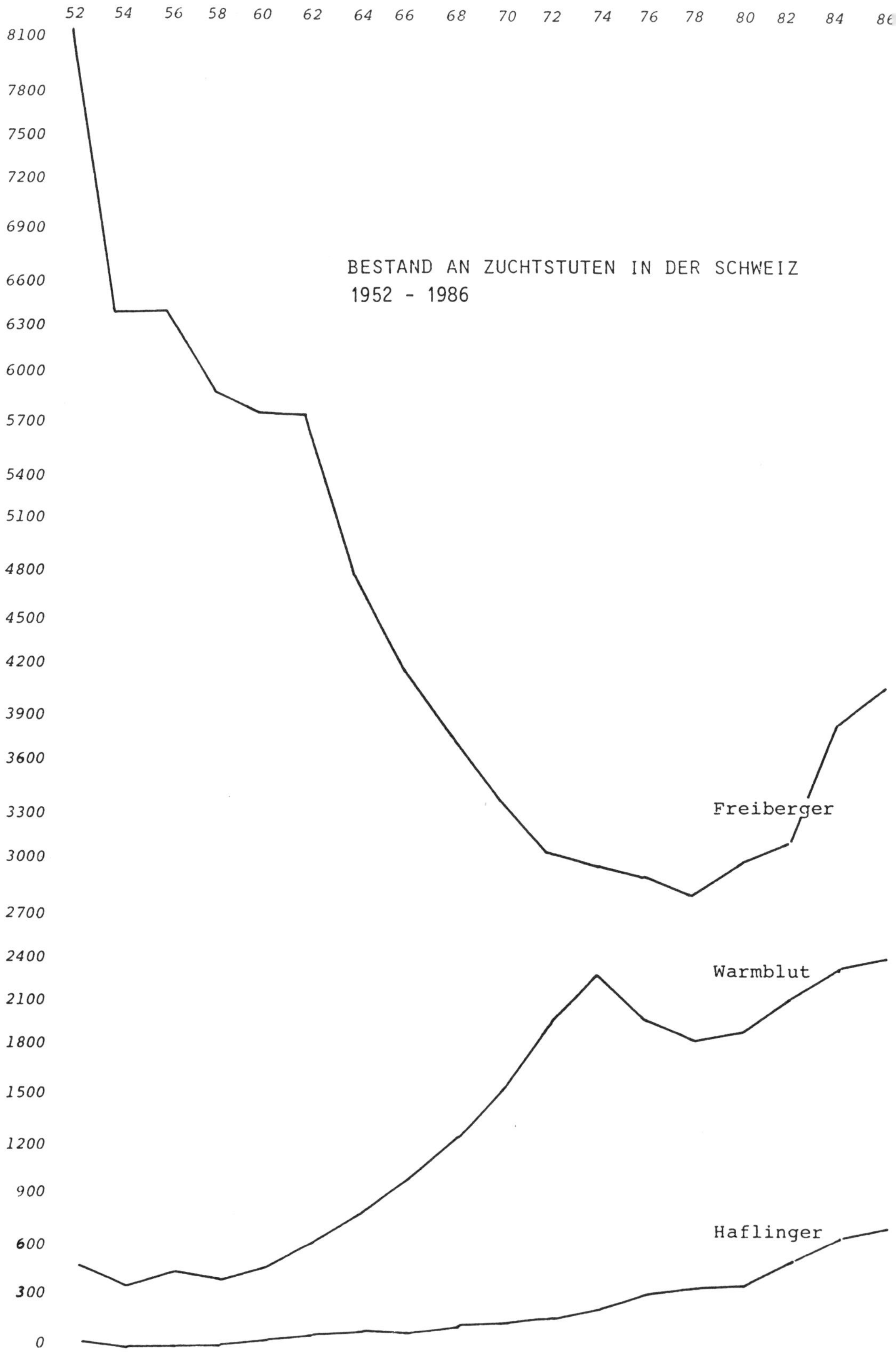
BESTAND AN ZUCHTSTUTEN IN DER SCHWEIZ
1952 - 1986
52
54
56
58
60
62
64
66
68
70
72
74
76
78
80
82
84
8100
7800
7500
7200
6900
6600
6300
6000
5700
5400
5100
4800
4500
4200
3900
3600
3300
3000
2700
2400
2100
1800
1500
1200
900
600
300
0
Freiberger
Warmblut
Haflinger

Entwicklung des Haflingerstuten-Bestandes

in den Jahren 1952 bis 1986

(mit Angabe der Gründungsjahre der verschiedenen Genossenschaften)

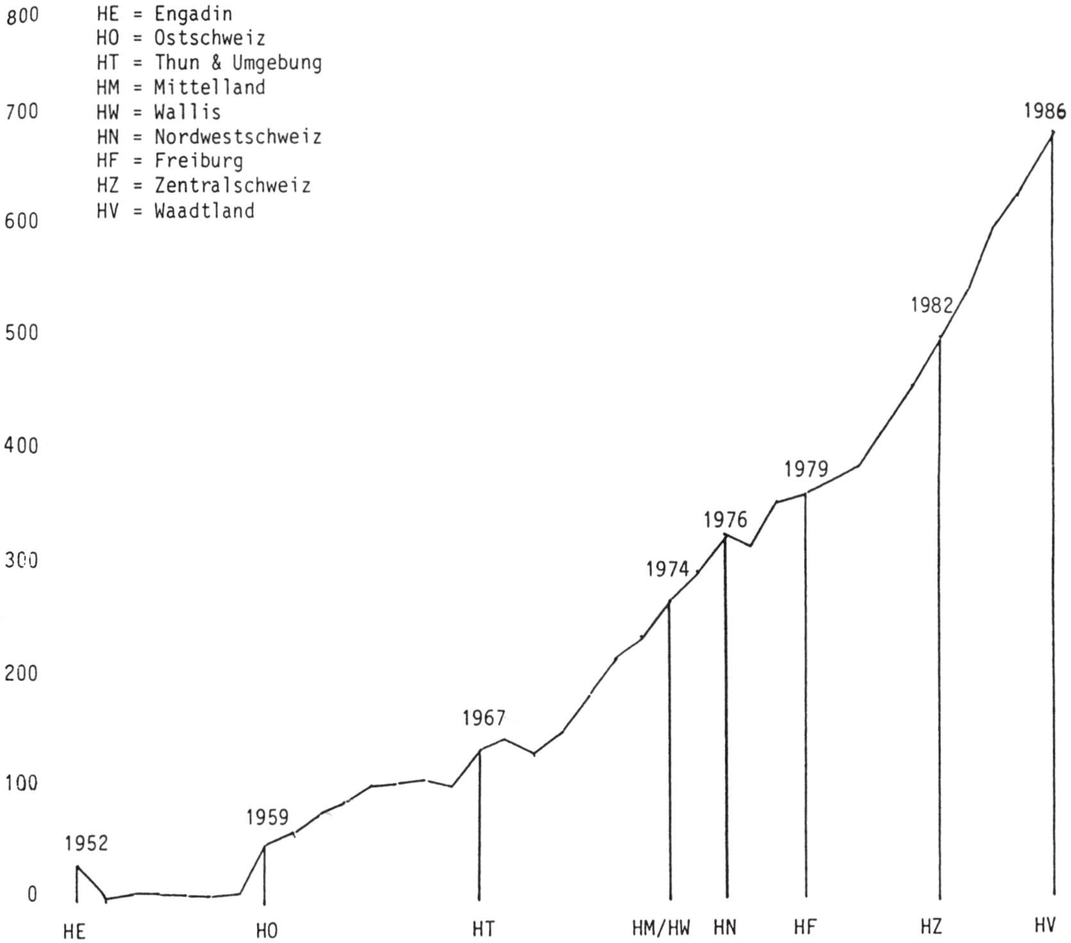

»Freiburg, an der deutsch-französischen Sprachgrenze gelegen, kann heute (1988) als eine der Hochburgen in der Haflinger Pferdezucht der Schweiz bezeichnet werden. Erst vor ca. 17 Jahren (1971-72) kamen die ersten Zuchtstuten über den sogenannten Röstigraben, also in die Westschweiz oder besser gesagt, in die Normandie, wo französisch gesprochen wird. Aus der Freiburgischen Hengstaufzucht sind seit 1977 nicht weniger als elf Hengste hervorgegangen. Die Zusammenarbeit mit der Haflingerpferdezucht — Genossenschaft des Kantons Wallis zeigt hervorragende Ergebnisse. Der Zuchtstutenbestand konnte hier in den letzten vier Jahren erheblich gesteigert und verbessert werden. Auch im Nachbar-Kanton Bern sind einzelne Züchter in Zusammenarbeit, schon zuchtbestimmend aufgetreten. Nur zwei seien besonders erwähnt:
Erwin Graf, Aeschlen BE, Züchter der Hengste »Abbas de Nuv« und »Askan«. »Abbas de Nuv« wurde international bei der Rheinischen-Haflinger-Sonderschau in Aachen im August 1984 1. Reserve-Siegerhengst.
Franz Jaussi, Erlenbach, als Züchter der Stute »Viola«, Mutter des 1988 gekörten Hengstes »Stanzer«.

Als Hengsthalter und Besitzer von ca. 20 Pferden, davon acht Zuchtstuten, ist das Haflinger-Gestüt Aebischer in Vogelshaus Bösingen zu erwähnen. Aus dessen Zucht wurde am 19. Februar 1988 der Hengst »Stanzer« gekört. Und am 22. März hat der Zuchthengst »Medrano«, gefahren von Herrn Wendelin Aebischer, die Leistungs- und Exterieurprüfung im Eidgenössischen Gestüt in Avenches als Siegerhengst bestanden.

Faszinieren kann das Haflinger Pferd aus unglaublich vielfältigen Gründen. Die Haltung wird jedoch fast ausnahmslos mit der gleichzeitigen Zucht dieses Pferdes verbunden. Diese Tatsache ist die Begründung, warum hier nur von Zucht-Erfolgen und der Möglichkeit, wie solche zu realisieren sind, geschrieben wird. Es ist Pflicht und Verantwortung des Züchters und der damit tätigen Vereinigung, Voraussetzungen zu schaffen, die eine große Überlebenschance der Nachzucht gewährleistet. Pferdezucht kann, will sie mit Gestaltungseinfluß betrieben werden, nur aus einer breiten Population wachsen. Die Schaffung einer Organisations- und Umweltstruktur zur Gewährleistung der besten Voraussetzungen hat deshalb erste Priorität. Jede Zuchtregion entfaltet sich um das ihr zugängliche Hengstmaterial in diese oder jene Richtung.
Die Hengsthalter, und damit jeder einzelne Züchter, sind von der Auswahlmöglichkeit der ihnen zur Verfügung stehenden Hengste abhängig. Somit ist die Erneuerung und Auswechslung der Hengste vorrangig, will man ein hochgestecktes Zuchtziel erreichen.
Nicht der einzelne »durchschlagende Vererber« ist also gesucht. Es geht vielmehr um die Entwicklung und konsequente Durchführung eines wirksamen Züchtungsplanes für die gesamte Stutenpopulation. Auch beim reingezogenen Haflinger sind auf Schritt und Tritt sehr unterschiedliche Typen zu betrachten. Die Anwendungsmöglichkeiten der Populationsgenetik in der Haflinger Pferdezucht ist deshalb das Ziel einer Verbandsgründung. Es soll nicht verschwiegen werden, daß die Anwendung der Populationsgenetik und somit die Ausrichtung der Zuchtmaßnahmen auf die Population in der Haflinger Pferdezucht zu einer Zentralisierung der Zuchtarbeit führen wird. Die wesentlichen Zuchtentscheidungen müssen dann von der Zuchtleitung getroffen werden. Die Populationsgenetik kann als eine Weiterentwicklung des Mendelismus mit biometrischen Methoden auf der Ebene der Population betrachtet werden. Die Anwendung dieser Disziplin im Haflinger Zuchtverband läßt eine Objektivierung der Zuchtarbeit und eine Beschleunigung des Zuchtfortschrittes erwarten.

Die Zuchtzielsetzung gibt in der Schweiz wie in den umliegenden Ländern kaum Anlaß zu Meinungsverschiedenheiten. Die Formulierungen entsprechen den heutigen und künftig zu erwartenden Anforderungen an das Haflinger Pferd. Diese allgemeine Formulierung muß nun aber genauer und konkreter gefaßt werden. Nun beginnt die eigentliche Problematik der Zuchtzielsetzung. Das Erstellen einer Liste (Anforderungsprofil) der Merkmale, die ein

(Fortsetzung Seite 97)

»Aga Khan« 1984
v. Arpad-Nebel

Westfalen

Siegerhengste der Körung

»Namur« v. Novo - Winnetou. Siegerhengst der Junghengstkörung 1985
(Foto: Senkhorst-Wulf)

»Herzober« v. Hofmarschall - Nardus. Siegerhengst Junghengstkörung 1986 (Foto: Schamper)

Siegerhengst Junghengstkörung 1987 Atlas I - Hofgast
(Foto: Senkhorst-Wulf)

»Magier« v. Mandl - Adlerhorst, Siegerhengst Hengstanerkennung 1985 (Foto: Senkhorst-Wulf)

»Anja« v. Aarden, Siegerstute Eliteschau 1984 (Foto: Senkhorst-Wulf)

Zu diesen Stuten zählen noch die Siegerstute der Bundes-Haflinger-Schau 1987 »Alexa« (jetzt Hessen) und die Siegerstute der Eliteschau 1985 (jetzt Schleswig-Holstein), deren Fotos unter den angegebenen Bundesländern zu finden sind.

»Moni« v. Magier - Hofgast, Siegerstute Eliteschau 1987 (Foto: Schamper)

Reitquadrille anläßlich der Jubiläumsschau 1984 (Foto: Bomblat)

Stutensammlung der Nixe (Kuhlmann, Gütersloh) (Foto: Palzer)

Hessen

»Ambassador« — einer der bedeutendsten Vererber in der hessischen Zucht (jetzt in Frankreich) von Artist aus einer Wilten-Stute. (Foto: Dr. Hangen)

»Anka« von Ambassador a.d. Suleima, geb. 1977, DLG 1982 und Bundes-Haflinger-Schau Aachen 1987 Id (Foto: Palzer)

»Alexa« (Vollschwester zu Anka) Klassensiegerin DLG 1984 (Z. u. B.: Müller, Gönnern) (Foto: Palzer)

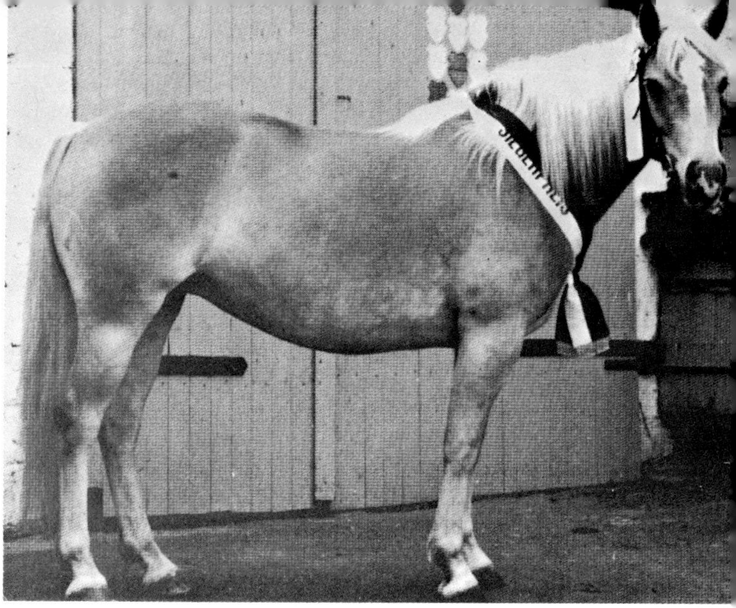

»Jasmin« v. Jarmil u.d. Elite-Stute Claudia (Z. u. B.: Schupp, Dorfweil) DLG Frankfurt 1984, mehrfache Siegerstute auf Landesschauen (Foto: Schupp)

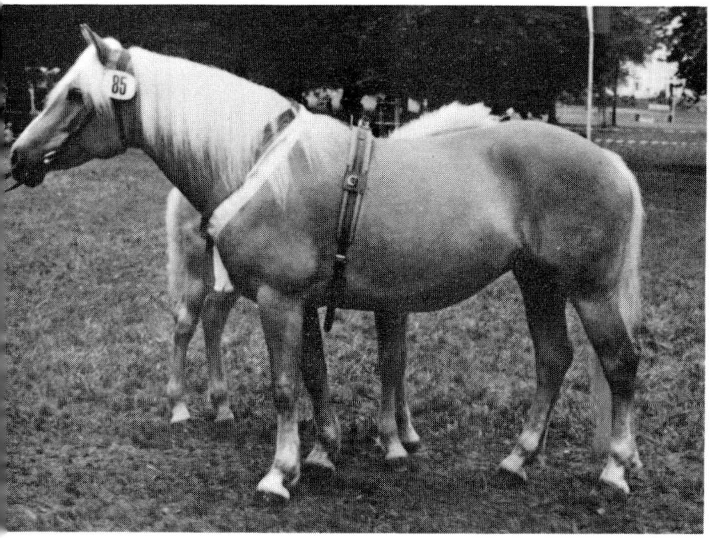

»Panja« von Nougat a.e. Hofrichter-Stute, Bundes-Haflinger-Schau Aachen 1987 Ic, Z.: Lemke, Marburg, B.: H. Faubel, Herzhausen (Foto: Dr. Hangen)

»Alexa« von Atlas-Hofgast (Z.: Müller, Erndtebrück, B.: Reyer, Wabern-Harle) Bundes-Siegerstute Aachen 1987, Siegerstute Landesstutenschau Lauterbach-Sickendorf 1986, Siegerstute Landesstutenschau Ziegenhain 1987 (Foto: Dr. Hangen)

»Stromboli« v. Strumer a.d. 1210/T Filou, geb. 1984 (Z.: Tirol, B.: Müller, Gönnern) (Foto: Palzer)

Viererzug des Haflingerhofs Pabst, Fischbachtal, Odenwald (Foto: Barst)

Eine herausragende Rolle im Turnierfahrsport spielt Klaus Schmelz, Lauterbach-Heblos, hier bein »International Driving Grand Prix« im Rahmen der »Royal Windsor Horse Show« in Windsor 1987. Von 34 Gespannen belegte er in der Dressurprüfung und der Marathonfahrt jeweils den dritten Platz und beim Hindernisfahren den sechsten Rang. (Foto: Schmelz)

K. Schmelz im Vierspänner bei der Deutschen Meisterschaft in Isenburg 1985 (Foto: Schmelz)

Fahrmeisterschaft in Schönstadt 1987 (K. Schmelz) (Foto: Burk)

Turniererfahrene Haflinger des Fahrstalles Schmelz vor der Hochzeitskutsche.
(Foto: Schmelz)

Baden-Württemberg

»Nasir« - Nikita-Nabuch ox (Z. u. B.: Dr. U. A. Wolf) Einer der bestimmenden Hengste der württembergischen Zucht. (Foto: Dr. Wolf)

vielseitiges Haflinger Pferd besitzen soll, ist noch verhältnismäßig einfach. Farbe, Größe, Charakter, Korrektheit und Winkelung des Skelettes etc. . .
Mit Leichtigkeit sind schnell einmal 20-30 Merkmale gefordert. Die Frage ist aber:
1. Ist ein solches Anforderungsprofil der Sache dienlich?
2. Welche relative wirtschaftliche Bedeutung ist den einzelnen Leistungsmerkmalen zuzumessen?
Es führt zu weit, hier einzelne Bewertungssysteme zu vergleichen oder deren Unterschiede zu eruieren. Große Erfolge können dort realisiert werden, wo die Zuchtleitung die rasche Auswechslung und Selektion der Hengste in Richtung des gesteckten Zieles vornehmen kann. Das Erkennen der erwünschten Eigenschaften in der zur Verfügung stehenden Stutenpopulation und deren Vorhandensein in der Nachzucht ist die größte Garantie des Fortschritts. (H. R. v. Lanthen)

(Haflinger Pferdezucht-Genossenschaft des Kantons Freiburg (HF 91)

Bundesrepublik Deutschland

Einleitung

Die stark ansteigende Motorisierung und Technisierung der Landwirtschaft und der gewerblichen Industrie führten zu enormen Einbußen des Pferdebestandes in den vierziger und fünfziger Jahren. Betroffen waren vor allem die schweren Zugpferde, während die Verbreitung der Kleinpferde durch diese Entwicklung eher begünstigt wurde. So verkörperte z. B. der Haflinger in idealer Weise das Kleinpferd im Wirtschaftstyp, das jetzt als Ergänzungszugkraft zum Schlepper vom Markt verlangt wurde: leichtfuttrig, anspruchslos, robust, gutmütig und leistungsstark. Zu dieser Zeit stand der Haflinger noch im Typ eines untersetzten, stämmigen Kleinkaltblüters. Der später aufkommende Trend »Zurück zur Natur« ordnete dem Pferd allgemein eine neue Rolle zu: die der Freizeitgestaltung des Erholung und Entspannung suchenden Menschen. Der Haflinger war aufgrund seiner Exterieur- und Interieureigenschaften geeignet, diese Marktlücke zu schließen. Dafür mußte jedoch erst eine Anpassung des Zuchtziels an diesen neuen Verwendungszweck erfolgen. Die Aufgabe der Zuchtverbände war es nun, eine Typumstellung vom gedrungenen, athletischen Arbeitspferd zum größeren, eleganteren, vielseitig verwendbaren Freizeitpferd anzustreben. Um dieses Ziel, das so umfangreiche Anforderungen beinhaltet, zu erreichen, waren enorme züchterische Leistungen notwendig, teilweise wurde, um den Zuchtfortschritt zu beschleunigen, Araberblut eingekreuzt. Das Hauptaugenmerk lag jedoch immer darauf, die Eigenschaften, die rassetypisch für das Haflinger Pferd sind und denen es seine weltweite Verbreitung verdankt, zu bewahren: der einwandfreie, ehrliche Charakter, sein liebenswertes Wesen, das ausgeglichene, unkomplizierte Termperament, seine Genügsamkeit und vor allem sein hübsches, ausdrucksvolles Äußeres, der kurze edle Kopf mit den großen dunklen Augen, der blonde Behang und seine harmonischen, abgedrehten Formen. Der Haflinger strahlt einen unvergleichlichen Charme aus und wirkt durch sein freundliches, sympathisches Erscheinungsbild vertrauensfördernd (was z. B. in der Reittherapie mit Behinderten eine große Rolle spielt), besonders auch auf solche Menschen und Kinder, die keine Erfahrung im Umgang mit Pferden haben. Auch darin liegt ein entscheidender Grund für seine große Beliebtheit und stets steigende Popularität. Die Haflingerrasse gilt mittlerweile als Weltrasse, d.h., der Haflinger wird auf allen Kontinenten der Erde gezüchtet. In der Bundesrepublik Deutschland stellt die Haflinger Zucht die größte geschlossene Population dar, und der Haflinger kann wie keine andere Rasse in seiner relativ kurzen Zuchtgeschichte auf eine steile Karriere zurückblicken. Während bei allen anderen Kleinpferderassen rückläufige oder stagnierende Bestandszahlen oder auch Bedeckungsziffern zu verzeichnen waren, konnte der Haflinger stets einen Anstieg vorweisen. Ca. 35% aller Kleinpferdestuten in der BRD werden von der Haflinger Rasse gestellt, davon befinden sich rund 50% in Bayern, dem Bundesland also, das auch über die längste Tradition in der deutschen Haflinger Zucht verfügt.

Entwicklung und Stand der Haflinger Zucht in der Bundesrepublik Deutschland

Der Beginn in Bayern

Die Anfänge der deutschen Haflinger Zucht lagen in Bayern, von dort ausgehend vollzog sich seine Verbreitung über ganz Deutschland. Ausschlaggebend war der bereits in den 30er Jahren gefaßte Beschluß der Heeresremontierungskommission, eine neue Rasse und zwar eine Kleinpferderasse im Alpenvorland anzusiedeln. Man suchte ein geeignetes Trag- und Zugtier für die Gebirgstruppen des Heeres und ein zuverlässiges Vielzweckpferd für die Landwirtschaft.

Schon 1928 hatte Herr Benedikt Mösl, Trostberg, die ersten Haflinger Wallache für Zwecke der Reichswehr aus Südtirol nach Bayern gebracht. Darauf folgte 1930 ein Import von 30 weiteren Haflingern. 1931/32 wurde die Zuchtleitung des Pferde-Zuchtverbandes Oberbayern vom Bayerischen Staatsministerium beauftragt, eine für die Aufgaben in der Wehrmacht geeignete Kleinpferderasse ausfindig zu machen. Da man bereits mit dem Haflinger in der Landwirtschaft und auch im 1. Weltkrieg im Dienste des Heeres gute Erfahrungen gesammelt hatte, entschloß man sich zum Aufbau einer Haflinger Zucht. Diese Rasse entsprach den Vorstellungen am besten, da ein gutmütiger Charakter und ein ruhiges Temperament Grundbedingungen darstellten. Auch exterieurmäßig betrachtet, verkörperte der Haflinger den Typ des Tragpferdes in idealer Weise: kurzer Schritt, kurzer Tragtierhals, breiter Rücken mit fester breiter Lende (gute Auflagefläche für den Tragsattel), kräftige Hinterhand, wenig ausgeprägter bzw. langer, flacher Widerrist, um Satteldruck bei extremer Belastung zu vermeiden. Hochkonjunktur erlebte die bayerische Haflinger Zucht in den Jahren 1938-1945, als die deutschen Gebirgstruppen einen sicheren Absatz garantierten. Zunächst benötigte man zum Aufbau der Zucht qualitätsvolles Material. Aus diesem Grunde wurden vor allem durch die Herren Major Rudolf Erhard und dem damaligen Zuchtleiter Dr. Franz Genter, wiederholt Importe von einigen 100 Original Haflinger Stuten aus Südtirol durchgeführt. Auf der väterlichen Seite holte man sich über die drei Hengste Urban 1, Held 2 und Xandl 3 wertvolle Südtiroler Blutlinien, wie die des 401 liz. Willi, liz. 42 Mandl und 291 Jenner ins Land. Somit war bald eine vielversprechende Ausgangsbasis geschaffen.

Zur Veranschaulichung des damaligen Typs hier die Beschreibungen der ersten drei im bayerischen Hengstbuch eingetragenen Vatertiere:

Urban 1: geb. 16.3.1931, Hellfuchs. Maße: 142/183/21,5 cm. »Ein typischer Hengst mit guter Gesamterscheinung, viel Halsaufsatz mit hübschem Kopf, lange, bestgelagerte Schulter, tief und breit, Rücken etwas matt, breite, gut bemuskelte Kruppe, Unterbau korrekt, im Schritt hinten weit, viel Gangvermögen. Abstammung: Vater: 941 Magnet von liz. 401 Willi, Mutter von Girg Mandl I.«

Held 2: geb. 17.4.1933, Hellfuchs. Maße: 145/182/22 cm. »Ein derber Hengst mit guter Vorhand, etwas langem, mattem Rücken, kurzer Bauchrippe und breiter, gespaltener, doch abgezogener Kruppe bei reichlicher Bemuskelung, viel Gangvermögen, doch hinten etwas weit.«

Unter seiner Nachzucht ist auch »Herzbube« zu finden, er ist Großvater mütterlicherseits des bayerischen Renommierhengstes Nabob. Abstammung: Vater: Bacco 2 von Nibbio, Mutter von Mandl I-8.

Xandl 3: geb. 1.6.1934, Goldfuchs. Maße: 146/177/21,5 cm. »Ein an der oberen Grenze stehender Hengst mit gutem Oberkörper und straffem Rücken bei ausreichender Tiefe und Breite, Unterarm etwas schwach bemuskelt, Schiene geschnürt, Sprunggelenk steil genug, raumgreifender Gang. Abstammung: Vater: Simandl von

352/76 Hirn Mandl, Mutter von 409/89 Peter Jenner Hirn Mandl (Dr. Gentner).
Eine weitere Vergrößerung des Stutenbestandes bedeutete die Überlassung von 150 Heeresstuten, die einst für die Gebirgstruppen aus Italien eingeführt und dann an Züchter praktisch unentgeltlich abgegeben wurden. Als Bedingungen hatte man festgelegt, daß die Stuten nur mit Zustimmung der Zuchtleitung verkauft werden durften, daß sie von einem Haflinger Hengst zu belegen und die Fohlen entweder selbst aufzuziehen oder der Wehrmacht anzubieten sind. Das damals angestrebte Zuchtziel verlangte ein vielseitig verwendbares Kleinpferd, das über hervorragende Eigenschaften als Zug-, Trag- und Reitpferd verfügen sollte. Außerdem war ein anständiger Charakter Grundvoraussetzung.

Angestrebte Maße:

Stockmaß:	134 - 140 cm
Bandmaß:	146 - 152 cm
Brustumfang:	170 - 190 cm
Röhrbein:	18 - 20 cm

Als charakteristisch wurde ein kurzer, edler Kopf, eine breite Stirn mit großen Augen und hohen Augenbögen, eingedrückter Nasenrücken, kleine Mausohren, mittellanger Hals, langer, nicht zu hoher Widerrist, breite, tiefe Brust, mittellanger, genügend straffer Rücken, tiefe Rippung, breite feste Lende, eine breite, leicht gespaltene Kaltblutkruppe, ein trockenes Fundament mit guten Gelenken und raumgreifendem Gang angesehen. Die Fuchsfarbe war erwünscht. (Zu dieser Zeit fand man selbst im Original-Zuchtgebiet durch Einkreuzung hervorgerufene Farbvarianten von Schimmeln, Braunen und Rappen unter den Haflingern).
Von mehreren privaten Zuchtstätten ausgehend, dehnte sich die Haflinger Zucht weiter aus. Neben der ältesten und bedeutendsten Anlage, dem Gestüt Wiesen des Major R. Erhard, Kiefersfelden, entstanden noch weitere Privatgestüte wie der Schörghof in Wielenbach, die Boschhöfe in Mooseurach, der Wiesenhof bei Hundham, der Eckhof in Siegsdorf sowie weitere Gestüte in Thalham, Steinberg und Obersalzberg. In Siegsdorf, Steinberg und Mooseurach hatte man gleichzeitig die Funktion eines Heeresfohlenhofes übernommen, wo die Hengstfohlen für die Gebirgstruppen aufgezogen wurden. Diese von der Wehrmacht errichteten Heeresfohlenhöfe bedeuteten eine große Stütze der Haflinger Zucht, da hier die Hengstfohlen zu guten Preisen einen Absatz fanden und bis zum Remontenalter aufgezogen wurden. Dann kamen sie entweder als Wallache in den Dienst der Gebirgstruppen oder wurden als Hengstanwärter der Zuchtleitung angeboten.
Die Haflinger Zucht wurde damals durch Ankaufsbeihilfen für Original Haflinger Stuten, Aufzuchtprämien und Beiträge für die Älpung gefördert. Als Nachzuchtgebiete eigneten sich vor allem die bayerischen Mittelgebirge wie die Rhön, Oberfranken und die Oberpfalz. Mit zunehmenden Bestandszahlen und stärkerem Interesse schlossen sich die Züchter bald zu Haflinger Pferdezucht-Genossenschaften zusammen, wie z.B. die Genossenschaften Inntal, Loisachtal, Oberallgäu und Traunstein. Die Betreuung der Züchter lag bei den zuständigen Regionalverbänden für Oberbayern, Niederbayern, Franken und Schwaben.
Bei den jeweiligen Importen bevorzugte man in Bayern — im Gegensatz zu Tirol —, die schwersten Typen, was oft dadurch erklärt wird, daß die zuständigen Zuchtbeauftragten Kaltblutexperten waren, denn das Norikerkaltblut war in Bayern schon früher als der Haflinger heimisch.
Das Kriegsende 1945 bedeutete fast den Niedergang der bayerischen Haflinger Zucht. Die Heeresfohlenhöfe und bereits bestehenden Institutionen waren aufgelöst, der zuverlässige Absatzmarkt durch die Wehrmacht bestand nicht mehr. Aber die Aktivitäten in Sachen Haflinger Zucht wurden wieder aufgenommen. Beim Pferdezucht-Verband Oberbayern begann man, ein zentrales Hengst- und Stutbuch zu führen. Da der Haflinger nun verstärkt als Wirtschaftspferd von klein- und mittelbäuerlichen Betrieben Verwendung fand, tendierte man dazu, ihn schwerer zu züchten und durch Norikereinkreuzung kalibriger werden zu lassen.
1947 begann man im damaligen Stammgestüt Schwaiganger mit der Haflinger Hengstaufzucht. Österreichische Importe bildeten die Ausgangsbasis. 1951 ent-

schied man sich für den Tiroler »Sturmwind 60« von 128 Stromer und einer 401 liz. Willi-Stute. Nachhaltigen Einfluß auf die bayerische Haflinger Zucht übte schließlich der in Ebbs/Tirol gezogene Hengst »Nastor 68« aus.
Sein Vater war liz. 997 Naz (-Bacco-Nibbio), die Mutter, 2640 Donau-Dora ist eine 128 Stromer-Tochter. Er wurde 1954 nach Bayern geholt. Dieser sehr typvolle Hengst stellte sich als absoluter Stempelhengst dar und lieferte eine überaus wertvolle Nachzucht, darunter der 1955 geborene Nelson aus einer Wielandmutter. Ein Hengst, der, wie es heißt, seiner Zeit weit voraus war, der die Reitpferdepoints eines Kleinpferdes mit den inneren Eigenschaften eines Arbeitspferdes vereinte. Die Qualität seiner Nachzucht war überdurchschnittlich, gekennzeichnet von Adel, Charme und Farbtreue.
Ein weiterer Vererber mit unumstrittenem Wirkungsgrad auf den Zuchtfortschritt war »Wieland 5807/25« von Wilfried 7, geb. 1940.
Trotz anfänglicher Schwierigkeiten in den Nachkriegsjahren herrschte bald eine derart große Nachfrage nach dem Haflinger als Gebrauchspferd, besonders als Ergänzungskraft, die oft nicht befriedigt werden konnte. Der sofort im Gespann einsatzfähige Haflinger hatte die Pferdezuchtkrise besser überstanden als alle übrigen Rassen. Die Absatzprobleme bei den Hengstfohlen konnte man einmal durch stärkeren Verkauf in die Nachzuchtländer (Franken, Oberpfalz, Hessen, Baden-Württemberg) lösen, und außerdem wurden sie im Stammgestüt Schwaiganger und Boschhof zur Aufzucht übernommen. Als wirksame Zuchtförderungsmaßnahmen erwiesen sich staatliche Ankaufsprämien für die Hengsthaltung, das Abhalten von Stutenschauen sowie Leistungsprüfungen vor dem Zugschlitten und unter dem Sattel. Einen Eindruck über den Haflinger dieser Zeit vermitteln folgende Ausführungen von Dr. Gentner: »Der Haflinger hat einen kurzen, an der Stirn breiten und trockenen Kopf mit leichtem Eindruck am Nasenrücken, lebhafte, große Augen mit hohen Augenbögen, feine große Nüstern, kleine bewegliche, typische Mausohren. Die Mittelhand ist eher zu lang als zu kurz, der Widerrist meist wenig markiert, der Rücken breit, jedoch nicht allzu straff, die Lende breit bei gutem Schluß, die Kruppe oft etwas kurz und etwas abgedacht, meist breit und gespalten, der Schweif ist etwas tief angesetzt. Der Haflinger ist genügend tief und gut gerippt, die Brust ist breit, das Fundament trocken, die Vorderbeine nicht ungern etwas zehenweit gestellt, der Gang korrekt und raumgreifend. Vermehrte Winkelung der Hinterfüße darf nicht als Fehler angewertet werden, sondern als Anpassung an das Gelände. Große Haflinger sind in der Typbewertung schlechter zu bewerten als kleinere (!)... die typische Farbe ist der Fuchs, besonders der Lichtfuchs mit heller Mähne, zu starke Abzeichen an Kopf und Beinen sind unerwünscht.«
Der Bestand um 1957 betrug ca. 2500 Haflinger, darunter 502 im Zentralstutbuch eingetragene Stuten und 25 Hengste.
Anfang der 60er Jahre wurde auch in Bayern verstärkt ein Freizeitpferd mit Reitpferdemerkmalen auf dem Markt verlangt, das sich sowohl als Reitpferd für Erwachsene und Kinder eignete, aber auch genauso zum Voltigieren und Fahren eingesetzt werden konnte. Da in Bayern zu diesem Zeitpunkt keine nennenswerte Reitponyzucht etabliert war, griff man auf das Allzweckpferd »Haflinger« zurück. Jedoch entsprachen die alten, schweren Typen nicht den Anforderungen, die an ein Kleinpferd mit betonter Reiteignung gestellt wurden.
Für die Umzüchtung standen zwei Wege zur Diskussion:
1. Der langwierigere Weg über konsequente Reinzucht und Selektion aus dem eigenen Bestand zu einem eleganteren, modernen Haflinger zu gelangen, der den Reitpferdeansprüchen genügt, oder
2. im Rahmen eines Veredlungsprogrammes mit arabischen Vollblütern den Haflinger, der ehemals als Trag- und Arbeitspferd verwendet wurde, im Schnellverfahren zu einem kleinen Reitpferd umzuzüchten. Dabei sollte der Einsatz von Veredlerblut bessere Reitpferdequalitäten und flachere Bewegungen bewirken.
Beide Methoden wurden parallel laufend praktiziert. Die Anwendung des zweiten Weges wird u.a. auch damit begründet, daß man von einem ziemlich schweren Zuchtmaterial ausgehen mußte und eine sehr enge Blutlinienführung vorherrschte

(Gefahr der Inzucht). Der aus der Kreuzung von Araber x Haflinger entstehende Arabo-Haflinger stellt keine neue Rasse dar, sondern nur ein Übergangsprodukt, von dem man durch Rückkreuzung wieder zum eigentlichen, charakteristischen Haflinger Typus zurückfinden sollte und im Idealfall eine Auftrocknung des Fundaments sowie eine verbesserte Reiteignung erreichen könnte. Probleme bereitete dabei vor allem bei den F 1-Tieren, also den 50% Araberblut führenden Produkten, das i.d.R. auftretende rote Langhaar, bei der R 1-Generation (erste Rückkreuzungsgeneration mit 25% Araberblut) sollte der helle Behang auf jeden Fall wieder auftreten, der ja als Markenzeichen dieser Rasse gilt. Der erste deutsche Arabo-Haflinger-Zuchtversuch wurde übrigens schon 1946/47 mit dem Vollblüter Adonis vorgenommen. Das Produkt Adel 31 wird als sehr edel, leicht, mit viel Gang, aber wenig Körper bezeichnet. Seine Nachzucht konnte nicht befriedigen, sie wurde als zu edel und sehr aufgeregt beschrieben, mit vermehrtem Größenwachstum bei wenig Tiefe, außerdem vermißte man den erwünschten Haflinger-Typ und besonders die geschätzten Eigenschaften der Umgänglichkeit.

In der bayerischen Zuchtbuchordnung sind für den Einsatz eines Araberhengstes in der Haflinger Zucht u.a. folgende Bedingungen gestellt:
— Fuchsfarbe obligatorisch;
— Hengstleistungsprüfung oder entsprechende Erfolge in Zuchtrennen müssen nachgewiesen werden;
— Prüfungsergebnis muß besser sein als das Gesamtergebnis seiner Prüfungsgruppe.

Als Veredlerhengste wurden eingesetzt: Maralein ox, Selim ox, Akif ox, Orion ox, Puschkin ox, Ibn Mahasin ox, Jorayam ox, Naklon ox und Gihan Shah ox. Letzterer gelangte wohl zu größter Bedeutung.
Eine Stütze der bayerischen Landeszucht ist das Haupt- und Landgestüt Schwaiganger, das ebenfalls ein großer Verfechter der Veredlungsmaßnahmen ist. Dort befaßte man sich ab 1970 mit dem Aufbau einer Stutenherde. Zur Beschleunigung des Zuchtfortschrittes wurden neben Haflinger Hengsten auch Nachkommen der Hengste Gihan Shah, Orion und Akif verwendet. Landwirtschaftsdirektor Dr. Karnbaum, der Leiter des Gestüts, betonte, daß dabei auf den Erhalt des guten Charakters und der Umgänglichkeit unbedingt zu achten ist.
Der Araberhengst Gihan Shah selbst schuf über seine Tochter Giondra aus der Ondra von National die bisher bedeutendste Stutenlinie der Stammherde. Vor allem ihr Sohn Makler von Maler verkörpert nach Dr. Karnbaum die Zielsetzung der Araber-Einkreuzung. Er zeigt in Rumpfquerschnitt, Schulter, Widerrist und Bewegungen Verbesserungen in Richtung Reitpferdepoints.
1982 war Nürnberg Ausrichter der Bundes-Haflinger-Schau, die für die bayerischen Haflinger sehr erfolgreich verlief, denn alle Siegerpreise blieben im Lande. Anläßlich dieser Nürnberger Stutenschau wurden mehrere Referate und Diskussionen auf einem Symposium abgehalten.
Zu bemerken ist, daß von den Klassensiegerinnen in Nürnberg vier Araberblut aufzuweisen hatten, diese und andere Erfolge wurden als Rechtfertigung für den in Bayern eingeschlagenen Weg des Araber-Einsatzes angesehen. Jedoch waren jeweils auch hervorragende Reinzuchtprodukte vorhanden, die daneben den hohen Stand der Haflinger Zucht in Bayern dokumentieren. So stellte Bayern 1984 zwei DLG-Klassensiegerstuten, nämlich Bernina von Nelfried, Besitzer ist das Haflinger Gestüt Morsy, Schwärzenbach und Operette, ebenfalls von Nelfried, im Besitz von Helmuth Quercher, Schwärzenbach. Operette wurde außerdem zur DLG-Gesamtsiegerin gekürt und erhielt die Goldmedaille. In diesem Falle standen wieder zwei Reinzuchtprodukte ganz weit vorne.
1985 war wiederum Nürnberg Schauplatz der bayerischen Zentralen Hengstschau. Ziel war, den Hengstbestand zu korrigieren, gegebenenfalls zu reduzieren; für den Züchter stellte die Veranstaltung gleichzeitig eine wertvolle Informationsschau dar. Die Ergebnisse der Hengste aus einer Dressur-, Spring- und Gespannprüfung sowie die Vorführung an der Hand lieferten die Grundlagen der Selektion und waren ausschlaggebend für die weitere Zuchtbuchanerkennung (d.h. Erlaubnis zum weiteren Deckeinsatz von seiten des Verbandes). Solch eine Art erweiterte Leistungs-

prüfung ist weitgehend praxisnäher als die für den Zuchteinsatz eines Hengstes neben der Körung geforderten Mindestleistungsprüfung, die vom Tierzuchtgesetz vorgeschrieben ist. Hierfür werden folgende Anforderungen gestellt: 300 m Schritt, 750 m Trab und 1500 m Galopp sind in jeweils drei Minuten zurückzulegen, dabei erfolgt auch eine Bewertung für die gezeigte Manier der drei Grundgangarten.

Der in Nürnberg praktizierte Prüfungsmodus entspricht in seinen Anforderungen wesentlich mehr der Zuchtrichtung eines vielseitig verwendbaren Freizeitpferdes und würde zur Mindestleistung eine sinnvolle Ergänzung bedeuten.

Gesamtsieger der Hengstschau wurde der erfolgreiche »Apikal«, u.a. DLG-Sieger, von Apoll aus einer Wieserstute. Dieser reingezogene Hengst deckt im schwäbischen Raum, wo er einen nachhaltigen Einfluß auf die Zucht ausübt (Besitzer: L. Deller, Meitingen). Er beeindruckte durch seinen modernen Typ, seine hervorragende Gangqualität, sein bestechendes Exterieur und durch seine entscheidende Verbesserung in der Nachzucht. Zum ersten Reservesieger erklärte man den Schwaigangerer »Gibraltar« von Ginseng mit 25% Araberblut, der zwischenzeitlich auch erfolgreich im Dressursport eingesetzt wird. Den 2. Reservesieger stellte der Hengst »Nadin« von Naxos mit 12,5% Blutanteil, im Besitz der Hengsthaltungs-Genossenschaft Inntal, Oberaudorf. Nadin überzeugte durch Typ, Aufmachung, Gebäude und Bewegung und ist heute auf der Deckstelle Inntal ein sehr begehrter Hengst.

1986 war ein Jubiläumsjahr für die bayerische Haflinger Zucht, man blickte im Rahmen eines Schauprogrammes in Miesbach auf 50 Jahre Haflinger Zucht zurück. Hier wurde wieder einmal mehr die Vielseitigkeit der Haflingerrasse demonstriert. Der Haflinger wurde in Dressur und Springen vorgestellt, präsentierte sich in hervorragender Weise als Fahrpferd, z.B. im Zehnerzug und teilweise historischer Anspannung. Schaubilder aus dem Bereich der Zucht, z. B. Familiensammlungen und Hengstvorführungen, rundeten das Bild ab. Auch die Hannover DLG 1986 wurde erfolgreich beschickt, man konnte sechsmal den Klassensieg für sich verbuchen, bei den Hengsten war dies der bereits erwähnte Nadin von Naxos. Diese und noch weitere Erfolge auf großen Schauen und Veranstaltungen demonstrieren immer wieder die Spitzenstellung in der bayerischen Haflinger Zucht. Als Beispiel dafür sei auch das hervorragende Abschneiden auf der Haflingerschau in Libramont/Belgien 1987 erwähnt, wo die bayerische Kollektion durchwegs mit 1. Preisen bedacht wurde. Ebenso auf der Bundes-Haflingerschau 1987 in Aachen hinterließ man mit den vorgestellten Pferden einen sehr guten Eindruck und konnte hohe Plazierungen mit nach Hause nehmen. Auch hier stachen die bayerischen Haflinger besonders durch ihren Charme und Ausdruck hervor.

1987 fand in München wiederum das Zentral-Landwirtschafts-Fest (ZLF) statt, in dessen Rahmen jedesmal eine Prämiierung der Pferde erfolgt. Bei den Hengsten konnte »Nadin« von Naxos, im Besitz der Hengsthaltungs-Genossenschaft Inntal, sich den Titel »ZLF-Siegerhengst« holen und stellte damit seine Qualität erneut unter Beweis. Der als Richter fungierende Zuchtleiter des Südtiroler Haflinger Pferdezucht-Verbandes, H. Thaler, bezeichnete Nadin als absoluten Zuchtzielhengst, der in Harmonie, Ausstrahlung und Ausdruck kaum zu überbieten sei. Als Reservesieger folgte der bewegungsstarke, elegante »Marian« von Maler, Besitzer Alois Neudecker, Albaching.

Zur ZLF-Siegerstute wurde Nadine von Montana aus einer Nelfriedmutter gekürt, Züchter und Besitzer Georg Karosser, Bad Feilnbach. Sie überzeugte die Richterkommission durch ihren Typ, das charmante, ausdrucksvolle Gesicht, den elastischen und außerordentlich ergiebigen Bewegungsablauf. Herr Thaler unterstrich in seiner Berichterstattung, daß eine hervorragende Kollektion vorgestellt wurde und deutlich erkennbar ist, daß Bayern in der Haflinger Zucht auf Typ und Adel besonders Wert gelegt hat. Dementsprechend hält er eine zusätzliche Einkreuzung von Veredlerblut für nicht mehr notwendig.

Als Hengste, die derzeit in Zuchtverwendung stehen, seien u. a. genannt: Nabob, Nelfried, Nardus, Narius, Nasseur, Nikodemus, Admirus, Adlerstrolch, Apikal, Armin, Hegemeister, Marian, Sterntaler, Naxos und Simandel.

Hier muß in gewisser Weise der Hengst Admirus herausgestellt werden, der im Bereich »Fahrsport« bei den Kleinpferden die höchste Gewinnsumme bei seinen Nachkommen aufweisen kann.

Nun seien noch einige ausstellungsbewährte Stuten, die die bayerischen Farben bereits erfolgreich vertreten haben, aufgezählt:

Operette von Nelfried, Besitzer H. Quercher, Schwärzenbach.
Orchidee von Armin, Besitzer Haflinger Gestüt Morsy, Schwärzenbach.
Olivia von Montana, Besitzer Johann Kappelsberger, Dietramszell.
Bernina von Nelfried, Besitzer Johann Kappelsberger, Dietramszell.
Besse von Asbach, Besitzer Johann Kappelsberger, Dietramszell.
Olympia von Montana, Besitzer Josef Hacklinger, Niederaudorf.
Germania von Nelfried, Besitzer Josef Estendorfer, Hohenbrunn.
Oriana von Nelfried, Besitzer Josef Esterdorfer, Hohenbrunn.
Nadine von Montana, Besitzer Georg Karosser, Bad Feilnbach.
Odessa von Apikal, Besitzer Georg Schöllhorn, Bolsterlang.
Karina von Naxos, Besitzer Martin Brutscher, Hindelang.
Karola von Stüwer, Besitzer Martin Brutscher, Hindelang.
Tina von Nardus, Besitzer Siegfried Babel, Sulzberg.
Hanni von Nardus, Besitzer Siegfried Babel, Sulzberg.
Karenina von Nardus, Besitzer Alois Frick, Vöhringen.
Konni von Nardus, Besitzer Alois Frick, Vöhringen.

Als größere Zuchtstätten sind noch u. a. das Gestüt Morsy bei Gmund am Tegernsee zu nennen. Dort befindet sich auch der altbewährte »Nabob« von Nazl, geboren 1964. Nabob hinterließ bisher elf gekörte Söhne und eine Vielzahl hochprämiierter Töchter. Es ist sicherlich ein Verdienst des langjährigen Verwalters, Helmuth Quercher, daß hier wertvollste Stutenstämme aufgebaut werden konnten. Die Zuchtstuten des Gestüts präsentieren sich auch im Gespann zu vielen Gelegenheiten in jeweils bester Manier. Außerdem sollen die Gutsverwaltung Sossau, Grabenstätt, das Gestüt Hochberg, Traunstein, das Gestüt Saalegrund der Familie Koch, Saal a.d. Saale, die Betriebe der Familie Neudecker, Albaching (hier wird auch eine erfolgreiche Hengstaufzucht praktiziert) und der Familie Schulte in Waldmichelbach erwähnt werden.

Als wichtige Ereignisse des bayerischen Pferdejahres findet einmal im Mai die Ausstellung »Bayern Pferd« statt, von der die Haflinger nicht mehr wegzudenken sind und in deren Rahmen auch die Vergabe der Staatsprämien durchgeführt wird. Im Herbst konzentrieren sich die Fohlenmärkte der einzelnen Regionalverbände, die mittlerweile traditionell in Miesbach, Traunstein, Kempten, Ansbach und Regen stattfinden. Eine bayerische Besonderheit sind die Prozessionsritte (z. B. Osterritte, Pfingstritte) und die im Herbst stattfindenden Leonhardifahrten. Hier präsentieren sich die Haflinger neben dem Kaltblut in prächtig herausgebrachter Festanspannung. Als besondere Attraktionen bekannt sind der Osterritt in Traunstein und Regen, der Pfingstritt in Kötzting, der Colomannsritt bei Schwangau, die Leonhardifahrten in Bad Tölz und Fischhausen u.a., der Roßtag in Burggen und Rottach-Egern und vieles mehr.

Das in der Zuchtbuchordnung niedergelegte Zuchtziel hat folgenden Wortlaut: »Gezüchtet wird ein edles, genügsames Kleinpferd mit viel Adel, genügend langem Hals, ausgeprägtem Widerrist, längsovaler Rippung, tockenem Fundament und flachem, raumgreifendem Bewegungsablauf. Obligatorisch sind Fuchsfarben, möglichst helles Langhaar, wenig Fußabzeichen. Der Haflinger sollte sich mit ausgeglichenem Temperament für alle Formen des Freizeitsports, als vielseitiges Wirtschafts- und Freizeitpferd eignen.«

Volljährige Pferde sollten folgende Maße aufweisen:

	Stuten	Hengste
Stockmaß	140-144 cm	142-146 cm
Röhrbein	18-20 cm	19-21 cm

Westfalen

Das Zuchtgebiet Westfalen steht quantitativ hinter Bayern an zweiter Stelle. Das züchterische Niveau ist jedoch als gleichbedeutend anzusehen, was man dadurch erklären kann, daß Bayern und Westfalen in der Haflinger Zucht die beiden traditionsreichsten Bundesländer sind. Ausschlaggebend für den Beginn der Zucht war auch hier der Bedarf nach einem Kleinpferd, das als Ergänzungszugkraft zum Schlepper eingesetzt werden konnte.

Nach anfänglichen Unstimmigkeiten, ob man sich für das Fjordpferd oder den Haflinger entscheiden sollte, wurde schließlich 1956 der Haflinger als geeignete Rasse erkannt und ein Stutbuch angelegt. Als Basis der Zucht wurden österreichische und bayerische Zuchttiere eingekauft. 1953 kam der erste Haflinger Hengst »Stolzer«, von liz. 1482 Stolz I und einer Wielandmutter auf die Deckstation von E. Tegelmann in Hopsten. 1962 waren schließlich 44 Stuten ins Zuchtbuch eingetragen. Die Beteiligung an Ausstellungen und das Durchführen von eigenen Schauen machte die Rasse populär.

1968 unterstrich Dr. Gründl in seiner Berichterstattung über die Haflinger-Sonderschau in Hopsten, daß das Zuchtziel an einem eleganten Haflinger orientiert sei, der vielseitig als Wirtschafts- Voltigier- und Freizeitpferd verwendet wird. Als Größe wurden damals 138-140 cm Stockmaß angestrebt.

Auf einem Züchtertreffen einigte man sich 1972, daß das gesteckte Zuchtziel über Selektion und gezielte Paarungen erreicht werden soll, der Einsatz von Araber-Hengsten wurde abgelehnt.

Wo sich westfälische Haflinger zeigen, schneiden sie mit sehr guten Noten ab. 1978 wurde die bewährte Stute »Hanni« von Hoferbe DLG-Siegerin, diesen Erfolg konnte sie 1980 wiederholen. Einen weiteren DLG-Sieger stellte Westfalen mit dem Hengst »Hofmarschall«, der inzwischen zum regelrechten Stempelhengst der westfälischen Zucht avancierte. (Besitzer: Ponyhof Bermpohl, Porta Westfalica).

Die Stute »Nadesha« von Nibelung (Besitzer: W. Kuhlmann, Gütersloh) wurde 1984 DLG-Klassen- und Reservesiegerin. Sie stammt aus der bekannten Familie der »Nixe« von »Nordkar«, die auf vielen Schauen mit ihren Nibelung-Töchtern aufgrund des hervorragenden Typs und ihrer Einheitlichkeit erste Preise in der Klasse »Familien« erringt.

Nadesha holte sich 1987 in Aachen auf der Bundes-Haflinger-Schau den Siegerpreis in ihrer Altersklasse.

Eine ebenso bekannte und erfolgreiche Ausstellungsstute ist die »Holly« von Hoferbe. Sie gewann nach ihren Siegen auf der Bundes-Pony-Schau und DLG, bei der Internationalen Landwirtschaftsschau in Libramont 1986 den Titel Gesamtsiegerin.

Folgende Hengste hatten maßgeblichen Einfluß auf die westfälische Haflinger Zucht: »Adlerschild 192«, »297 Winnetou«, »Nascher 156«, »Nico 171«, er vor allem durch seinen vererbungsstarken Sohn »Nibelung,« »Nordkar 182«, »Nebel«, »Nelak«, »Nastrol 501« und »Nero 185«. Ebenfalls der N-Linie zuzuordnen sind auch »Hofrat«, »Hofmeister«, »Hofadel«, »Hofrichter« sowie der herausragende »Hoferbe«, mit seinem Sohn »Hofmarschall«. Das Blut der St-Linie ist über »Stolzer 138«, »Stanislaus 584«, »Steinmarder 622« vorhanden. Bedeutende Hengste wie »Mandl 203«, dessen Sohn »Mandler 365« und sein Enkel »Matador 641«, »423 Midas«, »1918 Maat« und »Mario 517« stehen stellvertretend für die M-Linie.

Als für die heutige Zucht besonders wertvoll anzusehen sind die Hengste Hofmarschall, Hofgard, Stapel, Magier, Afghan 1047, Nibelung, Novo, Aarden, Nabucco, Atlas und die vielversprechenden Junghengste Mithras und Aga Khan. Westfalens Zucht basiert weitgehend auf der Methode der Reinzucht, begrenzt werden R1- und R2-Hengste eingesetzt, wie z.B. Arras (z.Zt. im Rheinland) und Nardus 888 von

Nastrol a.d. Amiranda von Maralein ox sowie die Nachzucht dieser Hengste. Über sie wird in dosiertem Maße Araberblut zugeführt.
Zunehmend gewann die Arabisierung stark an Bedeutung, so daß bei der Körung in Münster-Handorf 1987 die ersten drei Hengste aus dem Körungslot Araberblut führten.

Leistungsprüfung:
Den Marktanforderungen entsprechend, hat man in Münster-Handorf für Kleinpferde, somit auch für den Haflinger, eine erweiterte Hengstleistungsprüfung eingeführt, den sogenannten 30-Tage-Test, der freiwillig absolviert werden kann. Die Anforderungen liegen über denen des Staates, der für den Zuchteinsatz eines Hengstes neben der Körung (Exterieurbeurteilung und Vorstellung an der Hand) die bereits erwähnte Mindestleistungsprüfung verlangt (300 m Schritt, 750 m Trab und 1500 m Galopp in jeweils 3 Minuten).
Der Test ist folgendermaßen aufgebaut: Am Ende der mehrwöchigen Vorbereitungszeit (»30-Tage«), in der besonders die interieuren Eigenschaften zur Geltung kommen, steht die Abschlußprüfung:
1.Tag:
— Freispringen bis 1,30 m;
— Beurteilung der Grundgangarten, Rittigkeit;
— Parcoursspringen bis 1,10 m.
2.Tag:
— Geländestrecke über 2800 m mit 15 festen Hindernissen und einem Wassergraben, anschließend folgt eine 1000 m lange Galoppstrecke.

Die danach bei der tierärztlichen Untersuchung ermittelten Puls- und Atemwerte geben Auskunft über Kondition und Regenerationsvermögen der Hengste. In dieser Prüfung, an der Kleinpferdehengste aus allen Bundesländern teilnehmen können, werden überdurchschnittliche Reiteigenschaften und Springveranlagung unter Beweis gestellt. Vor allem die Rittigkeit und Leistungsbereitschaft sind beim Freizeitpferd gefordert, auch die Umgänglichkeit und Lernbereitschaft wird in die Beurteilung mit einbezogen.
Die Teilnoten der Prüfung geben dem Züchter wichtige Informationen und erleichtern die Auswahl des passenden Hengstes. Dr. Bornemann, der Trainingsleiter, vertritt die Auffassung, daß man dennoch aus dem Haflinger nicht ein Kleinpferd züchten sollte, das im Turniersport mit dem Reitpony in Konkurrenz tritt, auch wenn einige Exemplare der Haflinger Rasse dazu in der Lage wären. Er betont, daß das Zuchtziel nach einem vielseitigen Freizeitpferd ausgerichtet sei, wobei heute neben Schönheit und Harmonie auch die Reitwerte wie Rittigkeit, Leistungsbereitschaft stärker beachtet werden müssen und »... keinesfalls dürfen jedoch Charakter und Temperament vernachlässigt werden, denn hierin ist der Haflinger als Freizeitpferd häufig den anderen Rassen deutlich überlegen.« (Dr. Bornemann, Haflinger-Magazin 2/86).

Sehr aktiv zeigt man sich in Westfalen auch bezüglich des Reit- und Fahrsports. So wurde Anfang 1986 der »Westfälische Haflinger Sportverein« gegründet, der als Organisator mehrerer Haflinger-Turniere, insbesondere Fahrturnieren mit Gelände- und Hindernisfahrprüfungen sowie von Fuchsjagden in Erscheinung getreten ist.
Bis April 1987 lag die Geschäftsführung und Zuchtleitung in Händen von Dr. Ferdinand Dohmen, der seit seinem Amtsantritt 1965 sich sehr um die Entwicklung der Haflinger Zucht verdient gemacht hat und sie bis zum heutigen Niveau gefördert hat.
Die Bundes-Haflinger-Schau in Aachen 1987 bedeutete für die westfälischen Haflinger Züchter ein wichtiges Ereignis des Zuchtjahres. Mit zwei Klassensiegen durch die Stuten »Nina« von Nibelung und ihrer Vollschwester »Nadesha«, beide im Besitz von W. Kuhlmann und einer Reservesiegerin in der Abteilung der dreijährigen sowie dem Sieg im Familienwettbewerb (den wiederum die Stute »Nixe«, hier mit den Nibelungtöchtern Nina und Nadesha für sich verbuchen konnte), trat man zufrieden die Heimreise an.
Auch für Westfalen seien nun einige Pferde und Züchternamen genannt, die dieses Zuchtland immer wieder erfolgreich vertreten haben:
Nadesha von Nibelung, Besitzer: W. Kuhlmann, Gütersloh.
Nixe von Nordkar, Besitzer: W. Kuhlmann, Gütersloh.

Novelle von Nardus, Besitzer: B. Bermpohl, Porta-Westfalica.
Anja von Aarden, Besitzer und Züchter: H. Heym, Wuppertal.
Holly von Hoferbe, Besitzer: Taprogge GmbH, Wetter.
Hanka von Hofmarschall, Besitzer: R. Pelzer, Bottrop.
Hanni von Hoferbe, Besitzer und Züchter: H. Wißbrock, Bielefeld.
Marga von Mandl, Besitzer: H. Wißbrock, Bielefeld.
Nizza von Nibelung, Besitzer: A. Mescher, Halle

Besondere Impulse gehen von den Zuchtstätten des Herrn Kuhlmann aus, wo gleichzeitig auch eine sehr erfolgreiche Hengsthaltung betrieben wird (dort sind derzeit die Hengste Nibelung, Stapel, Hofgard und Markant aufgestellt) sowie dem Ponyhof Bermpohl, Porta-Westfalica und H. Wißbrock, Bielefeld. Des weiteren wären noch A. Borchers, Borgen, K.-H. Bockelmann, Meinerzhagen, I. Keller, Bielefeld, E. Riemer, Schwelm, Schulze zu Hörst, Warendorf-Milte und Heym, Wuppertal aufzuführen.

Hessen

An dritter Stelle der Haflinger züchtenden Bundesländer steht Hessen, (faßt man die beiden Zuchtpopulationen von Nord- und Südhessen zusammen, die einmal durch den Verband der Ponyzüchter in Darmstadt (Süden) und den Verband Hessischer Pferdezüchter (Norden) in Kassel betreut werden).
Anfang der 50er Jahre bildeten sich in den Mittelgebirgen wie Rhön und Meißner erste kleine Zuchtgebiete, wo der Haflinger anstelle des schweren Kaltbluts für landwirtschaftliche Restarbeiten eingesetzt wurde. In Südhessen wurde damals noch von seiten der Landwirtschaftskammern der Norweger favorisiert, wohl auch z.T. deswegen, weil der hohe Bedarf nach einem kleinen Wirtschaftspferd in Form des Haflingers nicht befriedigt werden konnte.

Mitte der 60er Jahre hatte der Haflinger aber auch im Taunus, Vogelsberg und Odenwald eine neue Heimat gefunden. Wichtige Hengste, die die Anfänge der hessischen Haflinger Zucht begründet haben:
»Natan 2«, geb. 1955 von Nastor 68
»Mercedes 8«, geb. 1958 von Merkur 251 (Tirol)
»Wingolf 14,« geb. 1959 von Wildberg 63
»Hofrichter 12«, geb. 1962 von Hofmeister 101, seine in Hessen gezogenen Söhne gelangten in Westfalen zu höchster Bedeutung: Hoferbe 413, Hofherr 500, Hofrat 501, Holger 505 und Hofrat 585.
Alle vier oben erwähnten Hengste stammen aus Oberbayern, weiterhin wäre noch der Tiroler »Magnus 16«, geb. 1967 von Marabu 753 zu nennen. Der Hengst Natan 2 lieferte zwei bedeutende Söhne, einmal »Noris 68« und »Navarra 69«. Aus der Anpaarung Noris 68 mit der Hofrat-Tochter »Reni« (Fritz, Laubach), eine der hervorragendsten Ausstellungs- und Zuchtstuten Hessens, stammen zahlreiche wertvolle Nachkommen wie »Rigolette« und »Nougat«, beide von Noris.
Als auch in Hessen eine veränderte Verwendungsrichtung des Haflingers zur Umzüchtung vom arbeitswilligen Kleinkaltblüter zum Freizeitpferd für Reiten und Fahren zwang, entschloß man sich zur Selektion aus dem eigenen Bestand bei Verwendung moderner, typmäßig passender Hengste. Nur in geringem Maße wurde Araberblut eingesetzt, z.B. Jubilee ox, dessen Sohn »Jarmil« (Häuser, Aßlar) die bewährte »Jasmin« (Schupp, Dorfweil) hervorbrachte. Jasmin vertrat Hessen bereits auf der DLG und war u.a. Gesamtsiegerin der zweiten Haflinger-Sonderschau in Schönbach 1984. Des weiteren befinden sich in sehr begrenztem Umfang einige Hengste der R1- und R2-Generation im Zuchteinsatz. Es wurde stets darauf geachtet, die typischen Merkmale des Haflingers zu bewahren: Fuchsfarbe mit hellem Behang, ein trockener, edler Kopf mit großen ausdrucksvollen Augen und vor allem ein gutmütiges Temperament.
Ein Hengst, der wohl als ein Stempelhengst der hessischen Zucht angesehen werden kann, ist »Ambassador«. Er wurde 1970 in Tirol geboren (Vater: Artist 853, Mutter von Wilten 645) und deckte auf dem Haflingerhof Müller in Gönnern, bevor er 1983 nach Frankreich verkauft wurde. Seine Nachkommen zeichnen sich durch Großrahmigkeit, lange Linien, korrektes Fundament, raumgreifende leichte Bewegungen und Rassetyp aus. Dieser Hengst lieferte erstklassige und hochprämiierte Söhne und Töchter, vor allem aus der Paarung mit der Tiroler Stute »Suleima« von Stratho 249 gingen äußerst qualitätsvolle Produkte hervor, wie der Hengst »Artus«, die Stute »Anka« und ebenso »Alexa«, die Klassensiegerin der DLG 84. Die 1961 geborene Suleima ist ein Beispiel für die bekannte Fruchtbarkeit des Haflingers. Mit 20 Fohlen in 20 Zuchtjahren steht sie in Hessen mit an der Spitze aller Pferderassen. Sie ist ebenfalls im Besitz von K. Müller, Haflingerhof, Gönnern. Für ihre Nachzuchtsammlungen wurde sie mehrfach mit ersten Preisen bedacht, genauso sind ihre

Nachkommen auf den vorderen Plätzen zu finden.
Ihr erstes in Hessen geborenes Fohlen war »Sonja KH 308« von 938 Norden, eine mit viel Gang und Adel ausgestattete Stute, die mittlerweile in Südhessen steht und auf Schauen erfolgreich abschneidet. Auch die Stute »Rena« (Fritz, Laubach), aus der bereits erwähnten »Reni« von Hofrat, hat Ambassador zum Vater. Sie hatte u.a. Erfolge auf der zweiten Internationalen Haflinger-Schau in Innsbruck und der DLG zu verzeichnen.

Anläßlich der Zentralen Zuchtschau in Sikkendorf/Laubach im Juli 1986 bestätigte der als Richter mitwirkende O. Schweisgut der hessischen Haflinger Zucht einen qualitativ erfreulichen Stand, obwohl die Anfänge bis in die 60er Jahre durch die Förderung des Norwegers erschwert wurden. Er ermunterte die Züchter, auf dem bisher beschrittenen Wege weiterzumachen und betonte, daß in Anbetracht der hervorragenden Ausgangssituation der hessischen Haflinger Zucht in den nächsten zehn Jahren Enormes geleistet werden kann. Als Siegerstuten der jeweiligen Altersklassen gingen »Mona« von Magier a.d. Alexa von Ambassador, gezogen von K. Müller, Gönnern, »Alexa« von Atlas a.d. Hanni von Hofgast (Besitzer: Gebrüder Reyer, Wabern), »Sanni« von Nordwind (Besitzer: W. Meyer, Kronberg), »Marbella« von Meteor (Besitzer: J. Schnell, Schrecksbach), »Alexa« von Ambassador (Besitzer: K. Müller, Gönnern), »Panja« von Nougat (Besitzer: J. Faubel, Dautphetal), »Mira« von Steiner (P. Pfaff, Königstein) und schließlich »Anka« von Ambassador, die Vollschwester zu Alexa (Besitzer: K. Müller) hervor. Abschließend fand eine Bewertung der Familienklassen statt, hier erhielt die Stute »Claudia« von Nepomuk mit ihren zwei Töchtern »Jasmin« und »Jessika« den Siegerpreis (Besitzer: W. Schupp, Dorfweil).

Als bekannte Züchter sind zu nennen: K. Müller, Gönnern, H. Fritz, Laubach, W. Schupp, Dorfweil, J. Faubel, Dautphetal, Papst, Odenwald, E. Nautscher, Obermörlen, Weimann, Hintersteinau, Mach, Nidderau, M. Spandl, Wiesbaden, Buurman-Paul, Greifenstein und die Gebrüder Reyer aus Wabern. Letztere konnten mit ihrer Stute »Alexa« auf der Bundes-Haflinger-Schau Aachen 1987 überzeugen und stellten mit dieser Atlas-Tochter die Gesamtsiegerin der Veranstaltung.

Als vielfach prämiierte Stuten wären noch die »Sanni« von Nordwind (W. Meyer). »Rigolette« von Noris (H. Fritz), »Rebella« von Nasseur (H. Fritz), »Rilka« von Nasseur (E. Nautscher) und die »Nena« von Nougat (E. May) zu ergänzen.

Im Juli 1987 feierte man mit einer großen Jubiläumsschau in Poppenhausen/Rhön 30 Jahre Haflinger Zucht in Hessen. Auch hier konnte die oben erwähnte »Alexa« von Atlas aus einer Hofgastmutter ihre Qualität erneut unter Beweis stellen und wurde zur Gesamtsiegerin der Schau erklärt. Ihr folgte als Reservesiegerin die äußerst typvolle und korrekte Anka von Ambassador/Stratho, Züchter und Besitzer: K. Müller, Gönnern.
Nicht vergessen darf man die »Haflinger Freunde Vogelsberg«, die unter der Leitung von Klaus Schmelz eine äußerst aktive Interessengemeinschaft bilden. Zu ihren Tätigkeiten gehören das Einüben von Schaubildern, Durchführung von Wanderritten, Kutschfahrten, Skijöring und vieles mehr. K. Schmelz selbst ist seit vielen Jahren im Fahrsport erfolgreich, dies nicht nur auf nationaler Ebene, sondern auch international. Bei den Hessischen Meisterschaften im Vierspänner konnte er die Bronze-Medaille gewinnen, während Tochter Tanja bei den Zweispännern die Silber-Medaille holte. Beim »International Driving Grand Prix« im Rahmen der Royal Horse Show in Großbritannien, behauptete sich K. Schmelz gegen stärkste Konkurrenz, wie Welsh-, New Forest- und Connemara-Gespanne und belegte einen höchst beeindruckenden dritten Platz.

Die heute in Deckverwendung stehenden Hengste wie Artus, Atilla, Stromboli, Nektar, Winterstein, Marmori, Attaché führen teilweise wertvolle Tiroler und westfälische Blutlinien.

Den Körungssieger 1987 stellte Rudi Walther, Meinhardt, mit Hasard v. Hofmarschall aus einer Nardus-Tochter.

Baden-Württemberg

Auch hier ist der Haflinger, wie in Hessen, die am stärksten vertretene Kleinpferderasse. Seit 1954 wird ein Kleinpferdestammbuch geführt. 1956 ging man von nur einem Hengst und zwei Stuten aus, mittlerweile liegt Baden-Württemberg mit 555 eingetragenen Stuten und 22 Zuchthengsten (Stand 1986) an vierter Stelle. Wichtige Hengste des Zuchtgebietes: »Nadir K2«, seine Söhne »Nadler K7« und »Nabob K8«, »Malteser«, »Maitrank«, »Stromboli 105«, »Stürmer K4«, »Attila« von Adlerhorst und »Mikado 0022«, die vor allem die Anfänge der Zucht beeinflußten. Im ersten Entwicklungsstadium wurden auch vom Haupt- und Landgestüt Marbach Haflinger Hengste auf ländliche Deckstationen verteilt. Dadurch ging von Marbach ein entscheidender Impuls zur Förderung der Haflinger Zucht aus. Von den heute im Zuchteinsatz stehenden Hengsten sind u.a. »Stecher«, »Alfi«, »Waldmeister«, »Marschall«, »Nerz«, »Nico«-»Montana«, »Almkönig«, »Ahorn II«, »Nasir« und dessen Nachzucht »Dirk«, »Domos« und »Darius« zu nennen.

Als renommierte Zuchtstätten und Hengsthaltungen gelten die von V. Hermann, Karlsbad-Auerbach, W. Antes, Mannheim-Käfertal, W. Dornburg, Grafenau und Dr. U. A. Wolf, Sonnenbühl.
Das Haflinger Gestüt Joxenhof, Kirchzarten, hat mit seinen gelungenen Schaubildern schon viele Haflinger Freunde begeistert, wobei sich auch der Zuchthengst »Merlot« von Oberst, geb. 1968, in bester Manier präsentierte. Mit seiner großen Nachkommenzahl übte er einen starken Einfluß auf dieses Zuchtgebiet aus.
Ein weiterer wertvoller und prägender Hengst war der Tiroler »Mephisto« von Marschall, der inzwischen aber in Frankreich als Deckhengst Verwendung findet. In Baden-Württemberg wurden auch in etwas größerem Umfang Araberhengste eingesetzt, so Count Rubin ox, Daikir ox und dessen Sohn, der Marbacher Nabuch ox. Über den Hengst »Nasir« geb. 1974, entstand eine neue Hengstlinie, die D-Linie. Nasir, im Besitz von U.A. Wolf, Sonnenbühl, wurde aus der Manderl-Stute »Mira« gezogen. Sein Vater, der Arabo-Haflinger »Nikita«, geht auf Nabuch ox zurück. Von dessen Vater Daikir ox, leitet sich der Anfangsbuchstabe D für diese neue Linie ab. Damit will man bei den Nachkommen diese spezielle Blutführung kenntlichmachen, weil der Anfangsbuchstabe N schon durch weit zurückliegende Blutlinien belegt ist. Nasir stellte zahlreiche Staatsprämienstuten, seine Nachkommen verfügen über viel Rahmen und ausgeprägte Reitpferdepoints. Ein interessantes Bild zeigte die Landesschau 1986 in Bietigheim. Als Siegerhengst dieser Schau ging »Montana« von »Montafon« hervor, der Nasir diesmal auf Rang 2 verwies. Montana wußte in Ausdruck und Bewegungsablauf zu überzeugen. Besitzer ist das Haupt- und Landgestüt Marbach. Erwähnenswert, daß in Baden-Württemberg laut Beschluß der Arbeitsgemeinschaft der Haflinger Züchter (AHZ) reingezogene und veredelte Haflinger getrennt gerichtet werden. Als Resümee der Veranstaltung stellte man fest, daß neben bewährten, arabisierten Beschälern genauso moderne reingezogene Hengste begehrt sind.
Aber auch auf der Stutenseite kann Baden-Württemberg mit sehr guten Modellen aufwarten, wie z.B. die bekannte »Rosi« (Antes, Käfertal), »Noblesse« und »Comtess« (Dornburg, Grafenau), »Alexa« und »Divina« (Wolf, Sonnenbühl), »Diva« (H. Bauer, Kusterdingen), »Avera« und »Annchi« (beide V. Herrmann, Karlsbad) und »Dona Nostra« (H. Nickles, Schelkingen).

Ein großer Erfolg für Baden-Württemberg stellte sich auf der Bundes-Haflinger-Schau 87 heraus, als der sehr ausdrucksstarken »Aida« von Ankhan aus der Comtess der Titel »Bundes-Reservesiegerin« zugesprochen wurde. Sie befindet sich im Besitz von W. Dornburg.

Rheinland

Ansätze der Zucht gab es hier bereits 1951 mit drei Stuten und einem Hengst. Als Zuchtbasis wurden am Anfang Stuten aus Holland verwendet, ab 1965 kamen weitere Importe aus Bayern und Österreich dazu. Obwohl auch hier zunächst von seiten der Verbandsleitung der Norwerger als geeignete Kleinpferderasse angesehen wurde, verzeichnete der Haflinger im Laufe der Zeit beträchtliche Zuwachsraten.
Aus der Reihe der erfolgreichen Züchter sind H. u. A. Widdig in Bornheim hervorzuheben. Sie haben immer wieder qualitätsvolles Material in Tirol und Bayern angekauft. Ebenfalls aus Tirol stammt der Hengst »Ankhan«, der bereits bei seinem ersten Fohlenjahrgang zwei gekörte Söhne lieferte. Erfolgreich herausgebracht wurden u.a. »Stachus« (DLG-Reservesieger 1984) und der in Westfalen gezogene »Hegemeister« (DLG-Sieger 1984, mittlerweile in Bayern). Die Stute »Minouch« von Midas konnte auf der DLG 1986 für das Rheinland einen Ib-Preis verbuchen und kann inzwischen noch auf viele andere Erfolge verweisen. Bekannt ist auch eine der Stammstuten des Gestüts, nämlich »Fringl« von Ambos, die in der Familienklasse jeweils eine erfolgreiche Nachzuchtsammlung stellt.
Im Gestüt der Herren Widdig wirken derzeit als Zuchthengste der Tiroler »Ankhan« von Alpha, »Stereo« von Stachus, »Montan« von Mephisto, »Atif« von Ankhan und »Wildschütz« von Wilten. Auch ihre qualitätsvollen Stuten präsentieren sich auf den großen Schauen in bester Manier und haben auf DLG-Veranstaltungen oder z.B. der Bundes-Haflinger-Schau in Aachen den hohen Zuchtstandard unterstrichen, den das Rheinland inzwischen erreicht hat.
Außerdem sind immer wieder folgende Züchternamen zu lesen: G. Schneider, Waldbröl, H. Koch, Nümbrecht, G. Kiefer, Bergisch-Gladbach, H. Spannagl-Denkhaus, Leichlingen, Familie Lepperhoff, Reichshof, B. Kremp, Hennef, B. Gockel, Kaarst u. S. Westhoven, Bad Honnef, der mit der Stute »Meta« von Mephisto die überragende Gesamtsiegerin auf der Verbands-Stuten-Schau 1987 in Aachen stellte.
Als Hengste, die sich im Rheinland im Deckeinsatz befinden, sind u.a. zu erwähnen: »Arpad«, »Stuart«, »Sandokhan«, »Aarden«, »Artist«, »Holder«, »Adel«, »Midas-Clarina«, »Hofritter«, »Herkules«, »Andermatt«, »Marlon«, »Narras«, »Arras«, »Wildschütz«, »Atif«, »Montan«, »Stereo« und »Ankhan«.
Auf der Regionalen Stutenschau in Aachen 1987 und der darauffolgenden Bundes-Haflinger-Schau vermittelten die vorgestellten Pferde einen Eindruck über die hervorragende Stutenqualität, wobei besonders das Gangvermögen zur Geltung gebracht wurde. Der aktive Verein der »Haflinger Freunde Rheinland« zählt mittlerweile 130 Mitglieder.

Rheinland-Pfalz-Saar

Seit 1961 ist der Haflinger im Gebiet Rheinland-Pfalz-Saar heimisch. Die Grundlage bildeten Importe aus Bayern und Tirol. Eine der ersten Stuten, die in Bayern gezogene »Priska«, gelangte bereits 1959 ins Saarland. Durch Vermittlung des damaligen bayerischen Zuchtleiters Dr. Skalla kam sie in den Stall J. Basenach, Hofgut Monbach, Hilbringen. Diese sehr fruchtbare Stute brachte 18 Fohlen, u.a. die DLG-bewährte »Polly« und den gekörten Hengst »Nicky« von Nastrol, außerdem war sie in den zahlreichen Kleinpferderennen, die sie lief, nahezu unschlagbar.
1969 kamen die ersten Arabo-Haflinger ins Zuchtgebiet. Die 50% Araberblut führende Stute »Wenka H 40« von Widukind ox lieferte die Zuchthengste »Naxos«, »Amoro« und »Arras«, wovon Arras von Adler die westfälische Zucht nachhaltig prägte, seine Nachzucht findet man fast im gesamten Bundesgebiet. Die zahlreichen Nachkommen der Wenka und die ihrer Söhne präsentieren sich auf vielen Ausstellungen mit großem Erfolg.
Wichtige Hengste, die als Begründer der dortigen Zucht wirkten: »Nastrol«, er stammt aus Westfalen und brachte u.a. die Hengste »Nardus 888«, »Naxos« und »Nicki« hervor. Außerdem sind »Angriff H 34«, »Adler 135«, »Atoll« und »Norden« zu erwähnen. Als Hengste der jüngeren Zeit sollen »Tomi«, »Narras«, »Andermatt«, »Herkules«, »Norden« und »Nebos« aufgeführt werden. In Rheinland-Pfalz-Saar stellte man auch folgende Araberhengste auf: Achmet H 83, Garnefer H 197 und Canep.
Als Zuchtschwerpunkt des Saarlandes ist das bereits erwähnte Hofgut Monbach zu bezeichnen. Dort werden verstärkt Veredlungsmaßnahmen betrieben. Zur Zeit stehen fünf Deckhengste, nämlich »Andrang« von Adler, »Grande« von Gigolo, »Natan« von Naxos, »Norden« von Nasir, »Siegfried« von Simmerl und »Starboy« von Stratos auf dem Gestüt. Im Oktober 1986 konnten die Haflingerfreunde Rheinland-Pfalz-Saar zur Jubiläumsfeier anläßlich 25 Jahre Haflinger Zucht in ihrem Verbandsgebiet einladen. Veranstaltungsort war das Haflinger Gestüt Basenach, das ebenfalls auf eine 25jährige Zuchtgeschichte zurückblicken kann. In Schaubildern aus Zucht und Sport präsentierten sich u.a. der bewährte Hengst »Norden« von Nasir unter Hannelore Strübel, Mainz-Laubenheim, bekannt für ihre Dressur- und Voltigierdarbietungen.
Neben Herrn Basenach wird die Haflinger Zucht dieser Region u.a. noch durch G. Leinen, Trassem, Fam. Archetti, Altrip und G. Reiser, Meiserhof, H. Kliver, Homberg und B. Brombacher, Waldweiler, erfolgreich vertreten. Die bekannte Staatsprämienstute »Hollyday« von Alioscha, Besitzer: G. Leinen, war neben anderen Schauerfolgen auch auf der DLG 1984 in Frankfurt hochprämiiert. Wie in Hessen Herr Schmelz, gibt es auch in Rheinland-Pfalz einen mit Haflingern erfolgreichen Fahrer. Julius Orben, Bad Kreuznach, schätzt den Haflinger als Gespannpferd und fährt ausschließlich reingezogene, moderne Haflinger, die seiner Ansicht nach den Typ des Fahrpferdes am besten verkörpern.
Bezüglich des Einsatzes von Araberblut entscheidet ein Zuchtausschuß in Absprache mit dem Zuchtverband über den Einsatz blutführender Hengste. Es dürfen allgemein nur F 1-Stuten verwendet werden, bei den Hengsten ist der Anteil auf 25% beschränkt.

(Fortsetzung Seite 121

»Alfi« liz. Alpha-Neckar, Z.: J. Wucherer, Ladis, Bes.: Volker Herrmann, Karlsbad-Auerbach (Foto: Herrmann)

»Stecher« - Stachus-Normann, Z.: Northoff, Drensteinfurt, B.: Herrmann, Karlsbad-Auerbach (Foto: Herrmann)

»Aida« - Ankhan - Count Rubin ox, Z. u. B.: Wolfgang Dornburg, Grafenau, Reservesiegerstute Bundes-Haflinger-Schau Aachen 1987, Siegerstute Herrenberg 1987 (Foto: Preiß)

»Annchi« St.Pr.St. von Atif-Weit, Z.: H. Luttinger, Biberwier, B.: Herrmann, Karlsbad-Auerbach)
(Foto: Herrmann)

»Marschall« von Mikado nach Manderl, Prämienhengst, geb, 1975, Z.: Claupein, Wettersbach, Bes.: Dornburg, Grafenau-Doeffingen (Foto: Dornburg)

»Arkade« von Artist nach Count Rubin ox, Z. u. Bes.: W. Dornburg, Staatsprämienstute Bundes-Haflinger-Schau Münster-Handorf 1985 Ib, Landwirtschaftliches Hauptfest Stuttgart 1986 Gesamtsiegerstute, Bundes-Haflinger-Schau Aachen 1987 Reservesiegerin ihrer Klasse
(Foto: Dornburg)

»Montana« von Montafon a.d. Fuzzi/T, Z.: Vonbank, Innerbraz, B.: Haupt- und Landgestüt Marbach, Prämienhengst bei der Marbacher Hengstparade 1987 (Foto: Gerlach)

»Major« von Matador a.d. Waldfee, Prämienhengst, Sieger Körung Rheinland-Pfalz-Saar, Siegerhengst Maimarkt Mannheim (B.: Antes, Mannheim, Käfertal) (Foto: Antes)

»Nico« von Nelfried a.d. Melone, Siegerhengst Maimarkt Mannheim 1983 und 1986, (Bes.: Antes, Mannheim-Käfertal) (Foto: Antes)

Rheinland

»Status« - DLG Frankfurt 1978 von Stanislaus-Stüber
(Foto: Widdig)

»Stereo« von Stachus-Marschall
(Foto: Widdig)

»Herkules« von Hegemeister-Florett, Siegerhengst der Körung Aachen 1985, B.: Kremp, Giershausen, Z.: Ziegler, Eitorf
(Foto: Kremp)

»Amurett« von Ankhan-Ambos, Elite-Schau Aachen 1987 Siegerstute, Z. u. B.: Widdig, Bornheim (Foto: Preiss)

»Merry« von Mandl 203 a.d. Ariane von Adlerschild, Z.: Wißbrock, Bielefeld, B.: D. u. S. Westhoven, Siegerstute überregionale Haflinger-Schau Aachen 1984, Reservesieger Haflinger-Bundesschau Aachen 1987, Neunjährige und älter (Foto: Preiss)

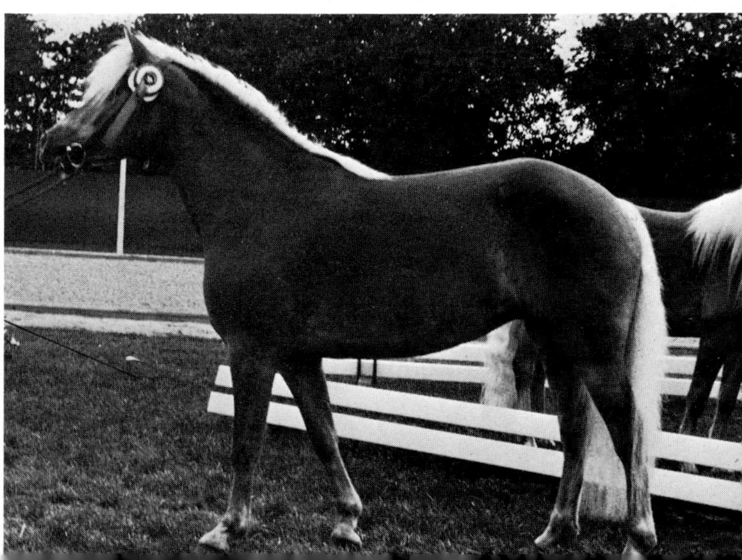

»Alexa« von Ankhan-Alfi, Z. u. B.: D. u. S. Westhoven, Elite-Schau Aachen 1986 Ia, Siegerstute Pony-Festival Aachen 1987 der 4-5jährigen Stuten. Bundesschau Aachen Ib (Foto: Preiss)

»Afra« von Alfi 745 - Mandl 203, Z. u. B.: D. u. S. Westhoven, DLG prämiiert 1986, 2. Res. Siegerstute überregionale Haflinger-Schau Aachen 1984, Bundesschauen Nürnberg 1982, Münster-Handorf 1985, Aachen 1987, jeweils I. Pr. (Foto: Hepp)

»Belinda« von Benjo-Brutus a.d. Queen von Atif, Z. u. B.: B. Kremp, Giershausen, Pony-Festival Aachen 1987 Siegerstute der Dreijährigen und Reserve-Siegerstute der Schau, Bundes-Haflinger-Schau Aachen 1987 Id, Elite-Stutenschau Aachen 1987 Ib und Reservesiegerin (Foto: Hepp)

»Norden« von Nasir a.d. Stasi, Verbandsprämienhengst (B.: Basenach, Merzig-Hilbringen) (Foto: Basenach)

»Bijou« von Andrang mit Hengstfohlen von Norden (Basenach) (Foto: Basenach)

Junghengste des Gestüts Basenach auf der Junghengstweide in 600 m Höhe (Foto: Basenach)

Haflinger bei einer Western-Show beim Gala-Abend des Pony-Forums Zweibrücken (Foto: Basenach)

Niedersachsen

Nachdem man sich Anfang der 50er Jahre für das Fjordpferd entschieden hatte, konnte sich die Zucht des Haflinger mittlerweile qualitativ und auch quantitativ auf einen erfreulichen Stand entwickeln. Das Zuchtgebiet ist in die Bezirke Lüneburg, Südhannover, Braunschweig, Stade und Berlin unterteilt. Für den Aufbau der Zucht und die deutliche Qualitätsverbesserung bedeutende Hengste sind Nestor, Nelusko, Nobile, Achat, Stanius, Stern, Merkur I, Wildschütz, Salut, Nikolaus, Major. Zur Zeit sind bis auf die B-Linie von allen reinen Blutlinien der Haflinger Zucht Hengste im Verbandsgebiet vorhanden. Ein junger vielversprechender Hengst ist der aus Bayern stammende Napo von Napoli aus einer Nelsonstute. Er zeigt sich in großem Rahmen und guter Halsung, in der Bewegung elastisch mit viel Raumgriff. Napo befindet sich auf der Station von W. Lörcher, Wolfenbüttel, einem langjährigen Hengsthalter. Nur gering werden Hengste mit Blutanteilen eingesetzt, wie z.B. Achat von Arras, da man die Ansicht vertritt, daß es auch genügend reingezogene Exemplare gibt, die das Zuchtziel verkörpern.

Haflinger Züchter, die Hengsthalter sind oder im Besitz einer größeren Zahl Stuten:

— Horst Buche, Celle
— Renate Kahlmeyer, Berkhof
— Gerhard Kracke, Dörverden
— Wilhelm Lörcher, Wolfenbüttel-Fümmelse
— Friedel Meyer, Harsefeld
— Jürgen Meyer, Neuenwalde
— Harry Schaupp, Soltau

Bewährte Zuchtstuten:

Stella K(H) 1112 v. Stopper Pr.H. 159, geb. 18.7.1961. In 14 Zuchtjahren brachte die Stute 13 Fohlen zur Welt, wovon viele Fohlen eine Prämie erhielten und später ins Hauptstutbuch eingetragen wurden. Auf zahlreichen Zuchtschauen regional und überregional wurde sie mit I-Preisen ausgezeichnet.
Besitzer: H. Buche, Celle

Bärbel K(H) 1271 v. Stüwer 56, geb. 13.5.1974. Mutter der Hengste »Student K« 34.69.016-84 v. Stern, geb. 14.4.1984 und »Stereo K« 34.69.007-85 v. Stern, geb. 6.4.1985. Siegerfamilie der gesamten Schau auf der 6. Landespony-Schau. Bärbel und 2 Töchter v. Nestor bzw. Stern.
Besitzer: G. Kracke, Dörverden
Stine K(H) 34.69.261-75 v. Atan K 777, geb. 29.4.1975. In 8 Zuchtjahren brachte die Stute 5 Fohlen zur Welt, hierunter 1 gekörter Hengst, prämiierte Fohlen und Hauptstutbuchstuten. Auf Zuchtschauen wurde sie mehrfach mit I.Preisen ausgezeichnet.
Besitzer: J. Schönig, Wulften
Hoferbin K(H) 34.69.256-76 v. Nestor 772, geb. 1.4.1976. Bundessiegerin auf der Bundes-Haflinger-Schau in Bad Segeberg 1981.
Besitzer: R. Kahlmeyer, Berkhof

Bewährte Hengste und vielversprechender Nachwuchs:

Nestor K 772 v. Nesthocker 128, geb. 5.6.1965.
Besitzer: R. Kahlmeyer, Berkhof
Salut K 918 v. Silber 1010, geb. 18.4.1972
Besitzer: E. Pansegrau, Tostedt
Stanius K 1031 v. Stanislaus 584, geb. 5.5. 1975
Besitzer: R. Kahlmeyer, Berkhof
Stern K 1100 v. Stapel Pr.H. 782, geb. 1.6. 1979
Besitzer: J. Meyer, Neuenwalde
Arthus K 42.01109-81 v. Arras Pr.H. 958, geb. 2.5.1981
Besitzer: F. Meyer, Harsefeld
Napo K 83.16746-82 v. Napoli 83.70199-78, geb. 24.4.1982
Besitzer: W. Lörcher, Fümmelse

Im Verband sind rund 400 Stuten und 31 Hengste eingetragen. 1973 wurde die Haflinger Interessengemeinschaft im Bezirksverein Lüneburg gegründet. Sie ist ein Zusammenschluß von Haflingerfreunden und -Züchtern. Die Mitglieder, die aus allen Verbänden der Landwirtschaftskammer Hannover kommen, treffen sich zweimal im Jahr zu Versammlungen. Außerdem findet an Pfingsten jeden Jahres eine gemeinsame Ausfahrt mit Haflinger Gespannen statt.

Weser-Ems

Hier handelt es sich im Vergleich zu den anderen Bundesländern noch um eine ziemlich junge Zucht, die einen starken Anstieg der Bestandszahlen zu verzeichnen hat. Der Zuchtleiter Dr. Schön befürwortet die Reinzucht, da man eine Veränderung des Original-Rassetyps durch Arabereinkreuzung vermeiden möchte. Gemäß Zuchtbuchordnung wird ein Hengst mit 12,5% Fremdblut nicht anerkannt und eine Stute nicht ins Hauptstammbuch eingetragen. Dr. Schön vertritt die Auffassung, daß der Haflinger in Norddeutschland in starker Konkurrenz zu anderen Reitponyrassen steht und deswegen eine besondere Betonung des Zuchtziels auf ein Freizeit- und Familienpferd gelegt werden muß, das gewissermaßen ein Allroundpferd darstellen soll und sich zum Reiten, Fahren, aber auch zum Einsatz für land- und forstwirtschaftliche Arbeiten eignet. Diesbezüglich gilt dem Charakter und Temperament besondere Beachtung. 1983 wurde in diesem Zuchtgebiet ein neuartiger Zuchtversuch diskutiert.

Gesucht war ein Hengst, der im Rassetyp dem Haflinger ähnelte. Größe, Gang, Hals, Widerrist usw. verbesserte, ohne dabei Farbe und Umgänglichkeit zu gefährden. Die Zuchtleitung schlug hierfür den imposanten Welsh-Cob Hengst Ryhstyd Frenin vor, ein hervorragender Vertreter seiner Rasse mit viel Aufmachung, Ausstrahlung und einem enormen Gangwerk ausgestattet. Auch farblich entsprach er als Goldfuchs mit hellem Langhaar in idealer Weise den Vorstellungen. Letztendlich wurde dieser Vorschlag, den Hengst in einem begrenzten Zuchtversuch einzusetzen, von der Züchterschaft abgelehnt, da man zur gleichen Zeit einen reingezogenen Haflinger Hengst aus dem Rheinland erwerben konnte. Weitere einflußreiche Deckhengste des Gebietes sind »Niggel« von Nibelung, »Alex« von Afghan, »Ascan« von Artist, »Siegfried« von Strolch, »Sultan« von Stanislaus, »Marabu« von Matador, »Angriff« von Amor, »Mario« von Mandl, »Marius« von Marabu und »Nelos« von Nelack. Die Stute »Linda« von Mandarin sowie die »Moni« von Marius wurden schon mehrfach ausgezeichnet. E. Fischer, Großenkneten, A. Sjuts, Schortens, A. Roolfs, Osterwald, A. Wotte, Rastdorf und die Gebrüder Breukelmann, Ringe haben das Verbandsgebiet neben anderen bereits mit Erfolg vertreten.

Die Haflinger Interessengemeinschaft Weser-Ems hat zur Zeit 61 Mitglieder mit ca. 120 eingetragenen Zuchttieren und 30 Gebrauchstieren.

Schleswig-Holstein und Hamburg

In Schleswig-Holstein, einem bedeutenden Zuchtgebiet des Deutschen Reitponys, konnte der Haflinger erst relativ spät Fuß fassen. Er stand viele Jahre in Konkurrenz zum von der Zuchtleitung favorisierten Fjordpferd, welches schon eine lange Zeit in Schleswig-Holstein als Wirtschafts- und Freizeitpferd beheimatet war. Inzwischen jedoch ist jedes dritte vom Pferdestammbuch Schleswig-Holstein betreute Pferd ein Haflinger, der als einzige Pferderasse eine steigende Tendenz in den Bestandszahlen zu verzeichnen hat.
Erst um 1970 wurden die ersten Haflinger in Schleswig-Holstein zuchtbuchmäßig erfaßt, heute ist der Bestand auf nahezu 200 eingetragene Stuten und über 20 Hengste angewachsen. In den siebziger Jahren begannen eine Reihe von Züchtern sich dem Haflinger zu widmen.
Das größte Haflinger Gestüt Norddeutschlands ist der Pony-Park Padenstedt von W. Kreikenbohm mit seinen Depandancen Schalkholz und Hedwigenkoog. Über 50 Stuten und 4 Hengste sowie eine große Zahl selbstgezogener und zugekaufter Jungtiere bilden den Bestand und werden in den vorbildlich geführten Kinderreitbetrieben genutzt. Aufgebaut hat W. Kreikenbohm seine Zucht mit Stuten aus Schwaben und dem Hengst Marko. Es folgten Leonhardi von Leo, Nelack von Nelusko, Narvik I und andere. Eine Zeitlang stand der als Begründer der C-Linie (Claus, Charlatan, Castor, Cäsar u.a.) bekannte Naklaus von Naklon ox in Deckverwendung. Heute stehen der Nardus-Sohn Nordpfeil und Stratege von Stapel (Züchter: Kuhlmann, Gütersloh) sowie die Neuerwerbungen Liz. Almwind und Meiko im Gestüt. Der Tiroler Hengst Liz. Almwind von Afghan II ist im Exterieur und Gang als Spitzenhengst anzusehen. Er hatte 1987 die höchste Bedeckungszahl aller Hengste in Schleswig-Holstein. Der Magier-Sohn war der beste Reinzuchthengst der Körung 1987 in Münster-Handorf. Herausragend aus dem teilweise erstklassigen Stutenbestand ist die Herzdame von Hofmarschall (Züchter: Bermpohl), die auf der Bundes-Haflinger-Schau 1987 einen Ia-Preis und den Reservesieg ihrer Klasse für Schleswig-Holstein erringen konnte.
Eine weitere bedeutende Zuchtstätte der ersten Stunde ist das Gestüt Hafling des D. Schmidt, Henstedt-Ulzburg. D. Schmidt baute seine Zucht auf der Grundlage bayerischer Stuten auf und konnte mit dem aufgrund eines Unfalls aus der Zucht ausgeschiedenen Hengst Namara von National Einfluß auf die Zucht nehmen. Eine Reihe guter Stuten und mehrere gekörte Söhne sind das Erbe dieses bedeutenden Hengstes. Heute stehen neben dem Hoferbe-Sohn Hofadel der Siegerhengst der Hengstschau 1987, Nihiel (Namara/Gigant) im Gestüt Hafling.

Eine herausragende Persönlichkeit unter den Haflinger Züchtern in Schleswig-Holstein ist Christa Kaeding, Wahlstedt. Ihre Stute Viola von Hofmeister, mehrfache Hengstmutter, vertrat mit ihren Hoferbetöchtern Violetta und Violine die Farben Schleswig-Holsteins erfolgreich bei der Bundes-Haflinger-Schau 1987 in Aachen.
Ein kleines, aber qualitativ hochwertiges Gestüt haben Jens und Cornelia Oberg in Aukrug-Bargfeld. Ihre Vorliebe gilt vor allem Haflingern mit der seltenen Kohlfuchsfarbe. Die leistungsgeprüfte Verb. Pr. Stute Saskia (Marmori/Mustang) stand nicht nur auf überregionalen Schauen, unter anderem in Bayern, in der Spitzengruppe, sie bewährt sich auch in der Zucht, auf Distanzritten und ein- und mehrspännig vor der Kutsche. Ab 1988 steht der ganggewaltige Reinzuchthengst Namur, Körungssieger 1985 in Münster-Handorf, in Aukrug-Bargfeld. Dieser bemerkenswerte Dunkelfuchs setzt Maßstäbe in Exterieur, Gang und Vererbung. Die Familie Oberg befaßt sich außerdem mit der Aufzucht von Junghengsten.
Zwei weitere Zuchtstätten mit seit Jahren bedeutender Qualität sind die Haflinger

Zucht der Familie Groll und die der Familie Seraphin, Kreis Segeberg.
Ein weiterer guter Hengst ist Nautilus von Nelack des C.H. Olbrich, Lasbeck-Gut. Dieser harmonische Reinzuchthengst (Reservesieger der Hengstschau 1987) wurde 1986 Sieger des 30-Tage-Testes in Münster-Handorf.
Weitere im Verbandsgebiet stehende Hengste sind Ambo von Ambassador (Genth, Toesdorf), Andi von Amoral (Hansen, Oersberg), Normer von Normer T (Wieczorek, Norddeich), Nordmark von Nordwind und Windfang von Ward (Albrecht, Schretstaken), Hofregent von Hofstaat (Jugenddorf, Eckernförde), Nurmi von Namara (Prüter, Heikendorf), Holstein von Hofgard (Ulrich, Börm), Hofjäger von Hofgard (Bahr-Jochimsen, Klein-Bennebek) und Alko von Adel (Henke, Hamburg 90).
Im Herbst 1987 wurde der »Haflinger Freundeskreis Schleswig-Holstein und Hamburg« von über 60 Gründungsmitgliedern ins Leben gerufen. Ein großer Teil der Züchter und die meisten Hengsthalter gehören ihm an. Vorsitzender ist L. Kroeske, Hamburg.

Wir bitten um Verständnis, daß eine Anpassung und Bearbeitung dieses Kapitels aufgrund der politischen Veränderungen in der ehemaligen DDR vor der Drucklegung nicht möglich war.

DDR

Der erste Import von Haflingern erfolgte 1956. Auch in der DDR war zu dieser Zeit noch ein Wirtschaftskleinpferd gefragt, das noch etwa 60% der landwirtschaftlichen Arbeiten übernahm. Alle bekannten positiven Eigenschaften, die man hierfür suchte, sah man am besten im Haflinger repräsentiert und da es in der DDR keine bodenständige Kleinpferdezucht oder Ponyrasse gab, kam man auf die Tiroler.
Prof. Hofmann von der Universität Jena, Abteilung Tierzucht, veranlaßte 1956 den ersten Ankauf von sieben Tiroler Zuchtstuten, einem Stutfohlen und einem Zuchthengst, die in dem Lehr- und Versuchsgut Jena-Zwätzen stationiert wurden und somit die erste Haflinger Zuchtstätte in der DDR darstellte.
In den nächsten Jahren bis 1961 erwarb man noch weitere 51 Stuten und fünf Hengste, von denen vier Stuten und ein Hengst aus Bayern stammten. Zuletzt wurden 1975 sechs Hengstfohlen aus Tirol erworben, von denen fünf züchterisch genutzt werden.
Prof. Schwark, der zu dieser Zeit auch das staatliche Hengstdepot Moritzburg leitete, wurde zum züchterischen und wissenschaftlichen Betreuer dieser Zucht ernannt und hatte die Leitung bis 1962. Er ist sicher vielen Züchter in seiner Funktion als Richter und Kommentator internationaler Schauen in Innsbruck und Ebbs bekannt. Seinem Werk über die Haflinger (zusammen mit Petra Petzold) wird hier u.a. gefolgt.
Man baute v.a. im südlichen Raum der DDR (Saaletal, Thüringer Wald, Rhön, Elbsandstein- und Erzgebirge) Zuchtinseln auf, was den natürlichen geographischen Gegebenheiten am ehesten entsprach. Seit 1961 unterliegt die Zuchtarbeit der staatlichen Leitung der Pferdezucht in der DDR.
Wie in allen anderen Ländern änderte sich auch hier mit der zunehmenden Motorisierung in der Landwirtschaft der Verwendungszweck des Haflingers und man mußte eine züchterische Anpassung vornehmen.
Ab dem Beginn der 70er Jahre treten neben den wirtschaftlichen Merkmalen stärker die Reiteigenschaften eines vielseitigen Kleinpferdes in den Vordergrund.
Ab diesem Zeitraum schufen sich auch die charakteristischen Eigenschaften des Haflingers neue Freunde im gesamten Land und die Population ist mittlerweile in der gesamten DDR vertreten, so daß heute der Bestand rund 1700 Stuten und 60 Hengste zählt.

Verteilung des Zuchtbestandes der DDR

Pferdezuchtdirektion	Zuchtleistungsbereich	Hengste (1985)	Stuten (1986)
Nord	Rostock		143
	Schwerin	12	143
Mitte	Stendal		210
	Neustadt/Dosse	12	181
Süd	Dresden		426
	Weimar	36	562
DDR	gesamt	60	1665

Zusammensetzung des Zuchtbestandes nach Linien

Linie	Hengstbestand (1985)	Stutenbestand (1984)
999 Anselmo	8	52
Massimo	7	89
Nibbio	3	109
1074 Student	27	1048
(davon Zweige)		
Sturm 1	4	171
Stolz 9	2	202
Stachus 13	15	544
Stepper 38	6	131
401 Willi	10	258
Galib ben Afas ox	5	109

Wie aus dieser Tabelle ersichtlich, wurde auch in der DDR der Einkreuzungsversuch mit Araberhengsten durchgeführt und brachte (nach Schwark) auch die gewünschten Ergebnisse wie: Rahmenvergrößerung, Verbesserung der Reitpferde- und der Leistungsmerkmale sowie eine Erhöhung der Merkmalsvarianz unter Beibehaltung der Grundeigenschaften des Haflingers.

Eine besondere Bedeutung in der Haflinger Zucht der DDR erlangte das Volkseigene Gut Tierproduktion Meura, Kreis Neuhaus/Thüringen, mit einer Zahl von 161 Haflinger Stuten und insgesamt einem Bestand von 500 Pferden.

Zu den Aufgaben dieses Betriebes zählen:
- Erzeugung von hochwertigen Hengsten,
- gezielter Einsatz von Vatertieren zur Erhaltung und Weiterentwicklung schwach besetzter Hengstlinien,
- Reproduktion des Stutenbestandes und Bereitstellung von Zuchtmaterial für die Landeszucht,
- Erzeugung von Stuten mit Hengstmütterqualität,
- Bereitstellung von Nutzpferden für die Forstwirtschaft,
- Produktion von Serum (Schwark).

Die Zentralstelle für Pferdezucht der DDR nimmt über die Pferdezuchtdirektionen über deren territorial nach Bezirken gegliederten Zuchtleitungen die Aufgaben der organisierten Zucht wahr.

Diese sind:
- die Betreuung der Pferdezuchtbetriebe,
- Einsatz der Vatertiere und Auswahl der Hengstanwärter,
- Sicherung der Reproduktion (Aufzucht, Nutzungsdauer, Anpaarung, Selektion),
- Durchführung der Stuteneintragung und -leistungsprüfung,
- Führung des Zuchtbuches,
- Handelstätigkeit,
- Durchführung von Zucht- und Schauveranstaltungen (Schwark).

Auszug aus einer Informationsschrift »Pferde in Moritzburg«

»Am 8. und 9. Oktober 1976 fanden sich in Lichte, Bezirk Suhl, die Haflinger Züchter unserer Republik zusammen, um das 20-jährige Jubiläum der Zucht des Haflingers in der DDR zu begehen.
Die ersten sieben Haflinger Stuten wurden im Jahre 1956 aus den Tiroler Bergen in die DDR importiert und in dem damaligen Lehr- und Versuchsgut Jena-Zwätzen, dem heutigen VEG (Z) Tierzucht Jena aufgestellt.
Zweck dieses Importes war der Bedarf nach einem Kleinpferd, im Wirtschaftstyp stehend, welches dem damaligen Nutzungsbereich in der Landwirtschaft entsprach.
Nach seinem Herkunftsland sollte der zukünftige Einsatz der Haflinger auch in den Bergen des Thüringer Waldes und des Erzgebirges liegen. Somit wurden die ersten selbstgezogenen Fohlen in einigen Betrieben dieser Gebiete geboren. Es wurde der Aufbau größerer Zuchtbetriebe vorgenommen, von denen ausstrahlend sich die Haflinger Zucht auf alle drei Pferdezuchtdirektionen der DDR verbreitete. Aus den 1956 importierten drei Hengsten und sieben Stuten ist heute bereits ein Haflinger Bestand von 50 Hengsten und 667 Herdbuchstuten herangewachsen. Den zahlenmäßig größten Anteil besitzt die VE PZD Süd mit 30 Hengsten = 75,4% des gesamten Hengstbestandes und 494 Stuten = 74,1% des gesamten Stutenbestandes.
Bis in die Jahre 1970/71 kam der Haflinger ausschließlich als Zugtier zum Einsatz. Erst mit der veränderten Nutzung der Pferde insgesamt im kulturell-sportlichen Bereich kam die angezüchtete Eigenschaft als Tragtier zur Geltung, nicht wie im Herkunftsland als Tragtier von Lasten, sondern zum Einsatz in der Reittouristik.
In den vergangenen Jahren konnten unsere Haflinger bereits ihre Eignung als Touristikpferde wiederholt unter Beweis stellen. Aus dem neuen Verwendungszweck ergibt sich auch das Zuchtziel des heutigen Haflinger Pferdes. Im Vordergrund steht dabei die Eignung für die Reit- und Fahrtouristik, bezüglich der Widerristhöhe werden beim Haflinger 134 bis 142 cm gefordert. Im Hinblick auf eine vielseitige Nutzung in der

Touristik müssen die Haflinger größer werden und den im Zuchtziel vorgesehenen Bereich von 140 bis 142 cm erreichen. Zu den prägnantesten Exterieureigenschaften zählen edler, kurzer, breiter Kopf, gut angesetzter langer Hals, fester Rücken, gut bemuskelte, lange, leichtabfallende Kruppe und schräggelagerte Schulter, trocken, gut gewinkelte Gliedmaßen mit ausgeprägten Gelenken und gesunden Hufen.
Zu den ältesten und zugleich bedeutendsten Vererbern, die in Moritzburg noch im Einsatz sind, zählen die Hengste Stolz 9, geb. 1957, Stachus 13, geb. 1960 und Stepper 38, geb. 1960. Der Stutenbestand, der sich von 51 importierten Stuten auf 667 Stuten erweitert hat, läßt sich auf 41 Stutenfamilien verteilen. Zu den bedeutendsten Stutenfamilien-Begründerinnen zählen die Stuten Helga H 9 mit 38, Salerna H2 mit 27, Beta H 6 mit 25, Lotti H 3 mit 23 und Comprata H 20 mit 20 noch in der Zucht befindlichen Nachkommen.
Wie bei allen anderen Rassen hat sich in der Haflinger Zucht eine bestimmte Bestandskonzentration herausgebildet. Aus den ersten Betrieben haben sich nach 21 Jahren züchterischer Entwicklung eine Reihe gut fundierter Betriebe mit sehr beachtlichen Konzentrationen herausgebildet, zu denen die Betriebe

VEG Tierproduktion Meura, Kr. Neuhaus a.R.	mit 100
VEG Allmenhausen, Kr. Sondershausen	mit 35
LPG Schlettau, Kr. Annaberg	mit 26
VEG(Z) Tierzucht Jena	mit 25
LPG Lengefeld, Kr. Marienberg	mit 22
VEG Kunnerwitz, Kr. Görlitz	mit 21
LPG Orlatal, Kr. Pößneck	mit 15
KAP Marienberg, Kr. Marienberg	mit 13
LPG Wolfersdorf, Kr. Greiz	mit 13
LPG Mulda, Kr. Brand-Erbisdorf	mit 13

zu rechnen sind.

Mit Ausnahme der Hengstanwärter, die im VEG(Z) Tierzucht Jena aufgezogen werden, führen diese Betriebe auch von Beginn der Haflinger Zucht an die Aufzucht sämtlicher in ihren Betrieben anfallenden Fohlen durch. Prädestiniert für die Aufzucht und Haltung sind Höhenlagen über 600 m NN. Um solche Eigenschaften wie harte Konstitution, Langlebigkeit, Anspruchslosigkeit an Fütterung und Haltung sowie Härte beim Haflinger zu erzielen, ist die Aufzucht in rauher, aber gesunder Umwelt von nicht unwesentlicher Bedeutung. Diese klimatisch günstigen Bedingungen haben im Laufe der Haflinger Zucht entscheidend auf das Lebensalter der Haflinger Einfluß genommen. Es ist deshalb keine Seltenheit, Stuten und Hengste anzutreffen, die 20 Jahre und älter sind. Im Hinblick auf den hauptsächlichen Verwendungszweck des Haflingers in der Touristik waren züchterische Maßnahmen erforderlich, um die Reiteignung des Haflingers bei Beibehaltung der wichtigsten vorhandenen Interieur- und Exterieureigenschaften zu verbessern.

Aus diesem Grunde wurde 1969 der arabische Vollbluthengst »Galib ben Afas« versuchsweise beim Haflinger eingekreuzt. Zur Zeit sind aus dieser Blutkombination zwei Hengste und elf Stuten im Zuchtbuch eingetragen. Darüber hinaus sind die zwei ersten R1-Hengste und fünf R1-Stuten mit der Kombination 75% Haflinger Anteil, 25% arabisches Vollblut im Zuchteinsatz. Schönheit und Eleganz, gepaart mit farblichen Kontrasten über das lichte Langhaar des Haflingers, begeistern auch jährlich Tausende Urlauber bzw. Touristen. Dazu entstand in den letzten Jahren ein weitverzweigtes Netz von Touristikstationen im Thüringer Wald sowie Erzgebirge, die gern von unseren Werktätigen in Anspruch genommen werden. Das Angebot und die Qualität dieser touristischen Leistungen werden sich in den nächsten Jahren schrittweise verbessern. Zu den bekanntesten Zuchtbetrieben, die in Zukunft solche Reit- und Fahrtouristikmöglichkeiten ganzjährig anbieten, zählen das VEG Tierproduktion Meura mit sechs Außenstationen, das VEG Allmenhausen, die LPG Wolfersdorf, die LPG Lengefeld, Schlettau, Muldau und die LPG Ansprung.«

Dänemark

Dänemark mit seinen etwa fünf Millionen Einwohnern, die auf einer Fläche von rund 43.000 km² leben, umfaßt die Halbinsel Jütland und die ihr vorgelagerten Inseln, v.a. Seeland, Fünen, Langeland, Falster, Lolland und das etwas entferntere Bornholm. Die Flachheit des Landes — die höchste Erhebung in Mitteljütland beträgt 173 m — sowie die von Buchten und Förden zerlappte Küste und die sich westwärts bis zur dünenbesetzten Küste ausdehnende Geestlandschaft, prägen das Land geographisch.
Besonders auf Seeland ist die Bevölkerungsdichte sehr groß, lebt doch dort im Umkreis von Kopenhagen ein Viertel der Bevölkerung.
Die Besonderheit der Zersplitterung in Inseln, die zwar untereinander und mit dem Festland durch Brücken und ein gutes Verkehrsnetz verbunden sind, bringt doch einige Besonderheiten für die dänischen Haflinger Züchter mit sich. Eine haflingerspezifische ist die Teilung der Zuchtpopulation.
in Dänemark finden wir zwei Vereinigungen, die sich der Zucht des Haflingers verschrieben haben. Zunächst wurde am 1. Juni 1975 die »Haflingeravlsforeningen Danmark« gegründet, die dann bis 1985 bestand.

Unterschiedliche Auffassungen über die Zucht und die gemeinsamen Zielsetzungen führten dann zu einer Aufspaltung. So gibt es seit 1986 den Verein »Dansk Tyroler-Haflingeravl af 1986«, dessen »Muttervereín« Tirol ist und dessen Pferde dort stutbuchmäßig erfaßt sind.
Dänemark, in dem die Haflinger Zucht ernsthaft betrieben wird, zählt zu den jüngsten der hier behandelten europäischen Länder.
Auch wenn einer der Gründer des späteren Zuchtvereins bereits in den 30er Jahren im Ötztal in Tirol dem Haflinger begegnete und ihn liebengelernt hat, so sollten doch noch viele Jahre ins Land gehen, bis das Pferd der Alpen im Land zwischen den Meeren eine neue Heimat fand.
Erst 1971 begegneten sich die Herren Rasmussen und Nobel und fanden heraus, daß beide den gleichen Traum hatten: den Haflinger. Vom Traum zur Tat war nur ein kurzer Weg und es zeigte sich, daß es bereits Pferde dieser Rasse in Dänemark gab. Eine Dame aus Fünen, Frau Laursen, hatte bereits vor einigen Jahren einige gedeckte Stuten aus Tirol eingeführt.
Von nun an ging es zielstrebig weiter. Nach einem eher zaghaften Ansatz im Jahre 1972 — auf der Versteigerung in Ebbs wurde nur ein Fohlen erworben — kauften die Herren Rasmussen und Nobel 1973 auf dem Fohlenhof gleich zehn Fohlen.
Zunächst dachte man überhaupt nicht an Zucht, sondern drei Familien wollten zunächst mit den Fohlen ihre Freude haben und sie später in der Reit- und Fahrverwendung gebrauchen.
Durch den Verkauf der Pferde von Frau Laursen, die ihre Zucht aufgab, gab es nun für einige Personen mehr die Möglichkeit, sich einen Haflinger zuzulegen. Nun kam auch bald der Wunsch auf, die Pferde, die man ja selbst so schön fand, auch anderen zu zeigen, um damit für die Rasse noch mehr Freunde zu gewinnen und so stellte sich die Frage nach Tierschauen.
Doch hierzu mußte man Mitglied in einer Zuchtorganisation werden.
Nach der Gründung der »Haflingeravlsforeningen Danmark« am 1. Juni 1975 wurde dieser Verein im Mai 1976 vom dänischen Landesausschuß für Pferdezucht anerkannt. Wurde noch 1975 die Teilnahme an Schauen für den Haflinger in Dänemark abgelehnt, so konnte er doch 1976 in Roskilde außerhalb der Bewertung antreten.
Zu dieser Zeit hatte der Verein erst 12 Mitglieder und man faßte den Beschluß, der Welt-Haflinger-Vereinigung beizutreten und nach dem Grundsatz der Reinzucht die Zucht weiter zu betreiben.
Parallel zu den Problemen der Aufnahme in ein anerkanntes Stutbuch stellten sich

nun auch immer mehr Fragen der Zucht. D.h.: für die nun vorhandenen Stuten stellte sich die Frage nach einem Hengst. Da die Stutenzahl nur 17 betrug, kam zunächst der Import eines Hengstes nicht in Frage. So griff man auf einen 1972 geborenen und im Mutterleib importierten Hengst aus Tirol zurück. Dies war ein »Wildschütz«-Sohn — allerdings mit sehr grauer Mähne — doch einzelne Züchter ließen ihre Stuten von diesem Hengst mit dem Namen »Wilrenè« belegen.

1977 erkannte man, daß unbedingt eine Alternative geschaffen werden mußte. So wurden zunächst fünf Stuten nach Ebbs verfrachtet, wo sie alle von liz. Afghan belegt wurden. Als erfreuliches Ergebnis konnte man im Jahre 1987 ein Stut- und vier Hengstfohlen begrüßen, erfreulich insofern, da man unbedingt einen Hengst nach liz. Afghan wollte.

Neben Informationsfahrten 1977 nach Westfalen und 1978 nach Schleswig-Holstein zum Pony-Park Padenstedt, die auch der Kontaktaufnahme zu benachbarten Zuchtgebieten dienten, wuchs durch die Aktivitäten des Vereins in Dänemark immer mehr das Interesse am Haflinger.

So konnten dann auf einer großen Tierschau 1978 in Roskilde sieben Stuten vorgestellt werden, darunter auch die fünf Stuten mit Fohlen von liz. Afghan bei Fuß. Als kleine Kuriosität am Rande sei erwähnt, daß hier auch der Hengst »Wilrenè« vorgestellt wurde, der, nach Behandlung durch eine Friseuse wegen seiner grauen Mähne, nach einem Bleichversuch in den Ring trat. Resultat der Farbbehandlung war eine genauso graue Mähne und eine gestreifte Vorderhand und man mußte sich den zahlreichen Fragen stellen, ob diese Abzeichen in der Haflinger Zucht erwünscht seien.

Erfreulich war, daß zwei der vorgestellten Stuten mit liz. Afghan Fohlen bei Fuß von den Richtern hervorgehoben wurden und 23 Punkte bekamen, was in der BRD mit der Klasse Ib vergleichbar ist. An der Spitze stand die Steinadler-Tochter »Emmy« mit ihrem Sohn »Attila«, gefolgt von der Antrieb-Tochter »Karola« mit ihrem Sohn »Abbas«.

Im Jahre 1979 war die Zahl der Mitglieder auf 30 angestiegen, die zusammen 55 Haflinger hielten. Interessant ist, daß in diesem Jahr auch die ersten schwedischen Mitglieder dem Verein beitraten.

Aber immer noch stellte sich die Frage nach einem geeigneten Hengst. Der Versuch, einen Hengst aus Westfalen zu pachten, schlug fehl und so wurde beschlossen, einen der zweijährigen Afghan-Söhne zu nehmen. Die insgesamt in den Jahren 1980/81 schlechte ökonomische Lage in Dänemark war auch in der Pferdezucht zu spüren und so kamen nur wenige Stuten zum Belegen.

Von Vorteil für den Bekanntheitsgrad der Haflinger in diesem Land waren allerdings verschiedene Schauen und Hengstvorführungen — z.B. auf Själland — wo man die Haflinger besonders bewunderte und als Bereicherung in der Palette der Pferderassen empfand.

Im Rahmen einer Vereinsfahrt von dänischen und schwedischen Mitgliedern zur II. Internationalen Haflinger-Schau nach Innsbruck wurden im Jahr 1980 weitere Fohlen und auch eine Stute erworben.

Eine Reise von Ing. Otto Schweisgut im Jahre 1981 ins Land der Dänen diente als Hilfestellung für die Zucht und war Ausgangspunkt für den Maßstab späterer Bewertungen.

Als Oberrichter in Roskilde fungierend konnte man Herrn Schweisgut bereits eine beachtliche Zusammenstellung von Haflingern aus Dänemark präsentieren. Es waren dies: zwei dreijährige Hengste von liz. Afghan »Abbas« und »Attila«, einen zweijährigen Hengst von Wilrenè »Wagrein«, zwei sieben-und acht jährige güste Stuten, zwei dreijährige Stuten, zwei zweijährige Stuten.

Alle Stuten waren — mit einer Ausnahme — aus Tirol importiert. »Attila« und »Abbas« erhielten 23 Punkte (Ib) und »Attila« zudem einen Ehrenpreis. Beide Hengste wurden gekört. Die zwei älteren Stuten erhielten 22 Punkte (Ic). Unter den zwei- und dreijährigen Stuten war die Reihenfolge: »Greta« von Alarich 23, »Ulli« von liz. Afghan 23, »Ariane« von Waldprinz 22, »Ballei« von Wilrenè 18.

Im Jahre 1982 konnte der Verein zwei gekörte Hengste und 27 eingetragene Hauptstutbuchstuten vorweisen. Der Hengst »Wilrenè« wurde kastriert und »Attila« erwies sich als unfruchtbar. Nun gab es nur noch eine Lösung: man fuhr nach Tirol und

im Jahr 1983 stand »Steinadler« in Dänemark. Weiter wurden in diesem und in den folgenden Jahren mehrere Fohlen auf den Versteigerungen in Ebbs gekauft. 1983: 12, 1984: 12, 1985: 19, 1986: 17 und 1987: 28 Fohlen und zwei Stuten.
Gleichzeitig wurden immer mehr Stuten gedeckt, so daß nicht nur die Anzahl der Stuten, sondern auch die Anzahl der Mitglieder des Vereins ständig wuchs.
Die Fahrt der dänischen Haflinger Züchter zur III. Internationalen Haflinger-Schau nach Ebbs im Jahre 1985 wurde gekrönt durch die Teilnahme des ersten dänischen Hengstes, »Steinadler«, der Reservesieger in der Klasse der 10- bis 20jährigen Hengste hinter dem Hengst »Nordwind« wurde.
Ebenfalls in diesem Jahr fand die erste dänische Haflinger-Ausstellung statt, die wegen der speziellen dänischen Geographie und des damit verbundenen Fährentransports auf zwei Plätzen ausgerichtet wurde: eine Ausstellung auf Jütland und eine auf Själland. Richter bei diesen Veranstaltungen waren Otto und Hannes Schweisgut, die hier auch erstmals das 100-Punkte-System wie im Ursprungsland anwendeten.
In Jütland wurden 27 Pferde vorgestellt: (Sieger)
sechs einjährige Stuten:
»Schenny« v. Strumer, 82 Punkte, Bes.: Mette und Age Jensen
»Milva« v. Stürmer, 80 Punkte, Bes.: Jytte Rasmussen
sechs zweijährige Stuten:
»Midi« v. Waldprinz, 77 Punkte, Bes.: Inga u. Harry Pedersen
»Aspa« v. Alarich, 76 Punkte, Bes.: N.O. Kristensen
drei dreijährige Stuten:
»Käthi« v. liz. Ankhan, 75 Punkte, Bes.: B. u. K. Skade-Nielsen
acht ältere Stuten:
»Linda« v. Marko, 79 Punkte, Bes.: Robert Rasmussen
»Dodo« v. Montafon, 78 Punkte, Bes.: Soren Ole Jensen
»Pomana« v. Marabu, 76 Punkte, Bes.: B. u. K. Skade-Nielsen
ein einjähriger Hengst von Steinadler wurde vorgeführt: 70 Punkte, kein Hengstanwärter
ein zweijähriger Hengst von Abbas: »Klodskovgaards Anjin«, 74 Punkte, zweijährige Anerkennung, Bes.: Viola Wegner
ein dreijähriger Hengst von Abbas, 71 Punkte, nicht anerkannt
ein älterer Hengst:
»Nino« v. 1263 Nino, 75 Punkte, gekört, Bes.: J. Frokjaer
Gesamtsiegerin der Schau wurde die einjährige Stute »Schenny«.

Auf Själland wurden 30 Pferde vorgestellt:
zwei ältere Hengste:
»Steinadler« v. Stüber, 78 Punkte, Bes.: I. u. H.J. Nobel
»Abbas« v. liz. Afghan, 77 Punkte, Bes.: G. Vagn Rasmussen
zwei einjährige Hengste:
»Klodskovgaards Steinbock« v. Steinadler, 79 Punkte, Bes.: I. u. H.J. Nobel
»Klodskovgaards Steinulf« v. Steinadler, 79 Punkte, Bes.: I. u. H.J. Nobel
neun ältere Stuten:
»Greta« v. Alarich, 80 Punkte, Bes.: U. u. H.J. Nobel
»Nea« v. liz. Afghan, 78 Punkte, Bes. Troels Hansen
»Ulli« v. liz. Afghan, 77 Punkte, Bes. G. Vagn Rasmussen
»Clara« v. Norden, 77 Punkte, Bes.: Brigitte Mourier
zwei dreijährige Stuten:
»Klodskovgaards Emilie« v. Abbas, 74 Punkte, Bes. Flemming Jensen
sieben zweijährige Stuten:
»Lessa« v. Waldprinz, 78 Punkte, Bes.: Inge Lise Nielsen
»Cassy« v. Midas, 78 Punkte, Bes.: Inge Lise Nielsen
»Alice« v. Ahorn, 77 Punkte, Bes.: Inge Nordin
zwei zweijährige Stuten:
»Klodskovgaards Emiliy« v. Abbas, 77 Punkte, Bes.: Troels Hansen
sechs Fohlen wurden hier beurteilt mit dem Hengstfohlen »Mezzo« v. Nea-Midas an erster Stelle.

Gesamtsieger dieser Schau wurde die sechsjährige Stute »Greta«.
Die allgemeine Auffassung der Richter war, daß unter den Einjährigen die Qualität in Jütland sehr hoch war, während die älteren Stuten auf Själland von hoher Qualität waren.

An Blutlinien sind in Dänemark vertreten: A: 51, B: 4, M: 14, N: 11, S: 1, St: 30, W: 17

Doch von nun an trennten sich die Wege und es kam zu einer Spaltung der dänischen Haflinger Züchter.
Es wurde ein neuer Verein mit dem Namen »Dansk Tyroler Haflingeravl af 1986« gegründet, dessen Stutbuch in Tirol geführt wird. Der Verein hatte am 1. November 1987 55 Mitglieder, die insgesamt 128 Pferde halten, darunter fünf von Herrn Schweisgut gekörte Hengste.
Diese sind in Jütland: »Nureddin« v. Normer, dreijährig aus Tirol, »Mathias« v. Mohammed, vierjährig aus Tirol.
Auf Själland: »Abbas« v. liz. Afghan, neunjährig, Dänemark, »Steinadler« v. Stüber, zweiundzwanzigjährig, aus Tirol, »Klodskovgaards Steinbock« v. Steinadler, dreijährig, Dänemark.
Der ursprüngliche Verein, der weiter besteht, zählte im Jahr 1987 100 Mitglieder, und es sind auch etwa 100 Zuchtstuten eingetragen. In diesem Verein werden fünf gekörte bzw. anerkannte Hengste gehalten. Es sind dies: »Steinmarder« v. 901 Steinadler 96, achtzehnjährig, Tirol, »Nino« v. 1263 Nino S 7, sechsjährig, Tirol, »Klodskovgaards Anjin« v. Abbas S 5, vierjährig, Dänemark, »Stenz« v. 1293 Stürmer, dreijährig, Bayern, »Strauss« v. 901 Steinadler 96.
Dieser Verein gibt vierteljährlich ein Mitgliedsblatt heraus.
Anschrift: Haflingeravlsforeningen Danmark, Haflinger-Stutteri Lundgaard, v/Ruth og Niels O. Kristensen, Hejring-DK 3500 Hobro, Tel. 08 54 62 37.
Anschrift des neugegründeten Vereins:
Dansk Tyroler-Haflingeravl af 1986, Frau Inge Nobel, Klodskovgaard, Klodskovvej 11, DK-4800 Nykobing F., Tel. 03 83 93 70.

Das Zuchtziel jedoch läßt sich für den dänischen Haflinger zusammenfassen, unterscheidet es sich doch nicht sehr von allen anderen Vorstellungen in den Haflinger züchtenden Ländern. Der Haflinger soll sich zu einem Allround-Freizeitpferd entwickeln, das sowohl zum Reiten als auch zum Fahren gut geeignet ist. Es soll jedoch darauf geachtet werden, daß die guten Charaktereigenschaften sowie die Robustheit, Genügsamkeit und hohe Fruchtbarkeit erhalten bleiben.
In der Zuchtselektion wird großer Wert auf Leistungsprüfungen gelegt, wobei besonders die Hengste unter der Regie des Dänischen Pferdestammbuches Rittigkeits-, Spring- und Fahrprüfungen unterzogen werden.
Haflinger Fohlen von registrierten Eltern werden in Zukunft das Brandzeichen auf dem linken Schenkel mit dem Vereinsbrand erhalten mit den letzten drei Ziffern der Registriernummer. Dies gilt für alle dänischen Pferdezuchtverbände und der Brand wird durch das dänische Stutbuch durchgeführt.

HAFLINGER AVLSFORENINGEN • DANMARK •

603

Frankreich

Erstes Vorspiel

Gehen wir zurück zum 14. Jahrhundert. Die Thronfolgerin Tirols, Prinzessin Margarete, wird einem burgundischen Prinzen versprochen — im Alter von elf Jahren... Dieser wird — selbst erst 13jährig — nach Tirol geschickt und soll sich in seine Rolle als künftiger Landesherr einleben. Aus Gründen, auf die wir hier nicht näher eingehen wollen, kam die Ehe nicht zustande und unsere Prinzessin verband sich im Jahre 1342 mit dem bayerischen Markgrafen Ludwig II. Eine hartnäckige Überlieferung behauptet, daß Margarete als Hochzeitsgeschenk eine stattliche Anzahl von »Burgunderpferden« erhalten habe. Besonders ein Hengst habe in der Landeszucht seine Spuren hinterlassen.
Sehen wir uns die heutigen »Burgunderpferde« (Comtois) an, so fällt sofort eins ins Auge: es sind Dunkelfüchse mit heller Mähne! Wenn sie heute auch ein gut Teil schwerer sind als unsere Haflinger, so will das wenig besagen, denn nach hiesigen Auskünften ist die Rasse der Comtois erst in diesem Jahrhundert schwerer gezüchtet worden.

Zweites Vorspiel

Ende des 17. Jahrhunderts setzt in Frankreich eine schwere Verfolgung der Hugenotten ein; viele sehen sich gezwungen, ins benachbarte protestantische Ausland zu fliehen. Die Schweiz ist hier ein besonders nahe liegendes Durchgangsland. Und eine der in die Schweiz geflohenen Familien ist ein wenig weiter bis nach Tirol gegangen, wo sie sich einen kleinen Bauernhof erwerben konnte. Natürlich gehörte auch ein Pferd auf diesen Hof, und man kann gut verstehen, daß der Bauer sich eine Stute gehalten hat, die, wie er, aus Frankreich stammte: eben eine Burgunderstute. Über die blutführenden Staatshengste ist dann in zwei, drei Generationen eine kleine, edle Bergstute entstanden, die für die Entstehung der Haflinger Rasse von großer Bedeutung geworden ist. Die Hugenotten-Familie trug den Namen Folie, und »Folie« ist auch der Name des Hengstes, der 1874 auf ihrem Hof geboren wurde.

Drittes Vorspiel

In den Nachkriegswirren kommt über die Schweiz im Sommer 1947 ein Güterzug nach Savoien mit einer Ladung, die die Viehhändler der Gegend interessiert: 30 Junghengste einer hier zwar unbekannten, aber dem Comtois ähnlichen Pferderasse — in wesentlich kleinerer Ausführung... Es handelt sich um die Hengstkandidaten des Tiroler Haflinger-Zuchtverbandes, die die französische Armee im Sommer 1947 auf der Hochalm konfisziert hatte. Otto Schweisgut berichtet in seinem Buch »Haflinger Pferde« ausführlich darüber. Der Zufall hat mich in den 70er Jahren mit dem Besitzer eines dieser Pferde in Verbindung gebracht: als Wallach hatte »Guignol« bis in die 60er Jahre im väterlichen Schreinerbetrieb die Transporte bewältigt. Ein noch vorhandenes Photo weist ihn als sehr edlen, aber doch kleinen Haflinger aus...

Der Haflinger in Frankreich

Ende der 60er Jahre hatten verschiedene Züchter — auf der Suche nach einem geeigneten Freizeitpferd — Haflinger aus

verschiedenen Ländern nach Frankreich importiert. Herkunftsländer waren Holland, die Bundesrepublik und Tirol.
Verschiedene Gesuche um Anerkennung der Rasse blieben ohne Erfolg. Hier nun hat die Reise der verantwortlichen Männer der französischen Pferdezucht nach Ebbs 1969 eine entscheidende Bedeutung, die der spätere Präsident des französischen Haflinger Zuchtverbandes, Léon le Petit, organisiert hatte. Unter der Bedingung, die Zucht »nach dem Vorbild Tirols« aufzubauen, wurde die Rasse Haflinger als zwölfte Kleinpferderasse in Frankreich anerkannt. Kaufinteressenten, die sich an den im Jahre 1970 gegründeten Zuchtverband wendeten, erhielten damals die erforderlichen Reiseprospekte für die Versteigerung in Ebbs.
Am Anfang stand eine Handvoll vom Haflinger begeisterter Pioniere, die erste Zuchtinseln in Frankreich aufbauten: Camus, Le Petit, Pellerin, de Montalembert, Vivier, Thome, Moranne-Personen, die man zum großen Teil noch heute in der aktiven Zuchtarbeit wiederfindet.
Bei der Größe Frankreichs ist es verständlich, daß sich diese Zuchtinseln nur langsam entwickelten.
In qualitativer Hinsicht trat hier eine Wende ein, als ein Industrieller aus der Gegend von Troyes, Daniel Petitjean, den »Haras de Vanlay« aufbaute, der mit zeitweise 300 Haflingern der Marktführer in Frankreich war. Damit brauchten Interessenten nicht mehr selbst über die Grenze zu gehen, um einen Haflinger zu erwerben — Vanlay kaufte ständig auch Stut- und Hengstfohlen in Ebbs.
In den 70er Jahren war die Rasse gleich vierfach auf dem »Salon du Cheval« und dem »Salon Agricole« in Paris vertreten: einmal durch den Kleinpferdezuchtverband — neben den anderen Rassen Connemara, Welsh, New Forest, Highland, Fjord, Isländer, Merens, Landais, Pottock, Dartmoor und französisches Reitpony.
Zweitens durch den Tiroler Zuchtverband, der jahrelang in Frankreich ausstellte und in den 70er Jahren 150 Stuten und 300 Stutfohlen nach Frankreich verkaufte, bzw. vermittelte. Drittens der obenerwähnte Haras de Vanley, der dann im Jahre 1980 seine Tore schloß. Und viertens der Poney-Club du Routoir, der eine originelle Form von Voltigieren für Anfänger einführte: sechs Haflinger drehen wie im Zirkus ohne Longe ihre Runden in einer kreisförmigen Arena, im Mittelpunkt der Übungsleiter. Alle Pferde gehorchen auf Zuruf und führen gruppenweise in die Grundlagen des Reitens ein.
Mit dieser massiven Propaganda konnte der Haflinger einen großen Bekanntheitsgrad erringen, der zum weiteren Ausbau seiner Zucht beitrug.
Bis zum heutigen Tage wurden in Frankreich etwa 1300 Stuten und 75 Hengste eingetragen. Jährlich fallen heute etwa 300 Fohlen an. Der Haflinger gehört damit zum Mittelfeld der hier gezogenen Kleinpferderassen.
Aus der Tafel A ersieht man die namentliche Verteilung der 1988 zur Zucht zugelassenen Hengste. Haflinger findet man heute über das ganze Land verteilt, mit Schwerpunkten in der Normandie, im Elsaß und in den Voralpen.
Nur etwa ein Dutzend Züchter besitzen zehn Stuten und einen oder zwei Hengste. Zwei Drittel der Stuten stehen also bei Züchtern, die nur eine oder zwei Stuten besitzen.
Bei der Größe Frankreichs führt dies zu einem Transportaufwand, der in Deutschland einfach unvorstellbar ist. Um 65 Stuten meinen beiden Hengsten »Ambassador« und »Silbersee« zuzuführen, habe ich in diesem Jahr 25.000 km mit einem Mercedes-Siebenplätzer zurückgelegt. Enorme Kosten entstehen für den Stutenbesitzer, da die Stuten bei den Entfernungen natürlich dann mindestens einen Monat beim Hengst bleiben. Der vom Staatsgestüt eingeführte Ultraschall-Dienst wird systematisch in Anspruch genommen. Und auch hier sind 100 km Anreise die Regel...

Bedeutende Hengste

Wenn man den Hengsten nachgeht, die in den knapp 20 Jahren seit der Einführung des Haflingers in Frankreich Bedeutung erlangt haben, zeigt man zwangsläufig die wichtigen Etappen beim Aufbau der hiesigen Zucht auf.
»Apollo« (Anker 631 und Otti 8589/T v. Merkur 251)

Dieser vom Gründungspräsidenten Camus eingeführte Hengst stand von 1970 bis 1978 im Deckeinsatz und hat eine gute Stutennachzucht hinterlassen. Vier seiner Söhne wurden als Hengste zugelassen — »Fameux Ami«, »Habile As«, »Mhabub Ali« und »Manix Acilon«. Der erstere wurde schon bald wieder aus der Zucht genommen, da sich seine Mähne zu sehr verdunkelte; er hat mit seinem Halbbruder Habile As im Viererzug Bedeutung erlangt — Gespannführer der national bekannte Fahrrichter Jean Demoulin. Habile As hat bisher nur wenig Nachzucht. Mhabub Ali hat nur wenige, aber gute Töchter. Der letzte Sohn hat sich mehrfach ausgezeichnet: Manix Acilon wurde 1987 französischer Meister im Einerzug, nachdem er im Vorjahr Zweiter der Meisterschaften im Wanderreiten geworden war (gegen Großpferde-Konkurrenz) und als Teilnehmer in der französischen Mannschaft die Vize-Europameisterschaft erringen konnte. Daneben konnte er sich bei Distanzritten bewähren und arbeitet in seiner »Freizeit« in einem Heim für behinderte Kinder.
Ein besseres Beispiel für die universellen Einsatzmöglichkeiten des Haflingers kann man wohl auch außerhalb Frankreichs nur schwer finden...
»Wildschönau« (Wildschütz 936 und Doritte 7496/T v. Star 1581 Liz)
Dieser Vollbruder des Tiroler Hengstes »Wintersturm« hat in der Anfangszeit der Haflinger Zucht Frankreichs Bedeutung erlangt, da er sich im Besitz eines damals aktiven Haflinger Züchters befand: Jean Pellerin, Vize-Präsident des Französischen Haflinger Zuchtverbandes. Im Nachblick muß man heute sagen, daß seine Nachzucht nur von durchschnittlicher Qualität war, aber eine Besonderheit muß man erwähnen: Selbst schon mit makellosem Langhaar bedacht, hat »Wildschönau« durchwegs eine helle Mähne vererbt und auch bei problematischen Müttern die Mähne stets verbessert. Von seinen beiden Hengstsöhnen »Jung-Webe« und »Mao-Will« gibt es nur wenig Nachzucht; der zweite machte 1986 von sich reden, als er bei einem »Mächtigkeitsspringen« in Tours mit 1,45 m bis in die Endausscheidung vorstieß.
»Niklas« (Nepal 973 und Devet 6249/T v. Styx 1365)
Die Ankunft dieses Hengstes (1978) war von großer Bedeutung; hatte er sich doch in Tirol hinter dem weitbekannten liz. Afghan auf den zweiten Platz geschoben und konnte auch bei der Schau 1980 in Innsbruck diesen Platz belegen — hinter Ankhan, der in der Folgezeit aber die in ihn gesetzten Erwartungen nicht erfüllte. Als er darüber hinaus auf dem »Salon du Cheval« in Paris 1981 zum »Champion Supreme« avancierte, war der erste Star der hiesigen Haflinger Zucht geboren. Sein Besitzer, Jack Coignard, verstand es in bester normannischer Tradition, ihn stets optimal zu präsentieren, und Niklas war in den Jahren 1978-1983 der erfolgreichste Hengst Frankreichs. Eine große Anzahl guter Stuten und eine stets wachsende Zahl von Hengstsöhnen bescheinigen ihm seine herausragende Vererberqualität. Besondere Erwähnung verdienen unter seinen Söhnen: »Noage Noir« (aus einer Apollo-Tochter, die von Ferrara, der Mutter des Hengstes Alexander 1006, abstammt) — beim Zuchtwettbewerb anläßlich der Tagung des Weltverbandes 1984 setzte ihn Otto Schweisgut vor seinen Vater auf den ersten Platz. »Orelan Normand« (aus Vally, einer badischen Cherry-Tochter), bei dessen Körung es zu erregten Debatten kam, da er mit 1,51 m Größe deutlich über dem amtlichen Maß lag. Hier müssen die in der Normandie vorhandenen besonders günstigen Zuchtbedingungen, gepaart mit einer langen Pferdezucht-Tradition, besonders erwähnt werden.
»Ambassador« (Artist 853 und Topas 9239/T v. Wilten 649)
Dieser schon in Tirol prämiierte Hengst — erster seines Jahrgangs bei der Körung 1973, dritter bei der Zuchtschau 1975 — war jahrelang führender Hengst in Hessen in der Zucht von Herrn Müller, Gönnern. 1983 kam er in die südfranzösische Zucht des Verfassers dieser Zeilen und konnte im selben Jahr den Erfolg von Niklas wiederholen: Champion Supreme des Salon du Cheval in Paris. Damit avancierte er zum erfolgreichsten Hengst des südfranzösischen Raumes, und im Jahre 1987 wurde er in Tours nationaler Champion — vor der gesamten älteren und neueren Konkurrenz. Eine Tochter seines ersten Fohlenjahrgangs wurde auf dieser Schau beste Dreijährige — hinter einer importier-

ten Midas-Tochter. Seine überaus zahlreiche Nachzucht wird sich bald den Richtern stellen. Von seinen 21 ersten Töchtern erhielten 8 die Note 15 oder mehr. Dies entspricht der Elite bei der Stutbuch-Eintragung (In Frankreich wird bis 20 benotet).
»Mephisto« (Maschall 1005 und Lucia 9573/T v. Strand 328)
Dieser Rheinländer Tiroler Abstammung kam über die Zucht Widdig und später Volker Hermann im Jahre 1985 nach Frankreich und gefiel hier auf Anhieb wegen seiner guten Gänge. Noch bevor seine Nachzucht erwachsen wurde, kam gleich ein Sohn aus Baden dazu: »Marduk«. Die bisher überaus schwache M-Linie dürfte hiermit eine deutliche Stärkung erfahren.
»Afghan II« (Alpha 1247 Liz und Fischlein 11272/T v. Norden 938)
Dieser Aras-Bruder kam im selben Jahr wie Mephisto nach Frankreich und steht wie dieser im Elsaß. Damit ist die elsässische Zucht für die kommenden Jahre mit guten Vererbern versehen und wird ihre Stellung in Frankreich qualitativ sicherlich festigen können.
»Silbersee« (Silber 1010 und Frieda 9513/T v. Nusser 701)
Mit dem allseits bekannten Hengst faßte im Jahre 1986 die S-Linie Fuß, und es steht zu hoffen, daß sich über gute Stuten diese Linie in Frankreich wird etablieren können. Silbersee steht im selben Stall wie Ambassador.

Hengstkörungen

Jeweils im Herbst findet in Frankreich für die Dreieinhalbjährigen die zentrale Hengstkörung statt, auf der zugleich auch die Leistungsprüfungen abgelegt werden müssen. Diese etwas ungünstige Regelung zwingt die Junghengstbesitzer, sie bis zum vierten Jahr aufzuziehen, sie in allen Disziplinen auszubilden, die weite Anreise auf sich zu nehmen, um dann mit einem meistens ungünstigen Resultat die ebenso weite Heimreise anzutreten. Die eher durchschnittlichen Ergebnisse der letzten Jahre lassen den Schluß zu, daß mit diesen Bedingungen andere als genetische Auswahlkriterien eine Rolle spielen — die besten Junghengste bleiben wohl irgendwo in Frankreich auf der Weide... Daher werden die Besitzer jetzt verstärkt aufgefordert, schon ein- oder zweijährige Junghengste bei den regionalen Stutbuch-Eintragungen vorzuführen, um aussichtsreiche Fohlen frühzeitig entdecken und fördern zu können. Die besonderen geographischen Bedingungen verlangen nach besonderen Methoden.

Stutbuch-Eintragungen

Als fast einzige Rasse ist beim Haflinger bei dreijährigen (2 1/2) Stutfohlen die »Confirmation« Pflicht. Nur eine eingetragene Stute vererbt die Rasse »Haflinger« weiter. Zu dieser Eintragung reist eine Kommission wochenlang durch das ganze Land, um die jährlich anfallenden etwa hundert Stutfohlen zu besichtigen und einzutragen. 6000 km sind bei dieser »Tour de France« die Regel. Seit einigen Jahren wird hierbei ein Eintragungsbogen verwendet, der in 20 Einzelnoten die Bewertung der Stute vornimmt. Die daraus resultierenden fünf Hauptnoten kommen den in der BRD verwendeten Bewertungsnoten nahe. Darüber hinaus werden codierte Angaben über die Farbe, die Kopfabzeichen und das Langhaar aufgenommen. Codiert deswegen, um auch in diesen Punkten eine Auswertung mit dem Computer vornehmen zu können.
Es muß hier extra hervorgehoben werden, daß der Haflinger als auswärtige Rasse keinerlei staatliche Unterstützung erhält, daß daher jeder Züchter für die anfallenden Kosten zur Kasse gebeten wird.
Haflinger Zucht ist in Frankreich daher kostenintensiv, und bei der gegenwärtig ungünstigen Konjunktur lassen sich keine kostendeckenden Preise erzielen, auch wenn ein Haflinger im allgemeinen teurer gehandelt wird als eine vergleichbare inländische Rasse.

Der Computer in der Pferdezucht Frankreichs

Die gesamte Pferdezucht wird in Frankreich vom »Haras National« (National-Gestüt) geleitet. Eine einheitliche Gesetzge-

(Fortsetzung Seite 145)

»Nestor« von Nesthocker, R. Kahlmeyer, Wedemark, Siegerhengst 1978
(Foto: Bernhagen)

»Stern« von Stapel, G. Kracke, Dörverden
(Foto: Bernhagen)

»Stanius« von Stanislaus, R. Kahlmeyer, Wedemark bei der Leistungsprüfung in Luhmühlen. Reservesieger 1982 (Foto: Bernhagen)

»Student«, B. Kracke, Dörverden (Foto: Bernhagen)

»Nobile« von Niger-Nusser, geb. 1971, B. Lörcher, Fümmelse (Foto: Bernhagen)

»Hoferbin« v. Nestor a.d. Hofdame, DLG-Stute 1980 (Foto: Bernhagen)

»Nicole« v. Nestor a.d. Stella, DLG-Stute 1980 (Foto: Bernhagen)

Siegerfamilie in Uelzen 1981: Drei Töchter der Hofdame von Hofrat a.d. Stella von Nestor, Hofdame, Haifa, Helke (Foto: Bernhagen)

Stutenfamilie des Züchters Kracke, Dörverden, Familie der »Stella« Elite-Stute v. Stopper, geb. 1961. Grundstein für mehrere Zuchtstuten im Gebiet Hannover. Hier mit Tochter »Nicole« von Nestor, geb. 1973, Elite-Stute und mit Enkelin »Nina« von Stanius, geb. 1982, Prämienstute. Alle Stuten führen Stutfohlen. (Foto: Buche)

Haflinger in original-Südtiroler Anspannung, »Hella« von Stern a.d. Helke und »Nadine« von Stani
us a.d. Nicole. Z. u. Bes.: Horst Buche, Celle-Bostel, Kreistierschau Celle 1987 (Foto: Buche)

»Nette« von Stanius-Nestor, Haflinger-Sonderschau Schönbach 1984, Ia und Reservesieger der Dreijährigen, Z. u. Bes.: Ruth Hellmann (Foto: Kahlmeyer)

Weser-Ems

»Niggel« von Nibelung, Sieger der Hengstschau 1986 (Schipper, Getelo) (Foto: Borggreve)

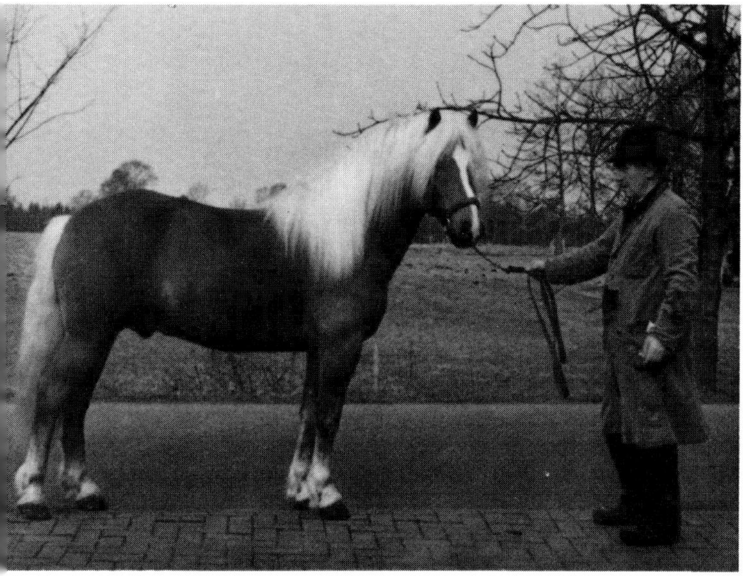

»Afras« von Afghan (Oeltjenbruns, Wardenburg), (Foto: Borggreve)

»Linda« von Mandarin, Gesamtsieger der Verbandsschau 1985 in Werlte (Wotte, Rastdorf) (Foto: Borggreve)

»Moni« — Siegerstute der Zweijährigen, Werlte 1985 von Marius (Foto: Borggreve)

»Rhystyd Frenin« Welsh-Cob Hengst, der in Weser-Ems in einem Zuchtversuch in der Haflinger Zucht eingesetzt wurde. (Foto: Palzer)

Schleswig-Holstein

»Almwind« von Afghan II - Maki, Züchter: Ebbs, Bes.: Kreikenbohm, Padenstedt (Foto: Kreikenbohm)

»Meiko« von Magier-Student, Z.: Altemeier, Bueren, B.: Kreikenbohm, Padenstedt (Foto: Oberg)

»Namur« von Novo-Winnetou, Z.: Hesterkamp, Marl, B.: Oberg, Aukrug-Bargfeld, Körungssieger Münster-Handorf 1985 (Foto: Paul)

»Herzdame« von Hofmarschall-Nardus, Z.: Bermpohl, Porta Westfalica, B.: Kreikenbohm, Padenstedt, Klassensieger DLG Hannover 1986, Klassensieger Haflinger-Sonderschau Münster 1986 und Gesamt-Reservesieger, Klassensieger Bundes-Haflinger-Schau Aachen 1987, Siegerstute Elite-Schau Schleswig-Holstein 1987 (Foto: Kreikenbohm)

»Violetta«, Z.: Kaehding, Wahlstedt, B.: Seraphin, Berlin, von Hoferbe-Hofmeister, Bad Segeberg 1983 (Foto: Seraphin)

bung regelt das Zuchtgeschehen aller Rassen, auch wenn der Haras National das Land in etwa 20 Unterbezirke aufteilt mit jeweils einem traditionsreichen Haras als Mittelpunkt.

Die oben erwähnten Haflinger Junghengste müssen nach ihrer Körung vom Haras ihres Standortes »markiert«, d.h. für den öffentlichen Deckbetrieb als tauglich befunden werden. Eine Reihe von Untersuchungen — wie ein Blutbild für eventuelle Vaterschaftskontrollen — werden dabei durchgeführt.
Einmal eingetragen erhält der Hengst zur Deckzeit sein Deckheft. Der Hengsthalter muß für jede Stute innerhalb von 14 Tagen einen ersten Schein dem Haras einsenden, auf dessen Durchschrift sämtliche Sprünge eingetragen werden. Der Stutenbesitzer bekommt zwei Durchschriften, und eine vierte geht mit dem Heft bei Ende der Decksaison an den Haras zurück.
Bei der Geburt des Fohlens sendet der Stutenbesitzer innerhalb von 14 Tagen den ersten der beiden Scheine ausgefüllt zurück, und ein Tierarzt muß auf dem zweiten vor Jahresende die Abzeichen des Fohlen aufnehmen — und dabei auch die Identität der Mutter kontrollieren.

Im nächsten Jahr stellt dann der zentrale Computer von »Pompadour« die Fohlenpapiere aus, die mehr ein 12seitiger Pferdepaß sind, der das Pferd auf seinem Lebensweg begleiten wird: Impfungen, Grenzüberschreitungen, Kontrollen und Laborbefunde jeder Art werden in diesem Paß eingetragen. Vor der späteren Stutbuch-Eintragung müssen die Abzeichen kontrolliert und eventuell ergänzt werden und, im Gegensatz zu Papieren aus dem deutschsprachigen Raum, werden die Abzeichen auch graphisch genauestens wiedergegeben; zum Beispiel gibt man Haarwirbel auf der Stirn und am Hals mit ihrer genauen Lage an.

Dieses recht aufwendige System ist nötig, um beim hier sehr populären Rennsport, wo es um Millionenbeträge geht, »Vertauschungen« weitgehendst auszuschließen. Die in der BRD mittlerweile eingeführte Täowierung wird hier ebenfalls diskutiert und steht kurz vor der Einführung.

Der Computer in der französischen Haflinger Zucht

Die Stutbuch-Eintragung war in Frankreich von Anfang an Pflicht und wurde nach Tiroler Vorbild eingeführt. Aus den Anfangsjahren sind daher die vier Grundmaße und eine globale Note bekannt. Mitte der 70er Jahre wurde dann ein Eintragungsbogen eingeführt, der den Richter zu detaillierteren Angaben zwang, die bei Einführung eines eigenen Computerauswertungs-Verfahrens dann in Zahlen ausgewertet wurden. Logischerweise kam man dann Anfang der 80er Jahre auf einen speziell auf den Computer zugeschnittenen Bogen, der die spätere Auswertung weitgehend vereinfacht.
Damit stehen heute, wo etwa 1300 Stuten und 70 Hengste erfaßt sind, folgende Auswertungsprogramme zur Verfügung:

Stutendatei:
Die für jede Stute erfaßten Daten stehen auf Diskette dem direkten Zugriff zur Verfügung. Statistische Angaben über Stutenjahrgänge oder Zuchtgebiete sind damit leicht möglich.

Hengstnachzuchten:
Zu jedem Zeitpunkt lassen sich die Hengstnachzuchten zusammenstellen und auswerten. Damit lassen sich Vererberqualitäten oder -schwächen aufzeigen — besonders seit Einführung des neuen Bogens.
Nicht nur kann man die Nachzucht eines Hengstes zum allgemeinen Durchschnitt ins Verhältnis setzen, sondern es lassen sich auch Mütter-Töchter-Vergleiche durchführen.
Hier ist mittlerweile eine weitere Differenzierung möglich: bei einer genügend großen Nachzucht kann man ermitteln, welche Veränderung ein Hengst bei Müttern bewirkt, die ihrerseits über oder unter dem Durchschnitt liegen, z.B. in Bezug auf die Größe.
Ohne hier in die Details gehen zu wollen, kann man doch anführen, daß z.B. der Hengst Niklas die in ihn gesetzten Erwartungen erfüllt hat, daß neben ihm aber auch andere Hengste gute Ergebnisse erzielt haben, die man bei diesen nicht unbedingt erwartet hatte.

Die französischen Haflinger-Deckhengste (1988)

DIE NACHZUCHT DES FRANZÖSISCHEN HENGSTES WILDSCHÖNAU IM MÜTTER-TÖCHTER VERGLEICH

NAME	GRÖẞE	KLASSE	MUTTER	GRÖẞE	KLASSE	LFD.NR.
JOLIE COCCINELLE 400/F	130	13	CATALANA 59/F	134	12	1
JAVA EXTRA 429/F	139	14	ETONNANTE ELSA 107/F	137	17	2
JOYEUSE FUGUE 431/F	134	0	FREUDE 183/F	137	0	3
AMILLE FOLAGE 454/F	137	0	FRIAULA 2/F	136	13	4
ATIA CALINE 464/F	0	0	CATALANA 59/F	134	12	5
JOLIE S TEMPLERIE 485/F	0	0	SORINDE 78/F	133	13	6
ALIM ERA 509/F	132	13	ETONNANTE ELSA 107/F	137	17	7
ADY FLORA 514/F	135	12	FLIRA 268/F	131	12	8
OSSY ORA 528/F	138	0	OSSI 41/F	0	0	9
ISSA MAUS 529/F	136	0	MELISSA 74/F	136	13	10
UNE EVA 568/F	140	0	GENTILLE EMMA 216/F	0	0	11
ANOLA FINETTE 583/F	136	14	FREUDE 183/F	137	0	12
ISS TEMPLERIE 595/F	134	13	SORINDE 78/F	133	13	13
ALA CHIQUITA 617/F	135	16	IRMA CIBOULETTE 364/F	135	13	14
ALINKA VOLGA 628/F	135	13	VALISSE 79/F	135	12	15
ALICIEUSE CATHY 639/F	132	14	CATALANA 59/F	134	12	16
AHATITA FIDJI 640/F	133	14	FESTINA 353/F	139	15	17
ONA LISA 679/F	139	14	LORI 184/F	140	0	18
ELI EVA 682/F	140	14	GENTILLE EMMA 216/F	0	0	19
SWILA 745/F	139	15	ESMERALDA 270/F	139	15	20
ERLE EDEN 764/F	135	14	GENTILLE EMMA 216/F	0	0	21
EPSY WILL 770/F	139	14	ESMERALDA 270/F	139	15	22
SIRIS IV 776/F	137	14	KITIA 482/F	134	13	23
LGA ALTAN 809/F	142	14	IDEA AZELLE 363/F	0	0	24
STENDE 810/F	138	14	NARZISSE 33/F	134	0	25
AINE UFAR 813/F	136	14	URSULA 210/F	132	12	26
ATI FA 818/F	135	14	FLIRA 268/F	131	12	27
NARA MINOU 826/F	136	14	KO MIC 480/F	138	0	28
UEEN COBA 837/F	0	15	CATALANA 59/F	134	12	29
ALLA UNA 914/F	134	13	URSULA 210/F	132	12	30
UNG WEBE	HENGST		LORI 184/F	140	0	31
AO WILL	HENGST		ESMERALDA 270/F	139	15	32

URCHSCHNITTSERGEBNISSE DES HENGSTES WILDSCHÖNAU IM MÜTTER-TÖCHTER-VERGLEICH:

	DURCHSCHNITT TÖCHTER	ANZAHL	GEWINN	ANZAHL	SCHWACHE-MÜTTER	GEWINN	ANZ.	STARKE MÜTTER	GEWINN	ANZ.
RÖẞE:	136.1	27	0.0	22	<137	1.3	13	>136	-1.7	9
ASSE:	13.8	23	0.4	16	<14	1.4	11	>13	-1.8	5

RGEBNIS:

ER HENGST WILDSCHÖNAU HAT IM DURCHSCHNITT ZU KLEINE TÖCHTER VON DURCHSCHNITTLI-
HER QUALITÄT (2B,2B+); BEI KLEINEN STUTEN (WENIGER ALS 137CM) GEWINNT ER IM
URCHSCHNITT 1,3 CM, BEI GRÖẞEREN (MEHR ALS 136 CM) VERLIERT ER 1,7 CM. BEI
CHWACH EINGESTUFTEN MÜTTERN (WENIGER ALS 2B+) GEWINNT ER 1.3 PUNKTE (FAST EINE
ND EINE HALBE KLASSE), BEI HÖHER EINGESTUFTEN MÜTTERN (MEHR ALS 2B) VERLIERT ER
.8 PUNKTE (FAST 2 KLASSEN).
ILDSCHÖNAU (NACH WILDSCHÜTZ UND DORITTE, EIN VOLLBRUDER ZU WINTERSTURM)
RWEIST SICH NACH 15 JAHREN ZUCHT ALS DURCHSCHNITTLICHER VERERBER, DER NICHTS AN
RÖẞE UND NUR WENIG AN KLASSE VERBESSERT.

```
DIE STUTENFAMILIE VON   *** DAGMAR MIZZI 219/II ***..............GRÖSSE/KLASSE
=============================================================================
DAGMAR MIZZI 219/II nach MANDL 42 LIZ und HAST FUCHSEL (26) ...............143/ ?
          !
          !_19 0___DAGOBERTA 277/II par HALLTAL 1546.................... ? / ?
                 !_1957___DIEK 7201/T par MIDAS 423.................... ? /18
                 !      !_1970___DIRNDEL par ARLBERG 934................ ? / ?
                 !             !_1976___KLAR DJINN par APOLLO........... ? / ?
                 !             !      !_1985___TENDRE DOLLY par ALBO.......137/14
                 !             !_1978___MAG DALENA par APOLLO.............134/ ?
                 !_1952___DEVET 6249/T par STYX 1365.................... ? /19
                        !_1958___DEVERNA 7424/T par DORFER 1851........... ? /11
                        !      !_1966___DIADEM par STUBER 505.............137/ ?
                        !             !_1971___DOUCE par APOLLO............138/15
                        !             !      !_1979___NOVA DOUCE p.STENTOR.146/13
                        !             !             !_1983___RAVISSANTE ...142/13
                        !             !_1972___GALANTE DOUCHKA par APOLLO..130/
                        !             !      !_1979___NAIMA DOUCHKA .......136/14
                        !             !_1973___HUPPE DOREE par APOLLO......139/14
                        !                    !_1978___MISS DAISY par ARCOLE139/14
                        !                    !_1979___NEPHA DIANE p.NIKLAS.140/1
                        !_1964___DAISY 8856/T par MAAT 1918............... ? /1
                        !      !_1968___DICKY par ARTIST 853..............141/14
                        !             !_1982___QUAYRAT par WOLFGANG........137/1
                        !             !_1983___RAI par WOLFGANG............136/1
                        !             !_1984___SISSI DAIL par WOLFGANG.....138/1
                        !_1966___DELTA 9277/T par MODUS 754............... ? /1
                        !      !_1971___DIANA 10380/T par WILDSCHUTZ 936...142/1
                        !      !      !_1976___KARINA DOUTCHKA par ASTERIX.140/1
                        !      !      !_1981___PRIMEVERE par ASTERIX.......141/1
                        !      !      !_1983___REINE DES PRES II (ASTERIX).137/1
                        !      !_1976___DORO par STREITER 898..............136/
                        !             !_1980___OONA par ASTERIX............139/1
                        !                    !_1985___TINA DELPHINA(MEXICO).138/1
                    o-> !_1971___NIKLAS LIZ par NEPAL 973..................147/1
                    o-> !_1969___MENTOR 1046 par MERKUR 251............... ? /
-----------------------------------------------------------------------------
   Durchschnitt von Große und Klasse ............................138.8/14.
=================================16/01/88====================================
```

```
Die Stutenfamilie von    *** EDITH HST/2034/IST ***...............Größe /Klasse
================================================================================
EDITH HST/2034/IST nach STARK 1811 und ERNESTA HST/1461/IST............... ? / ?
       !
       !_1962___EDDA 9328/T par MAX 1927..............................143/14
             !_1968___EDINA par STORM 185............................ ? / ?
             !      !_1979___NIOBE IV par NIKLAS LIZ..................138/15
             !_1970___ETONNANTE ELSA par STORM 185....................137/17
             !      !_1975___JAVA EXTRA par WILDSCHONAU...............139/14
             !      !_1976___KALIM ERA par WILDSCHONAU................132/13
             !      !      !_1980___OPHELIE DE GUILERS par STENTOR....137/13
             !      !      !_1983___ROSE EGLANTINE par STENTOR........140/14
             !      !_1979___NANCINETTE par ARAM......................140/14
             !      !_1982___QUENOTTE ESSONNE par ARAM................141/14
             !_1972___GENTILLE EMMA par APOLLO........................145/15
             !      !_1977___LUNE EVA par WILDSCHONAU.................140/ ?
             !      !_1979___NELI EVA par WILDSCHONAU.................140/14
             !      !_1981___PERLE EDEN par WILDSCHONAU...............135/14
             !_1976___KOM EDIA par APOLLO.............................136/ ?
             !      !_1980___OUIS KA par NIKLAS LIZ...................141/14
             !_1982___QUAL ED par WANCHEF.............................141/14
             !_1984___SIERRA ELENA par NUAGE NOIR.....................149/16
--------------------------------------------------------------------------------
Durchschnitt von Große und Klasse ............................139.6/14.3
================================16/01/88========================================
```

```
LA FAMILLE DE LA JUMENT *** SEBALDA 1700/T ***..................TAILLE/CLASSE
==============================================================================
SEBALDA 1700/T nach HALLTAL 1546 und SENNERIN FLORA 236/II...................... ? /11
        !
        !_1952___SALADINA 6332/T par STRAUSS 1115...................... ? /13
        !        !_1971___SEMINAT par ARLBERG 934.........................131/12
        !        !_1957___SUOMI 7298/T par STAR 1581 LIZ.................. ? /13
        !        !        !_1972___SALOME par STIL 931....................130/12
        !        !                 !_1979___NEOU SANDI par STROMBOLI...........134/14
        !        !                 !        !_1985___TRAOUMAD SALOME par ATHOS...138/14
        !        !                 !_1977___LARISSA DĚ VANLAY par STROMBOLI....134/ ?
        !        !                 !_1980___OUCHKA SEBAST par ARES.............136/14
        !        !                          !_1985___TURQUOI SE par ATHOS........137/14
        !        !_1965___SATURNE 9032/T par MOBIL 407................... ? /15
        !                 !_1969___SITTA 9938/T par MARABU 753...............133/13
        !_1956___SEBI 6997/T par STAR 1581 LIZ......................... ? /11
                 !_1974___SABINA par AMBOS 1007..........................142/13
                          !_1978___MINOU STAR par STENTOR...................139/12
                          !_1982___QUETZALCOATL NIC par NIKLAS LIZ (HENGST-  ..143/13
                                                                    KANDIDAT)
------------------------------------------------------------------------------
 La moyenne de la taille et de la classe.........................136.0/12.9
================================01/16/88======================================
```

Einige Hengste enttäuschen aber stark in ihrer Nachzucht. Die jetzt erfolgte Veröffentlichung der Ergebnisse hat für sie natürlich negative Wirkungen.

Stutenfamilie:

Ein weiteres Programm führt die erfaßten Tiere in mütterlicher Abstammung vor, d.h., daß nach einer gemeinsamen Vorfahre alle Nachkommen in Generationenfolge angeführt werden — mit den zur Verfügung stehenden Angaben. Dabei tauchen dann oft überraschende Informationen auf — eine Tante, die bei der Stutbuch-Eintragung überdurchschnittlich abgeschnitten hat, eine Großmutter, die in Tirol Hengstmutter war, eine Halbschwester, die einen 1b-Preis beim Wettbewerb 1980 erzielte, kurz, Angaben, die sich ein interessierter Züchter mühsam zusammenholt, werden hier vom Programm geliefert — unter der Voraussetzung, daß die Ausgangsinformationen auch zur Verfügung stehen. Hierbei wäre eine aktivere internationale Zusammenarbeit erwünscht. Frankreich hat bei den Sitzungen des Weltverbandes stets in dieser Richtung gearbeitet.

Die französischen Stuten kommen fast ausschließlich aus Nordtirol und die dortigen Stämme sind in Frankreich vollständig vertreten. Es kann also auf die von Otto Schweisgut veröffentlichten Angaben verwiesen werden.

Einige Unterfamilien, die der Computer zusammenstellte, seien aber besonders hervorzuheben.

Als große Überraschung stellte sich heraus, daß die Mutter des Spitzenhengstes Niklas über eine der stärksten Stutenfamilien Frankreichs verfügt: 24 Stuten gehen auf ihren Stamm zurück. Denkt man an die 87 eingetragenen Töchter ihres Sohnes Niklas, dann kann man ihre Bedeutung für die französische Zucht so recht ermessen. Daher war es wichtig, in Erfahrung zu bringen, daß Devet in Tirol zur Spitze zählte: zwei Hengstsöhne und die Note Ib.

Die Studien des INRA haben ergeben, daß Devet zu den absolut besten genetischen Elementen gehört, die in der hiesigen Zucht zirkulieren. Die Tafel C gibt die Familie in der vom Computer erarbeiteten Form wieder — mit der Angabe von Größe und Klasse am rechten Rand (soweit verfügbar). Die Tiroler Zuchtbuch-Nummer ist jeweils hinter dem Namen angegeben. Wo diese fehlt, handelt es sich um eine französische Stute.

Eine zweite Familie verdient Erwähnung (Tafel D). Sie geht auf die Stute Edda 9328/T zurück, die aus der Steiermark stammt. Hier sei eine allgemeine Bemerkung erlaubt: auch wenn die französischen Stuten fast ausschließlich aus Tirol bezogen wurden, so stammt doch ein Drittel aus anderen Bundesländern Österreichs. Edda hat sich als überaus gute Zuchtstute erwiesen und es ist schade, daß es von ihr keinen Hengstsohn gibt. Was nicht ist, kann noch werden: Edda ist auch in diesem Winter — 26jährig — wieder trächtig...

Mit dem dritten Beispiel einer Stutenfamilie soll belegt werden, daß es Stämme gibt, deren Größe und Klasse unter dem Durchschnitt liegen (Tafel XXXX). Besonders der Ast Saladina 6332/T hat mit der Größe zu kämpfen, und gäbe es nicht Sabina und ihre Nachzucht (darunter ein -abgelehnter- Hengstkandidat), dann läge der Durchschnitt noch niedriger.

Zu erwähnen ist auch die Familie Aventura Lilly 57/I, die es zu drei Hengstsöhnen gebracht hat. Zwei Hengste gehen auf Diema Klara zurück.

Alice Assy, Schwester der Bundessiegerin Anka und Mutter des Hengstes Nordwind, steht in Frankreich im Gestüt des Grafen de Montalembert.

Die zahlenmäßig stärkste Familie geht auf 1699/T Miltrud zurück — in Größe und Klasse knapp unter dem Durchschnitt.

Dazu eine Anmerkung mathematischer Natur: je größer die Zahl einer Gruppe, um so mehr nähert sich ihr Durchschnitt dem allgemeinen Durchschnitt an. Dieser liegt in Frankreich knapp unter 14 für die Note und 138 für die Größe. Es ist schon bedeutungsvoll, wenn der Durchschnitt einer Stutenfamilie oder einer Hengstnachzucht einige Zehntel darüber liegt.

Bei den Vätern der nach Frankreich eingeführten Stuten handelt es sich um die wichtigsten Tiroler Hengste der 70er Jahre. Mehr als zehn Töchter in Frankreich haben: »Afghan«, »Alarich«, »Alexander«, »Antrieb«, »Arlberg«, »Artist«, »Malteser«, »Marabu«, »Marschall«, »Master«, »Merkur«, »Nepal«, »Nero«, »Nerz«, »Norden«, »Silber«, »Stadl«, »Stainach«, »Steinadler«,

»Streiter«, »Walli«, »Wilten«, »Wildschütz« und »Wurz«.
Da die hiesigen Hengste aus den gleichen Linien stammen, muß auf die Blutführung etwas acht gegeben werden. Die schon erwähnte Studie des INRA hat ergeben, daß der Grad der Blutsverwandtschaft in Frankreich zwar niedrig liegt, aber in den letzten Jahren leicht im Anstieg begriffen ist. Zur Beunruhigung ist aber kein Anlaß gegeben.

Hengstkandidaten:
Es versteht sich, daß die zur Verfügung stehenden Auskünfte besonders bei der Beurteilung von Hengstkandidaten zu Rate gezogen werden. Bei der Gegenüberstellung der Nachzucht des Vaters, der Qualitäten der Stutenfamilie der Mutter, der eventuellen Brüder oder Schwestern und der eigenen Qualitäten des Kandidaten gewinnt die genetische Beurteilung eine notwendige Tiefe: nicht nur der Kandidat, sondern sein ganzes genetisches Umfeld — und damit quasi die zu erwartende Nachzucht — werden mit beurteilt.
Das nationale Forschungsinstitut (INRA) hat sich über die vorhandenen Daten der Haflinger Zucht gebeugt, um zu sehen, ob die in der Traberzucht gewonnenen Programme genetischer Indizierung auf die Haflinger Zucht angewendet werden können. Hierbei wird die genetische Bedeutung jedes Verwandten ermittelt, wobei der jeweilige Verwandtschaftsgrad nach einem komplizierten Verfahren in Rechnung gestellt wird. Das Verfahren wird nach seinen amerikanischen Anfangsbuchstaben mit »BLUP« bezeichnet (Best Linear Unbiased Performance)
Auch ohne in diese wissenschaftlichen Höhen (oder Tiefen) vorzudringen, ist für jeden Züchter das zur Verfügung stehende Informationsmaterial von großer Bedeutung. Der Zuchtverband, dem die jährlich anfallenden Fohlenlisten übermittelt werden, ist dazu übergegangen, die Besitzer von aus interessanten Anpaarungen hervorgegangenen Fohlen — ohne diese wegen der großen Entfernungen auch sehen zu können — einer besonderen Sorgfalt bei der Aufzucht zu empfehlen.
Weiter gehen die Einflußmöglichkeiten in diesem extrem liberalen Land aber nicht...

Zuchtveranstaltungen

Die besondere geschichtliche Entwicklung Frankreichs bringt es mit sich, daß man bei wichtigen Veranstaltungen stets mit Paris beginnen muß. Was die Pferdezucht angeht, sind hier zwei Anlässe besonders zu erwähnen: der Salon du Cheval im Dezember und der Salon Agricole im März. Ganz Frankreich kommt hierbei zur Hauptstadt — der TGV (Höchstgeschwindigkeits-Reisezug) wurde nicht ohne Grund in Frankreich entwickelt. Jeder örtliche Bauernverband organisiert seine Paris-Reise im März und ganz Eilige absolvieren diesen Besuch trotz 650 km Anreise an einem Tag. Bei 280 km/Std. ist dies durchaus machbar...

Der Französische Kleinpferdezuchtverband (FFEP) ist auf beiden Veranstaltungen vertreten... und verbraucht dabei ein Drittel seines Jahres-Budgets. Dabei ist zu bedenken, daß ein einziges Tier pro Rasse zum Salon Agricole kommt und deren drei zum Salon du Cheval. Jedes Jahr flammt die Diskussion um eine weitere Teilnahme auf, jedes Jahr wird die Subvention für diese bestimmten Anlässe erhöht — damit Paris auch weiterhin »eine Messe wert« bleibt. Deutsche Austeller sind bei beiden Veranstaltungen selten — auf dem Salon du Cheval waren dieses Jahr die Trakehner zum ersten Mal dabei, auf dem Salon Agricole ist seit eh und je die IMEX dabei. Haflinger Züchter kommen eher nur zufällig nach Paris. Vielleicht wird sich das nach 1992 ändern...

Tours
Seit einigen Jahren hat sich Tours mit seinem im September stattfindenden »Euro-Pony« zum Mittelpunkt der Kleinpferdezucht entwickelt. Etwa fünfhundert Pferde aller Kleinpferderassen bieten einen umfassenden Überblick über den jeweiligen Stand der Zucht. Im allgemeinen werden bei dieser Veranstaltung die Besten ermittelt, die die Rasse dann in Paris vertreten. Im vorigen Jahr trat auch ein erster deutscher Dartmoor-Züchter mit einem gelungenen Schauprogramm auf und mit seinem DLG-Siegerhengst!

Bordeaux, Marseille, Grenoble, Toulouse, Avignon
Im französischen Sprachgebrauch teilt sich Frankreich in zwei gleichwertige Hälften ein: auf der einen Seite Paris, auf der anderen die »Provinz«. Mit der eben erwähnten Ausnahme Tours kann man sagen, daß alle Regionen versuchen, dem Pferd spezifische Veranstaltungen zu schaffen, deren Bedeutung aber nie den regionalen Rahmen übersteigen. Daher soll auf diese Veranstaltungen auch nicht weiter eingegangen und nur erwäht werden, daß die Haflinger Züchter in allen Gegenden versuchen, die blonden Füchse in gebührender Weise zur Geltung zu bringen.

Sportliche Erfolge

Attraktiver als Zuchtveranstaltungen sind für das breite Publikum sportliche Veranstaltungen. Wenn auch nie versucht worden ist, den Haflinger in Frankreich als Spring- oder Dressurpferd herauszubringen, so hat es sich doch auch im sportlichen Bereich seinen Platz schaffen können.

An erster Stelle ist hier der Fahrsport zu nennen, wo seit einigen Jahren der Haflinger nicht mehr wegzudenken ist. Am Anfang gab es vereinzelte Erfolge — Jerome Voeux, französischer Meister im Viererzug 1981, M. Jaquinot mit Hiram, Meister im Einspänner 1983. Dann kam System ins Spiel: 1986 fuhren vier der zehn Finalisten im Zweierzug mit Haflingern und belegten die Plätze 1, 2, 4 und 8. Das gleiche Bild 1987, wo »Manix Acilon« gleichzeitig Sieger im Einspänner wurde. Die Revue »Cheval Magazine« sprach bei ihm von der »Entdeckung dieser Meisterschaften«.

Selten gibt es regionale Fahrveranstaltungen, bei denen nicht Haflinger ganz vorne liegen, und groß ist die Anzahl der Freizeitfahrer.

Kaum jemand kauft in Frankreich einen Haflinger, ohne nicht wenigstens ans Fahren zu denken.

Distanzritte

Als zweite Disziplin sind die Distanzritte zu nennen, in denen Haflinger auf vorderen Plätzen zu finden sind. Besonders ausgezeichnet hat sich die elsässische Equipe von de Reinach, die sogar schon die französischen Farben in Belgien vertreten konnte. Dabei mußten sich die Haflinger der Großpferdekonkurrenz stellen.
Ein weiterer Vertreter der Rasse gewann 1987 den ostfranzösischen Distanzreiter-Pokal; es handelt sich um Monsieur Bontemps. Verwandt mit dem Distanzreiten sind die Wanderreiter-Wettbewerbe, bei denen Haflinger aufgrund ihrer Ausdauer und ihres guten Willens den Vergleich mit Großpferden nicht zu scheuen brauchen. Man erinnere sich an den Erfolg des schon mehrfach erwähnten Manix Acilon.

Der Markt des Haflingers in Frankreich

Die Größe des Landes bringt einige Schwierigkeiten beim Aufbau der Zucht mit sich. Es soll aber nicht unerwähnt bleiben, daß eben diese Größe auch stimulieren kann. Frankreich ist das Land der unbegrenzten Möglichkeiten für Wanderritte; Wanderreiten ist überall erlaubt, wo es nicht ausdrücklich verboten ist. Und verboten ist es praktisch nirgendwo...
Der erste Grund für den Kauf eines Haflingers ist der Wunsch, am Wochenende oder in den Ferien vom Landsitz aus auf Ausritte zu gehen. Der ruhige Charakter und der sichere Tritt sind dabei wichtige Argumente. Wie schon erwähnt, sind zwei Drittel der Zuchtstuten im Besitz von Züchtern, die eine oder zwei Stuten halten: Frankreich ist groß und es ist einfach, einige Hektar Land zu finden, die eine kleine Zucht ermöglichen. Jahrelang waren neue Züchter die beste Kundschaft für die alten. Erst heute muß man verstärkt für den Benutzermarkt produzieren, das heißt rittige Pferde liefern.
Damit gewinnen die Gänge größere Bedeutung. Reitpferdepoints sind jetzt auch in Frankreich gefragt — ohne aber zu den gut etablierten Reitpferderassen in Konkurrenz treten zu wollen.

Als der Haflinger nach Frankreich kam, waren die Reitpferderassen schon gut vorhanden: Connemara, New Forest, Welsh und das Französische Reitpony. Diese vier Rassen wurden von staatlicher Seite stets gefördert und konnten sich daher gut entwickeln. Seit einigen Jahren hat sich deren Entwicklung aber stabilisiert — der Reitponymarkt scheint mehr oder weniger gesättigt zu sein. Interessanterweise haben sich Reitpferderassen zahlenmäßig auf das selbe Niveau eingependelt wie in der BRD. Im Gegensatz dazu sind die ausgesprochenen Freizeitrassen Haflinger, Fjordpferde, Isländer und Highland (in Frankreich kommt noch Merens dazu) in der BRD etwa zehnmal so stark vertreten wie in Frankreich. Dies könnte eine in Frankreich noch mögliche Marktentwicklung andeuten; dabei darf man aber eine hier sehr weit verbreitete (Un)-Sitte nicht übersehen: die Zucht von Pferden ohne Papiere, ohne Rasse, ohne eingetragene Hengste. Besonders auf Distanzritten werden diese stark verwendet. Ein solches Großpferd oder Pony kann man hier dressiert zum Drittel des Preises erwerben, der für einen entsprechenden Haflinger verlangt wird. In ganz Südfrankreich gehört das Pferd ohne Papiere zum kulturellen Erbe; meist wird doch auf das Blut von »Barben«, Arabern oder Spaniern hingewiesen, das in den Adern des angepriesenen Tieres fließt. Das weltweit bekannte Camargue-Pferd wird erst seit wenigen Jahren zuchtbuchmäßig erfaßt... Man braucht schon eine ganz besondere Marktstrategie, um diesen Gewohnheiten auf die Sprünge zu helfen...

Frankreich und der Haflinger-Weltverband

Frankreich gehört zu den überzeugtesten Mitgliedern des Weltverbandes; man kann sogar sagen, daß Frankreich eine der treibenden Kräfte bei der Gründung des Verbandes war. Und es ist sicher kein Zufall, daß der Beitritt der FN auf der Sitzung 1984 in Paris vorbereitet wurde. Damals waren auf Betreiben Frankreichs Vertreter der BRD, Südtirols, Italiens und Luxemburgs anwesend.

Leitgedanke der französischen Vertreter: eine Weltrasse braucht einen Weltverband. Ein Zuchtfortschritt kann nur in der internationalen Zusammenarbeit erzielt werden.

Lange Zeit war dieser Verband ein Rumpf-Verband, da wichtige Länder ihm nicht angehörten.

Mit dem Beitritt der FN und Hollands trat hier eine Wende ein — oder zumindest die Chance einer Wende.

Lassen wir uns diese Chance nicht entgehen. Das Europa ohne Grenzen steht vor der Tür und die internationale Haflinger Zucht muß bemüht sein, bei dem sich dann mit Sicherheit entwickelnden kulturellen Austausch nicht abseits zu stehen.

Warum sollte es morgen keine »Haflinger-Europameisterschaften« geben...?

Warum sollten diese nicht auch einmal in Straßburg stattfinden...?

Die französischen Haflinger Züchter wären sicher voll dabei!

Der französische Haflinger-Zuchtverband

Gegründet im Jahre 1970, wuchs der Verband im gleichen Maße wie die Zucht — mit 360 Mitgliedern ist er heute sogar der zahlenmäßig stärkste Verband bei den Kleinpferderassen. Bei der Größe Frankreichs ist mit dieser Mitgliederzahl aber nicht an ein Vereinsleben deutscher Prägung zu denken. Man sieht sich zweimal im Vorstand und einmal zur Vollversammlung in Paris. Eine vierteljährlich erscheinende Revue dient mehr der Propaganda als der aktuellen Mitteilung. Man sieht sich bei den schon erwähnten Zucht- und Sportveranstaltungen und hat sonst nur telefonischen Kontakt.

Der Verband bemüht sich, eine stets aktuelle Liste der verkäuflichen Tiere zu erstellen, um Kaufinteressenten an die richtige Adresse leiten zu können. Diese Liste enthält zeitweise mehr als 200 Tiere... Diese überraschend hohe Zahl gibt hier aber zu keiner Beunruhigung Anlaß, da — wie gesagt — die meisten Züchter nur eine oder zwei Stuten haben. Da sind zwei oder drei Fohlen auf der Weide noch gut unter-

zubringen. Wenn es dann doch zu viele Tiere werden, dann bringt man die Stute eben nicht mehr zum Hengst. Diese Tatsache erklärt die geringe Zahl der jährlichen Bedeckungen im Verhältnis zur sehr viel größeren Zahl von Stuten.
Der Zuchtverband hat Frankreich in regionale Delegationen unterteilt, die den Unterbezirken des Nationalgestüts entsprechen.
In diesem regionalen Bereich ist es schon eher möglich, ständige Kontakte unter den Haflinger Freunden aufzubauen.
Es sei mir gestattet, hier als Beispiel meine eigene Gegend, Rhone-Alpes, vorzustellen.
Die Region Rhone-Alpes wird in etwa »abgesteckt« durch die Städte Avignon, Genf, Lyon und Grenoble. Als wir im Jahre 1975 mit der Haflinger Zucht begannen, gab es in diesem Gebiet etwa ein Dutzend Züchter. Bei den damaligen Stutbuch-Eintragungen reiste die Kommission praktisch von Hof zu Hof, und der einzelne Züchter ist dann mal wohl »aus Neugier« zur nächsten Station mitgereist — was mindestens 120 km Hin- und Rückweg bedeutete. Als Hengsthalter bekamen wir dann auch Besuch von einigen Züchtern aus der weiteren Nachbarschaft. Mit der Ankunft von Ambassador stieg deren Nachfrage sprunghaft an, und wir gingen dazu über, den Stutentransport selbst zu übernehmen, da sich dann die Stuten besser gruppieren lassen. So kamen wir in guten Kontakt zu etwa 70 Haflinger Freunden der näheren und weiteren Umgebung.
Als Tirol dann seine Zuchtschau von 1985 ansagte, schlug ich eine organisierte Busfahrt nach Ebbs vor — für den Fall, daß mindestens 35 Teilnehmer zusammen kämen. Es wurden 90..., die eine unvergeßliche Fahrt erlebten: Einsammeln zwischen Valence und Genf, Mittagsrast bei den Freunden der Schweizer Haflinger Zuchtgenossenschaft Mittelland, die Zuchtschau in Ebbs, ein Abstecher zur »Bayern-Pferd« nach München...
Im gleichen Jahr die erste gemeinsame Hochalm für Hengstfohlen, oberhalb der weltbekannten »Grande Chartreuse« bei Grenoble: 15 Junghengste verschiedener Besitzer weiden vom Juni bis November auf einer idyllischen Bergalm in 1500 m Höhe.
Dann alljährlich die regionale Kleinpferde-Zuchtschau, vom Nationalgestüt organisiert, das den Haflinger als Konkurrenz zur einheimischen Rasse der Merens nicht auf das offizielle Programm setzte (und damit von den Geldprämien ausschloß)...
Hier brachten die Haflinger Freunde das Kunststück fertig, drei Jahre lang ohne jegliche Unterstützung von außen ebensoviele Tiere auszustellen wie die vier geförderten Rassen zusammen. Dann fiel der Widerstand: der Haflinger steht jetzt auf dem offiziellen Schauprogramm!
Damit wurde offiziell nur anerkannt, was der Computer schon seit zwei Jahren verkündete: der Haflinger ist zur ersten Kleinpferderasse der Region aufgerückt! Dieser Trend wird sich in den kommenden Jahren noch verstärken, da sich die Bedeckungszahlen ständig erhöht haben. Mittlerweile stehen sechs Hengste in der Region...
Auf der letzten Zuchtschau bei Grenoble nahm auch die Familie Sitt aus Hessen mit ihren beiden Stuten Polly und Florissa und einem Namur-Stutfohlen teil. Bei schönstem Herbstwetter kamen wieder 30 Haflinger zusammen. Im Clublokal des Reitvereins hatten wir ein gemeinsames Mittagsmahl organisiert — der Direktor des Nationalgestüts war unser Gast! Als es dann in guter Stimmung zur Besprechung der Zuchtschau kam, zur Wahl eines Regional-Delegierten und zur Vorführung der Dias der Ebbs-Reise — da tat ein anwesender Merens-Züchter den Ausspruch: »Unglaublich, das muß so etwas wie eine Bruderschaft sein, die Haflinger Züchter...« Und er hatte gar nicht unrecht...
Auch in der Verwendung der Haflinger geht die Entwicklung stetig voran: Mehrere Züchter bieten Wanderritte und Reitkurse an. Das günstige Klima der südfranzösischen Voralpen wird erst in letzter Zeit touristisch erschlossen. Allein im Département Drome sind 2000 km Wanderreitwege ausgewiesen. Diese Tatsache hat uns dazu veranlaßt, einige Ferienwohnungen mit Haflingern »à la carte« anzubieten.
Eigentlich ist es ganz natürlich, daß der Haflinger in den südfranzösischen Alpen gut gedeiht — stammt er doch nur von der »anderen Seite« dieses Gebirges; aber erst 15 Jahre nach Beginn der Haflinger Zucht in Frankreich ist Rhone-Alpes jetzt zur er-

sten Zuchtregion des Landes aufgestiegen. Wie immer in Frankreich hat auch der Haflinger das Land von Paris aus erobert...

Perspektiven

Da die Kategorie der Freizeitrassen im Allgemeinen und der Haflinger im Besonderen in Frankreich keine eigentliche Unterstützung erhält, ist die Entwicklung der Zucht ganz auf private Initiativen angewiesen.
Da die wenigen »hauptamtlichen« Züchter sehr weit auseinanderliegen und die Großzahl der Züchter nur nebenbei züchtet, kann diese Initiative keine große Dynamik entwickeln.
Es wird daher bei einer ruhigen Weiterentwicklung aus den eigenen Reihen heraus bleiben, und nur bei den Hengsten kann man mit einem gewissen Grenzverkehr rechnen.
Hier wäre es angebracht, wenn Zuchtverbände, in denen gekreuzt wird, den Blutanteil ihrer Tiere schon im Pedigree anzeigen würden. Dies wäre für französische Kunden ein ganz konkreter Service...
Erwähnenswert ist noch die Schaffung einer Haflinger-Stutenmilchfarm in Var bei Toulon, die zur Zeit im Aufbau ist und deren Ausgangsmaterial aus der BRD stammt.
Es folgt die Liste der französischen Hengsthalter. Anhand der Frankreichkarte finden Sie den Standort der Hengste. Mit Deutschkenntnissen können Sie im allgemeinen aber nicht rechnen.
Auch Europa wird wohl nicht an einem Tag erbaut...
Im Notfall rufen Sie eben bei uns an!
G. Bölling, Léoux de Villeperdrix, F-26510 Remuzat, Tel. 0033-75 27 41 58.

P.S. Im nachhinein noch ein Vorspiel: einem französischen Buch über die Geschichte der Araberzucht kann man entnehmen, daß »El'Bedavi«, der Ahne der Haflinger Rasse, seine Zuchtkarriere in ... Frankreich beendet hat. Es wäre also möglich, über einen hiesigen Nachfahren von El'Bedavi den historischen »Blutanschluß« zu wiederholen.

Abstammung und Standorte der französischen Haflinger-Hengste

Abgar, geb. 12.3.74 von Antrieb 807 und Flachs 9920/T von Master 899, Nr. 60.009.428 X, Region: Pays., Dept. 53. Halter: M. Freal, La Piqueraie St Denis D'Anjou, 53290 Grez en Bouere, Tel. 43 70 76 75.

Afghan II, geb. 5.4.82 von Alpha 1247 Liz und Fischlein von Norden 938, Nr. 60.012.240 D, Region: Alsa., Dept. 67. Halter: M. Wanner, 17, Rue des Peupliers Keskastel, 67260 Sarre Union, Tel. 88 00 11 27.

Albo, geb. 27.3.70 von Antrieb 807 und Wirli 8352/T von Sturz 449, Nr. 60.001.471 N, Region: Bret., Dept. 29. Halter: M. Le Bris, Grinec St Cadou, 29237 Sizun, Tel. 98 68 81 34.

Ambassador, geb. 3.5.70 von Artist 853 und Topas 9239/T von Wilten 649, Nr. 60.010.045 P, Region: Rhon., Dept. 26. Halter: M. Bolling, Leoux Villeperdrix, 26510 Remuzat, Tel. 75 27 41 58.

Aram, geb. 2.5.74 von Amor Liz und Glorina 9846/T von Streiter 898, Nr. 60.008 427 Y, Region: Pays., Dept. 49. Halter: M. de Terves, Moulin de l'Esperonniere Vezins, 49340 Trementines, Tel. 41 88 17 44.

Arcole x, geb. 5.3.72 von Arlberg 934 und Alfa 8106/T von Stabil 147, Nr. 60.005.365 B, Region: Rhon., Dept. 74. Halter: M. Lettre, 18, rte d'Annemasse Lathoy, 74160 St Julien en Genevois, Tel. 50 49 33 05.

Ares, geb. 23.4.73 von Alarich 900 und Sophie 9738/T von Streif 51, Nr. 60.008.420 F, Region: Cent., Dept. 45. Halter: M. Valladon, Les Fontenelles Bouzy La Foret, 45460 Les Bordes, Tel. 38 58 33 84.

Asterix, geb. 25.3.72 von Alarich und Dauphin 8239/T von Strudel 506, Nr. 60.008.472 J, Region: Alsa., Dept. 67. Halter: M. Meyer, La Ballastiere Runtzenheim, 67480 Roeschwoog, Tel. 88 86 45 58.

Athos, geb. 5.3.73 von Alarich 900 und Oresta 7051/T von Stolz 1482 Liz, Nr. 60.008.421 E, Region: Lang., Dept. 66. Halter: M. Micheletto, Tres Esteles PY, 66360 Olette, Tel. 68 05 58 38.

Attila, geb. 15.4.69 von Artist 853 und Laende 7366/T von Marius 1480, Nr. 60.006.365 P, Region: Alsa., Dept. 67. Halter: M. Malaise, Relais No. 16 Bellefosse, 67130 Schirmech, Tel. 88 97 34 02.

Combe Stumper, geb. 20.5.77 von Strudl (GB) und Schoen (GB) von Maximilian 1, Nr. 60.011.503 E, Region: Norm., Dept. 27. Halter: M. Verstraeten, Les Orgerieux Mandres, 27130 Verneuil Sur Avre, Tel. 32 32 65 34.

Farabib Aalik, geb. 25.5.71 von Alarich 900 und Perl 671/5 von Wilfried Liz, Nr. 60.00.256 G, Region: Cham., Dept. 52. Halter: M. Jaugey, Charmes Neuilly, L'Eveque, 52360 Val de Gris, Tel. 25 87 28 46.

Glen Adrar, geb. 4.5.72 von Apollo und Nikola 9560/T von Alex 84, Nr. 60.008.391 M, Region: Rhon., Dept. 38. Halter: M. Auzimour, St Agnin sur Bion, 38300 Bourgoin Jallieu, Tel. 74 93 18 84.

Habile As, geb. 1973 von Apollo und Maus 9071/T von Absam 647, Nr. 60.011.105 M, Region: Limo., Dept. 87. Halter: M. Demoulin, Chateau Elyas St Priest Ligourre, 87800 Nexon, Tel. 55 00 62 13.

Jung Webe, geb. 11.4.75 von Wildschönau und Lori 10287/T von Stutz 449, Nr. 75.009.347 A, Region: Rhon., Dept. 07. Halter: M. Coisne, Les Malfougeres, 07560 Montpezat Sur Bauzon, Tel. 75 94 48 23.

King Apollon, geb. 8.5.76 von Afghan Liz und Aphrodite von Wildschütz 936, Nr. 76.150.260 C, Region: Fran., Dept. 70. Halter: M. Orsat, 16, Rue de l'Eglise Chalonvillars, 70400 Hericourt, Tel. 84 21 20 37.

Ko Allan, geb. 1.5.76 von Apollo und Ariadne von Stadl 805, Nr. 76.144.818 B, Region: Lorr., Dept. 88. Halter: M. Aubry, Maison Familiale 4 Vents Ramonchamp, 88160 Le Thillot, Tel. 29 25 02 06.

Manix Acilion, geb. 1978 von Apollo und Dilba 9798/T von Neckar 806, Nr. 78.193.761 F, Region: Picc., Dept. 80. Halter: M. Houart, Val de Selle 47, rte de Locuilly, 80160 Conty, Tel. 22 41 23 31.

Mao Will, geb. 19.4.78 von Wildschönau und Esmaralda von Stainach 930, Nr. 78.154.016 G, Region: Cent., Dept. 36. Halter: M. Rousseau, Chateau de Paumulle, 36200 Argenton Sur Creuse, Tel. 54 24 06 17.

Marduk x, geb 1983 von Mephisto und Ariane von Afghan Liz, Region: Rhon., Dept. 73. Halter: M. Bellemin, L'Epinette Nances, 73470 Novalaise, Tel. 78 68 11 97.

Massimo x, geb. 1981 von Mehrwald und Ludolfina von Adelbert, Region: Midi., Dept. 82. Halter: M. Denissen, Espis, 82200 Moissac, Tel. 63 04 26 08.

Menelas x, geb. 19.4.84 von Montana und Gittli von Nabob, Region: Pays., Dept. 44. Halter: M. Tanguy, St Gildas Prefailles, 44770 La Plaine Sur Mer, Tel. 40 21 60 23.

Mephisto, geb. 3.6.76 von Marschall 1005 und Lucia 9573/T von Strand 328, Nr. 60.011.730 H, Region: Alsa., Dept. 67. Halter: M. Hoffarth, Haras de la Neewiller, 67530 Lauterbourg, Tel. 88 94 83 77.

Mexico, geb. 29.4.72 von Marabu 753 und Sanso 8454/T von Notker 585, Nr. 60.007.366 B, Region: Auve., Dept. 15. Halter: M. Frontin, 1, Res. des 4 Carrieres, 15130 Arpajon Sur Cere, Tel. 71 64 27 11.

Mhabub Ali, geb. 1978 von Apollo und Quanta von Nimrod 967, Nr. 78.193.765 B, Region: Auve., Dept. 63. Halter: M. Videcoq, Sapt Escoutoux, 63200 Thiers, Tel. 73 80 30 30.

Mille Stabord, geb. 16.4.78 von Storm und Madl 9431/T von Hofnarr 125, Nr. 78.198.137 Z, Region: Picc., Dept. 80. Halter: M. Dalle, Valheureux, 80750 Candas, Tel. 22 32 91 20.

Nathan x, geb. 17.4.84 von Nelfried und Belinda von Apoll, Region: Pays., Dept. 44. Halter: M. Tanguy, St Gildas Prefailles, 44770 La Plaine Sur Mer, Tel. 40 21 60 23.

Nevada, geb. 10.5.72 von Nepal 973 und Belluna 8152/T von Stattlich 49, Nr. 60.004.366 M, Region: Alsa., Dept. 67. Halter: M. Bachelier, Ferme 74 Le Hang Bourg Brouche, 67420 Saales, Tel. 88 97 72 71.

Ni Nas, geb. 15.3.79 von Niklas und Freundliche von Monarch 1582, Nr. 79.277.402 K, Region: Bour., Dept. 21. Halter: M. Montalembert, Chateau de la Roche, 21530 La Roche en Brenil, Tel. 80 64 74 44.

Niklas, geb. 14.6.71 von Nepal 973 und Devet 6249/T von Styx 1365, Nr. 60.008.031 D, Region: Norm., Dept. 61. Halter: M. Coignard, Ste Eugenie Aubry En Exmes, 61160 Trun, Tel. 33 36 80 80.

Nuage Noir, geb. 10.5.79 von Niklas und Heil Fiap von Apollo, Nr. 79.265.659 Z, Region: Limo., Dept. 87. Halter: M. Grall, Moulin de Cros Champsac, 87230 Chalus, Tel. 55 78 52 86.

Orelan Norman, geb. 16.3.80 von Niklas und Valli von Cherry, Nr. 80.401.985 M, Region: Norm., Dept. 27. Halter: M. Verstraeten, Les Orgerieux Mandres, 27130 Verneuil Sur Avre, Tel. 32 32 65 34.

Ouistiti Norm, geb. 11.5.80 von Niklas und Mariandl von Stainach 930, Nr. 80.401.999 X, Region: Bret., Dept. 22. Halter: M. Le Bizec, Les Forges, 22390 Bourbriac, Tel. 96 43 66 85.

OYO Nax, geb. 22.4.80 von Niklas und HI-Fi von Apollo, Nr. 80.401.983 P, Region: Norm., Dept. 27. Halter: M. Bolding, Marnieres Bois Anzeray, 27330 La Barre en Ouche, Tel. 32 30 61 92.

Pacha Nik, geb. 1981 von Niklas und Ariadne von Stadl 805, Nr. 81.506.310 J, Region: Ilef., Dept. 91. Halter: M. Le Petit, Moulin de Dampierre St Yon, 91650 Breuillet, Tel. 16-1-64.91.51.87.

Pen Narvik, geb. 13.5.81 von Niklas und Isa Jose von Achmed Liz, Nr. 81.506.297 Y, Region: Midi., Dept. 65. Halter: M. Palacin, 999, Route d'Auch, 65300 Lannemezan, Tel. 62 98 06 86.

Petit Nicolas, geb. 2.3.82 von Niklas und Desiree von Wildschütz 936, Nr. 81.508.182 Z, Region: Bret., Dept. 22. Halter: M. Le Bizec, Les Forges, 22390 Bourbriac, Tel. 96 43 66 85.

Qui Sty, geb. 15.6.82 von Stentor und Emmilie von Stumpf 801, Nr. 82.627.934 C, Region: Bret., Dept. 22. Halter: M. Raoul, Le Loe, 22140 Begard, Tel. 96 35 98 59.

Quick Storm, geb. 18.2.82 von Storm und Tina 10410/T von Artist 853, Nr. 82.625.696 K, Region: Pays., Dept. 85. Halter: M. Vanney, La Grande Cheminee, 85550 La Barre des Monts, Tel. 51 68 57 28.

Roi Nominoe x, geb. 1983 von Niklas und Gisi von Afghan Liz, Region: Bret., Dept. 56. Halter: M. Bernez, Moulin de Kercadic, 56440 Languidic, Tel. 97 65 86 85.

Rom Arin, geb. 15.3.83 von Aram und Mariandl von Stainach 930, Nr. 83.668.164 S, Region: Bret., Dept. 22. Halter: M. Le Bizec, Les Forges, 22390 Bourbriac, Tel. 96 43 66 85.

Silbersee, geb. 14.2.72 von Silber 1010 und Frieda 9513/T von Nusser 701, Nr. 60.012.583 F, Region: Rhon., Dept. 26. Halter: M. Bolling, Leoux Villeperdrix, 26510 Remuzat, Tel. 75 27 41 58.

Stentor, geb. 17.3.72 von Steinadler 901 und Lemma 9263/T von Stilfser 699, Nr. 60.006.366 N, Region: Bret., Dept. 29. Halter: M. Le Bris, Grinec St Cadou, 29237 Sizun, Tel. 98 68 81 34.

Stirling, geb. 16.3.71 von Steinadler 901 und Lexi 8993/T von Monarch 1582, Nr. 60.001.825 Z, Region: Midi., Dept. 81. Halter: M. Corbiere, La Sigourre, 81360 Montredon Labessonie, Tel. 63 75 15 75.

Storm, geb. 23.4.69 von Steinadler 901 und Tabinia 7906/T von Strato 249, Nr. 60.005.063 B, Region: Bour., Dept. 21. Halter: M. Montalembert, Chateau de la Roche, 21530 La Roche en Brenil, Tel. 80 64 74 44.

Stromboli, geb. 10.5.71 von Strudel 506 und Anny 9156/T von Weit 450, Nr. 60.007.365 C, Region: Pays., Dept. 44. Halter: M. Tanguy, St Gildas Prefailles, 44770 La Plaine Sur Mer, Tel. 40 21 60 23.

Wanchef, geb. 12.3.72 von Walli 975 und Lisett 9185/ von Notker 585, Nr. 60.004.256 G, Region: Limo., Dept. 19. Halter: M. Capron, Bousseyroux St Sylvain, 19380 St Chamant, Tel. 55 28 64 93.

Welcome, geb. 2.5.72 von Wildschütz 936 und Quartia 7902/T von Monaco 332, Nr. 60.008.208 L, Region: Picc., Dept. 80. Halter: M. Dalle, Valheureux, 80750 Candas, Tel. 22 32 91 20.

Wildschönau, geb. 28.4.71 von Wildschütz 936 und Doritte 7496/T von Star 1581 Liz, Nr. 60.004.274 K, Region: Cent., Dept. 45. Halter: M. Valladon, Les Fontenelles Bouzy La Foret, 45460 Les Bordes, Tel. 38 58 33 84.

Wolfgang, geb. 1970 von Wildschütz 936 und Mucki 9233/T von Anker 631, Nr. 60.006.352 D, Region: Midi., Dept. 65. Halter: M. Giraud, Les Coustalats Pere, 65130 Capvern Les Bains, Tel. 62 39 12 06.
Dept. = Departement

Adresse des französischen Haflinger Zuchtverbandes:
Association Francaise du Poney Haflinger, Avenue de la Gare, F-87370 St Sulpice Lauriere, Tel. (0033) 55 71 47 75.

Großbritannien

Obwohl das Königreich Großbritannien, das England, Wales, Schottland und den Nordosten Irlands umfaßt, zu den Ländern gehört, das eine große Anzahl von Ponyrassen hervorgebracht hat, konnte doch der Kontinent, denn so sehen die Briten den Rest von Europa gerne, den Liebhabern von Ponys eine dort nicht bekannte Rasse hinzufügen.

Der jahrhundertelange überseeische Kontakt, den die Briten aufgrund ihrer Geschichte hatten, brachte sie bereits mit Kleinpferderassen aus aller Welt zusammen, und die Vielfalt der heimischen Rassen ließ auf der Insel von jeher ein anderes Verständnis für Kleinpferde entstehen. So wird jenseits des Kanals dem Pony in seiner Vielfalt, seiner Verwendungsmöglichkeit und auch im »Show«-Geschehen ein anderes Verständnis und eine größere Selbstverständlichkeit sowie Selbstbewußtheit gegenübergebracht und es entstehen nicht die Differenzen bezüglich des Stockmaßes, die auf dem Kontinent in der Regel üblich sind.

Die Fläche der Insel beträgt 244.044 km^2 und knapp 60 Millionen Menschen leben auf ihr. Sie ist wesentlich im mittleren und südlichen sowie im östlichen Teil hügelig bis eben, steigt im Kumbrischen und Penninischen Bergland auf fast 1000 m an, und wird im Westen zur Irischen See vom teilweise 1000 m hohen Walisischen Bergland und im Norden vom überwiegend gebirgigen Schottland begrenzt.

Die Geschichte der Haflinger Zucht in Großbritannien ist noch jung, kamen doch die ersten Tiere überhaupt erst 1962 in das Land. Von einer richtigen Zucht hingegen kann sogar erst ab den Importen gesprochen werden, die 1968 und 1969 erfolgten. Mit dem Hengst »Adler«, der zusammen mit den Stuten »Borga«, »Udina«, »Torria«, »Marina«, »Terrina«, »Schema« und »Terria« nach Britannien eingeführt wurde, begann ein Züchter den Weg für die Haflinger auf der Insel zu ebnen. Doch schon bald wurde dieses Gestüt aufgelöst und die Tiere gelangten in die verschiedensten Hände, so daß von den Blutlinien aus diesem ersten Import nur weniges bis in die heutige Zucht erhalten werden konnte. Lediglich »Borga« und »Udina«, die bis heute eine Anzahl Fohlen von »Not Angus« von »Notker« aus der »Udina« hervorgebracht haben, sind von Bedeutung geblieben.

Ebenfalls in den 60er Jahren gelangte eine Anzahl von Tieren über den Kanal. Die Familie Clemerson importierte »Tilly« und »Sissi« und Miss Taylor aus Schottland, »Heidi II« sowie »Puppi«, die aus dem Österreichischen Trekking Zentrum, das damals geschlossen wurde, stammten. Allerdings sind auch diese Linien nicht weitergeführt worden.

Im Mai 1968 importierte man weitere fünf Stuten und zwei Zweijährige. Zwei der Stuten, »Ridi« und »Carola« brachten die Fohlen »Glencara Camille« und »Glencara Renate«, eine weitere namens »Degas« fand Verwendung im Behinderten-Reiten und wurde nie in der Zucht eingesetzt. »Hermi«, eine andere aus diesem Lot, bewährte sich als ausgesprochen gute Zuchtstute, vor allem über ihre Töchter »Heidi II«. Die Stute »Marika« bewies durch ihre Tochter »Edial Mercedes« sowie durch den Zuchthengst »Edial Merlin« ihre züchterische Qualität und die letzte, »Damai«, kann vier Töchter in der Sektion A des Stutbuches aufweisen.

Eine der Zweijährigen mit dem Namen »Lipsa« wurde an die Duchess von Devonshire verkauft und brachte dort in der Zucht qualitätsvolle Haflinger. Die andere namens »Schatzel«, wirkt vor allem durch ihre zwei Töchter »Evers Schon« und »Evers Schwan«, bedeutungsvoll in der Zucht weiter.

Ergänzend hierzu kamen aus Holland — importiert durch Mrs. Davenport — der Hengst »Waldo« und die Stuten »Lola« und »Sissi«, die beide eine weitere Steigerung der Zuchtqualität bedeuteten.

Mitte der 60er Jahre schenkte der österreichische Staat »Her Majesty the Queen« die zwei Haflinger Stuten »Franzi« und »Trista«, von denen die erste durch ihre

(Fortsetzung Seite 169)

»Karina« von Stanislaus-Admiral, Z.: Kaehding, Wahlstedt, B.: Groll
(Foto: Groll)

»Nordpfeil« von Nardus (B.: Kreikenbohm, Padenstedt) beim Voltigieren (Foto: Kreikenbohm)

Hengstleistungsprüfung in Moritzburg November 1986 (Foto: Probst)

DDR

Musterung eines Hengstkandidaten (Foto: Probst)

Leistungsprüfung vor dem Zugschlitten (Foto: Probst)

Dänemark

»Abbas« von Afghan (Foto: Rasmussen)

»Klodskovgaards Attila« von Afghan (Foto: Nobel)

»Greta« von Alarich (Foto: Nobel)

»Ulli« von Afghan (Foto: Rasmussen)

»Javra« von Atif, zweijährig, Gesamtsiegerin der jüngeren Klassen, Schleswig-Holstein 1986 (Foto: Kuhlmann)

Ein ungewohntes Bild: Haflinger am Meeresstrand (Skade-Nielsen) (Foto: Skade-Nielsen)

Frankreich

Hengst »Niklas« (Foto: Paul)

»Bergmadl« - eine Tochter von 900 Alarich. Dieses Foto von Serge Farissier fand in Frankreich Verbreitung als Poster, Postkarte und ganzseitig in »Plaisirs Equestres«

»Silbersee« bei der Hengstvorführung in Tours
(Foto: Jean Dominici)

»Ambassador« in vollem Galopp (Foto: Serge Farissier)

Haflinger beim traditionellen Galopprennen auf der Rennbahn von Meran. (Foto: G. Bölling)

»Minouche« unter Stephane Raynaud - Zweiter bei den französischen Meisterschaften der Wanderreiter. (Foto: Serge Farissier)

Haflinger - erfolgreich bei den französischen Fahrmeisterschaften (Foto: Nicole Chèze)

Haflinger im Liniendienst vom Altersheim zum Marktplatz (40 km) (Foto: Roger Madamour)

Großbritannien

»Bernhard« von 1246 Brutus a.d. Suspensa 11881/T, Sieger der Zuchtschau 1981 in Rugby (Bes.: Mrs. Vigors) (Foto: Brotherton)

»Stormer« von Strudel a.d. Jeruse auf der Zuchtschau in Chatsworth in Derbyshire. (Bes.: E. Holmes) (Foto: P. F. Evers-Swindell)

»Brown Bread Story« von Strudl a.d. Udina, Sieger der Reitklasse Chatsworth 1982, Reiterin: Lisa Brotherton, (Bes.: E. A. u. C. A. Brotherton) (Foto: Brotherton)

Tochter »Freya« weiter in der Zucht wirkt und die letzte leider keine weiblichen Nachkommen hat.

Das Jahr 1969 sah zwei große Importe, unter anderem die ersten beiden Hengste, die eine größere Verbreitung fanden. Mr. Ernie Holmes erwarb den dreijährigen Hengst »Stormer« von 506 Strudel aus der 8228/T Jeruse, der Mutter von Tirols Liz. Afghan. Unter den Stuten, die ihm zur Bedeckung gebracht wurden, war unter anderem »Hety«, die auf vielen Schauen zur Siegerstute erklärt wurde, und die viele gute Fohlen brachte, die ihre Linie fortsetzen. Vom Wreking Gestüt wurden ferner noch die Stuten »Grete«, »Hansa«, »Babsi« und »Coralle« importiert.
Noch in diesem Jahr brachte Miss Anne Hammond ihre zweite »Ladung« Haflinger nach Britannien. Für die Duchess von Devonshire erwarb sie den Hengst »Maximilian« von 754 Modus aus der 7964/T Quando. Die Stuten »Verena«, »Texas« und »Zora« fanden ihre neuen Stallungen in Chatsworth.
Die anderen Stuten gingen an verschiedene Züchter im ganzen Land. So gelangte Linda zu Lola und Sisia in das Bedfordshire Gestüt von Margaret Davenport, und »Dinchen«, »Putz« und »Petra« fanden ihre neue Zuchtstätte, zusammen mit »Schatzel«, in Nord-Wales im Gestüt Evers-Swindell. In ihrer guten Nachzucht stellen sie eine Bereicherung dar und »Putz« stellte sogar den Hengst »Evers Waldchen« von 937 Westwind.
Obwohl die Anzahl in Großbritannien gezogener Haflinger ständig zunahm, erfolgten im Laufe der 70er Jahre weitere Importe aus dem Originalzuchtgebiet.
So erwarb die Countess von Chichester den Hengst »Strudl« von 901 Steinadler aus der Lelia sowie die Stute »Lillien« und Mr. Matysiak das Hengstfohlen »Anderson« von 853 Artist aus der »Bini« von Wilten. Mit ihnen kamen noch die Stuten »Ursula«, »Bibi«, »Frina«, »Doga«, »Wolke« und »Finni« ins Land.
Doch damit nicht genug — die Haflinger hatten die Herzen der Insulaner gewonnen. Mrs. Dewhurst kaufte den Hengst »Monar« von 753 Marabu aus der Dionessa und die ausgewählten Stuten »Kubis«, »Gabriele«, »Amara« und »Lottchen«.
Die Duchess von Devonshire stellte die Stuten »Rosanna«, »Eger-Else«, »Asta« und »Ruth« in ihrem Gestüt auf; Mrs. Hutley erwarb »Blondi« und »Siena«, die später nach Australien ging. Mrs. Lee holte »Prima-Loretta«, »Miranda« und »Delia« und Mr. Molins ließ »Resa« und »Naja« einfliegen. Doch noch nicht genug: Ende 1972 kamen »Scharke« und »Winda« auf das Evers-Swindell Gestüt, Mrs. Thelma Davidson holte »Felli«, »Quarale«, »Amara« und »Mimi«, und Mrs. Kerr erwarb »Olaf« mit Fohlen von Liz. Afghan und »Distanza« auf dem Fohlenmarkt in Ebbs.
Mr. Holmes wählte sich die Stuten »Danubia«, »Dorli«, »Eugenie«, »Illa«, »Hedja« und »Nirla«.
Auf dem Fohlenmarkt 1973 wurden zehn weitere Fohlen durch Mr. Matysiak erworben und Mrs. Hutley ersteigerte eine Vollschwester zu Liz Afghan sowie eine Tochter von ihm.
Gegen Ende der 70er und in den 80er Jahren sanken die Importe erheblich, da nun doch eine Sättigung eingetreten war und so sind eigentlich nur noch die Hengste zu erwähnen, die vom Kontinent geholt wurden.
Norman Davidson stellte den Hengst »Bernhard« von 1246 Brutus aus der 11881/T Suspensa auf — daneben noch eine Liz Ankhan Tochter namens »Odette«. Als jüngster Import sind zwei Hengste der N-Linien »Nomad« und »Norseman« aus Frankreich zu verzeichnen.

Hengste

Der Hengst Maximilian und Stormer sind die Väter der meisten der ersten »britischen« Haflinger. Allein Maximilian kann bereits sechs Hengste vorweisen, die seine Linie weiterführen, und seine Nachzucht war auf vielen Schauen erfolgreich. Stormer, ein Halbbruder zu Liz Afghan, stellt bei seinen Nachkommen mehr den Typ des Reit-Haflingers und seine bewährten Söhne »Coombe Wood Stolz« und »Wrekin Strauss« zeigen ebenfalls diese Eigenschaften in der Nachzucht, was auch von seinem jüngsten Hengst »Wrekin Stormer's Gold«, dessen erster Fohlenjahrgang sich 1988 den kritischen Augen stellen wird, zu erwarten ist.

Monar, einer der später importierten Hengste, stand einige Jahre zunächst im abgelegenen Schottland, so daß ihm nur wenige Stuten zugeführt wurden. Obwohl er gute Fohlen hervorbrachte, ist bis zum jetzigen Zeitpunkt noch kein Hengst von ihm im Zuchteinsatz.
Der in der Gegend von Bristol aufgestellte Strudl kann auf eine sehr gute Nachzucht verweisen, die jedoch im allgemeinen etwas klein blieb. Zwei Söhne sind von ihm zu erwähnen. Das ist zum einen der Wallach Brownbread Story, der viele Reitwettbewerbe gewonnen hat, und zum anderen der einzige Hengst von ihm »Coombe Wood Stumper«, der nach dem Gewinn mehrerer Championate nach Frankreich verkauft wurde, nicht ohne noch eine Handvoll guter Fohlen zu hinterlassen.

Der erste selbstgezogene Hengst des Gestüts Evers-Swindell ist ein Westwind-Sohn aus der Sterling-Tochter Putz, der bisher einige gute Mutterstuten und Wallache geliefert hat, von dem jedoch noch kein Hengstfohlen Körqualität hatte. Er ist der einzige Repräsentant der W-Linie und heißt »Evers Waldchen«.
Foich Schiechallion ist der einzige Vertreter der S-Linie und wurde in Schottland von Angela Dewhurst aus einer Admiral-Stute und dem Hengst Saul gezogen. Er ist ein starker Hengst mit kräftigem Fundament und dürfte mit eher leichten Stuten eine gute Nachzucht liefern.

Der als Fohlen importierte Anderson von Artist aus einer Wilten-Tochter wirkt zur Zeit über seinen Sohn »Devon Adler« und seinen Enkel »Oxnead Aristocrat«, der von einem anderen, mittlerweile gelegten Sohn »Oxnead Ambassador« stammt, in der Zucht.
Aus Mr. Matysiaks Stute Finni und dem Hengst Nelson stammt »Devon Napoleon«, ein Hengst in der gewünschten Größe und Knochenstärke, der mit seinen Söhnen »Devon Novara« und »Silverton Noury« vertreten ist.
Der jüngste Import, »Bernhard« von Brutus aus der Liz Alpha - Tochter Suspensa ist als genetische Bereicherung zu sehen, da er als einziger die B-Linie vertritt. Da seine Nachzucht noch zu jung ist, läßt sich hier noch nichts über seine erprobte Vererbung aussagen.

Stuten

Einige der importierten Stuten stammen aus bewährten alten Linien und somit war und ist eine qualitätsvolle Weiterführung ihrer Mutterlinie weitgehend gewährleistet. Andere wiederum können kein vollständiges oder überhaupt kein Pedigree nachweisen. Leider sind einige wertvolle Mutterlinien verlorengegangen, da entweder der Züchter nur ein Fohlen gezogen hat, die Stute kein Fohlen zur Welt brachte oder aber auch manche Nachzucht unregistriert blieb, bisweilen auch ein möglicher Hengstkandidat kastriert wurde.
Doch einige der Stuten sind wirklich erwähnenswert.
So gewann die Stute Verena, ein Dunkelfuchs von liz. Mandarin aus einer 128 Stormer-Tochter mehrere Klassensiege in den frühen 70er Jahren ebenso wie ihre Nachzucht. Eine Anzahl ihrer Enkel, zumeist aus ihrer Tochter »Chatsworth Veronica«, von 931 Stil, sind in der Sektion A des Stutbuches vertreten. Außerdem ist sie Mutter des Hengstes »Chatsworth Magpie«, einem Maximilian-Sohn.
»Texas«, eine Original-Tirolerin, brachte dem Chatsworth-Gestüt zwei Söhne: »Chatsworth Major«, der zur Zeit in Schottland deckt, und »Chatsworth Mango«, der jahrelang in Buxton deckte und nun in Doncaster Yorkshire aufgestellt ist.
Leider brachte »Carola« nur wenige Fohlen, darunter die im Mutterleib importierte »Glencara Camilla« von Liz Strahl und die sehr hübsche Stute »Edial Cleopatra«, die besonders erwähnenswert sind.
Als eine der besten Zuchtstuten dürfte Mr. Holmes »Hety« anzusehen sein, die auch eine bemerkenswerte Nachzucht vorweisen kann.
Die »Hermi« von Yolande Robertson brachte eine Anzahl guter Haflinger — darunter allerdings nur zwei Stuten und die zweite erst in ihrem 21. Lebensjahr. Die erste allerdings, Heidi, konnte mit Hilda und Hannah bereits einen eigenen Stamm begründen.
Die von »Schatzel« gefallenen Fohlen »Evers Schon« und »Evers Schwan« konnten selbst im Schauring beste Erfolge vorweisen, was von den Siegen ihrer Nachzucht aber noch übertroffen wurde.

Evers Schon brachte zwei Hengste »Coombe Wood Stolz« von Stormer und »Coombe Wood Stumper« von Strudl, der nach Frankreich verkauft wurde. Auch zwei Schatzel-Söhne von »Evers Waldchen« gewannen mehrere Preise als Wallache. Über mehrere Jahre siegte »Evers Walnut« im Schauring und »Evers Wener« in Reit- und Springwettbewerben.

Eine weitere erwähnenswerte Stute ist die von Mrs. Dewhurst importierte »Lottchen«, die mit fünf ausgezeichneten Töchtern auf Zuchtschauen hervorragend abschnitt. Ihre erste Tochter »Foich Lichen« von Anwalt ist nun im Besitz der Königin.

Ihre übrigen Töchter sind alle gezogen nach dem Hengst Monar.

Weitere Stuten, die in dieser Sammlung nicht fehlen dürfen, sind Mrs. Davenports holländische Stute »Sisia«, Mr. Davidsons Dunkelfuchs »Kandida« von Alexander und mütterlicherseits aus dem Kalterer-Moid Blut stammend, die Mutter des Hengstes »Wrekin Stormers Gold« und der exzellenten Stute »Wrekin Gold Star« »Goldy« und die einzige Alarich Tochter »Aga«, von der man noch einiges für die Zucht erwartet.

Aktivitäten

Erfreulicherweise sind die vielfältigen Möglichkeiten des Gebrauchs des Haflingers in ganz Europa in ähnlicher Form vorzufinden, besonders natürlich in den Ländern, von denen hier berichtet wird. Nun hat der Brite hinsichtlich sportlicher Aktivitäten und Wettbewerben jeglicher Art eine besondere Tradition. Es zeigt sich, obgleich die Rasse Haflinger — auf der Insel noch ein »Newcomer« — hier auf sportlichem Gebiet teilweise mehr aufweisen kann als in Ländern mit längerer Haflinger Tradition.

So haben sich in Großbritannien verschiedene Haflinger Züchter auf ganz bestimmte pferdesportliche Richtungen spezialisiert.

Eine der ersten Verwendungsarten war das Trekking. Über Jahre hinweg führte Catherine Hanbury in Dalbeattie, Schottland, mit ihren Stuten Udina und Borgia und deren Nachzucht einen Trekking Betrieb und Yolande Robertson betreibt das gleiche in Newtonmore mit Hermi und Dynastie und den daraus gezogenen Fohlen. So ist für viele Reiter, die oftmals Anfänger sind, die erste Bekanntschaft mit dem Pferd auf dem Rücken eines Haflingers gegeben, und sie erleben mit diesen Pferden aus den Alpen in einer Gruppe die Schönheit der englischen Landschaft.

Jane Dotchin macht Wanderritte auf ihrem Haflinger Sitka über die ganze Insel. Auch für Distanzritte haben sich manche Halter von Haflingern entschieden; so nehmen Helen Blair und Elaine Carradine regelmäßig an solchen Wettbewerben mit ihren Pferden Solfried und Silveretta Stowaway teil.

Vor allem aber sind Reitwettbewerbe in Großbritannien auf Haflingern populär — sie sind weitaus stärker frequentiert als auf dem Kontinent.

Ein Richter beurteilt in diesen Wettbewerben Schritt, Trab und Galopp, Gehorsam und Versammlung. Als Grundübung werden wenigstens eine Achter-Figur sowie Trab- und Galoppwechsel verlangt, manchmal sogar ein kurzer Galopp und ein Rückwärtsrichten.

Es gibt eine ganze Anzahl Haflinger, die in diesen sogenannten »Ridden Classes« erfolgreich teilnehmen, und einer der besten ist der Wallach »Brownbread Story« von Strudl aus der Udina, im Besitz von Colin und Elizabeth Brotherton.

In Dressurwettbewerben nahmen bisher erfolgreich der Hengst Bernhard und die Stute »Evers Dominica« von Strudl teil, und man hofft, daß sich in Zukunft weitere Haflinger auf diesem Gebiet beteiligen, wo es sicher nicht leicht ist, mit englischen Reitponys zu konkurrieren.

Von den vielen Fahrsportdisziplinen sind vor allem Marathon, Showring-Fahren, Rennwettbewerbe und Dressurprüfungen zu erwähnen, wobei die vielen Freizeitfahrer nicht vergessen werden dürfen.

Zu den sportlich Ambitionierten zählen als Personen der ersten Stunde Mr. Hall, mit Chatsworth Ruby von Maximilian, der viele Wettbewerbe gewann sowie die Duchess von Devonshire, die mit Zora und Texas teilnahm, wobei diese Stuten auch noch bei der Waldarbeit ihren Einsatz fanden. Besonders herausgestellt werden muß, daß »Trista« und »Franzi«, die Stuten der

Königin, nicht nur erlegtes Rotwild aus den schottischen Bergen trugen, sondern auch von Prinzessin Anne im Gespann vorgestellt wurden. Sir Eric Pountain mit Edial Merlin, Mrs. Hutley mit dem Gespann Blondi und deren Tochter Wintershall Blondelle, Norman Davidson mit dem Gespann Devon Augustus-John und Devon Adler sowie Tom und Susan Crane mit den beiden Anderson-Töchtern Oxnead Maria und Oxnead Signorita sind als weitere Fahrer zu nennen.

Selbst im Springen können sie sich neben den anderen sehen lassen. So werden auf kleineren Springprüfungen und Querfeldeinrennen auch immer wieder Haflinger gezeigt.

Hier sind aber auch Tiere vertreten, die z.B. aus einer Kreuzung einer irisch-bayerischen Stute und dem Hengst Stormer (Solbien, Mrs. MacLeans) und einer ebensolchen Stute und dem Hengst Maximilian entstanden sind. Die Vollschwester zu liz Afghan, Jeramie (Mrs. Evendon) allerdings springt auch als reiner Haflinger erstaunliche Höhen.

Namen von Pferden und Reitern, die hier nicht vergessen werden dürfen sind: Chatsworth Tibby, eine Stute von Maximilian und der Texas (Mandy Arran) sowie Sandy Storm, Stagsde Prudence, Rroich Linnhe, Winda, Scharke und last-but not least — Schatzel (Schwanhilde-Laura/Stuber) und ihr Sohn Evers Wener, die mit die meisten Rosetten in Springwettbewerben mit nach Hause gebracht haben.

Geschicklichkeitswettbewerbe und reine Schauvorführungen, Jagdwettbewerbe und Musikreiten runden die bunte Palette der Möglichkeiten ab, was man im Heimatland der Ponyrassen mit vorzüglichen Zucht- und Sportwettbewerben in einer langen Tradition und großen »horsemen und horsewomen« mit dem Haflinger auf die Beine stellt.

Zur Zeit (1988) sind im englischen Haflinger Verband 516 Haflinger registriert. Es sind 16 Hengste, 243 Zuchtstuten, 173 Wallache und 84 noch nicht aufgenommenen Jungtiere. Dazu kommen noch 30 sogenannte »Part-Breds«, die in einem gesonderten Buch geführt werden. Hierzu zählen Kreuzungsprodukte, die 50% Haflingerblut eines beim Verband geführten Elterntieres haben müssen. Bis vor zwei Jahren mußten die anderen 50% von einem Elterntier stammen, das beim Vollblut, Araber oder Anglo-Araber-Verband stutbuchmäßig erfaßt war. Nun ist jedoch jede andere Rasse, die ein Stutbuch führt, hierbei erlaubt. In diesem »Part-Bred« Register werden allerdings nur Stuten und Wallache geführt. Die Nachzucht darf nicht wieder ins Haflinger Hauptstutbuch aufgenommen werden, unabhängig vom Haflinger Blutanteil. Diese »Part-Breds« werden nicht gebrannt und aufgenommen.

Die englische »Haflinger Society« wurde 1970 gegründet und die ersten Versammlungen fanden in Chatsworth statt, der Heimat der Duchess von Devonshire, die auch die Vorsitzende war. Geschäftsführerin war Jane Evers-Swindell.

Die Richtlinien des Verbandes gründeten sich auf das Tiroler Vorbild und die ersten fünf Jahre wurde er von dort auch betreut. Der Verband ist Mitglied im Welt-Haflinger-Verband und seine Ziele richten sich danach.

In der Satzung der britischen Haflinger Züchter sind folgende Ziele u.a. verankert:

- Förderung der Haflinger Zucht durch Zuchtschauen und Ausstellungen,
- Vorstellung der Haflinger auf Pferdeschauen,
- Veröffentlichung eines Stutbuchs von Zeit zu Zeit,
- Verwirklichung der Ziele der Welt-Haflinger-Vereinigung.

Jedes Jahr im Juli wird auf verschiedenen Plätzen in Großbritannien eine Zuchtschau veranstaltet, wobei neben der Vorstellung an der Hand auch Fahrklassen, Reitklassen, Paar-Reiten, Springprüfungen und Handpferdereiten gezeigt werden.

Die 164 Mitglieder treffen sich jährlich im Oktober zu einer Generalversammlung.

Das Zuchtziel deckt sich mit dem der übrigen Haflinger züchtenden Länder: ein moderner Reithaflinger mit guten Bewegungen, korrektem Exterieur von bedeutender Qualität mit gutem Charakter, und Fuchsfarbe mit hellem oder weißem Langhaar ist gewünscht. Der Standard entspricht dem aus Tirol.

Stuten sollen für die Zucht ein Mindestmaß von 135 cm und Hengste zur Körung von mindestens 140 cm haben.

1987 übernahm man das Tiroler Punktesystem, und man glaubt damit zu einer genaueren Beurteilung der britischen Haflinger in der Lage zu sein. Zu der Beurteilung einer Stute genügt ein Zuchtwart, bei der Einschätzung eines künftigen Zuchthengstes ist die Gegenwart von zwei Zuchtwarten, darunter einem Oberrichter, notwendig.
Wallache werden nicht aufgenommen, sondern erhalten einen vollständigen Abstammungsnachweis.
Daß in einem Land von Pferdeleuten und einer Vielzahl von Kleinpferderassen der Haflinger eine nicht kleine Gruppe von Freunden hat gewinnen können, spricht nicht gegen die übrigen sehr guten britischen Ponyrassen — sagt aber viel über die Qualität des Haflingers aus. Es wäre zu wünschen, daß die Züchterkollegen und Haflingerfreunde jenseits des Kanals stärker in die europäische Züchterschaft eingebunden werden können und auch ihre Pferde auf großen Schauen einmal zu sehen sein werden.
Für die 90er Jahre ist ja ein Kanaltunnel geplant...

Anschrift: The Haflinger Society of Great Britain, Hon. Secretary, Mrs. Helen Robbins, 13 Parkfield, Pucklechurch, Bristol BS 17 3 NR, Tel.: Abson (02 75 82) 34 79.

Italien

Man kann behaupten, daß das Haflinger Pferd heutzutage in ganz Italien gezüchtet wird, denn wir fanden es in rund 60 italienischen Provinzen: von Südtirol bis Sizilien. Der Ursprung dieser Rasse liegt im Vinschgau, aber wir dürfen nicht vergessen, daß sie sich in ganz Europa und anderen Staaten der Welt verbreitet hat. Um noch einmal auf unser Land zurückzukommen, möchten wir daran erinnern, daß ca. 9125 Haflinger reinrassig gezüchtet werden (397 Hengste, 5877 Zuchtstuten, 2851 Jungtiere) im Rahmen eines Pferdebestandes von 15.000 Tieren und einer Selektion also von ca. 60%; am 31.12.1987 waren es 2360 eingeschriebene Züchter.

Die nationale Vereinigung der Haflinger Züchter, die unter der Oberaufsicht des Ministeriums für Land- und Forstwirtschaft das Zentralbüro des Stammbuchs leitet, hat die Methodik der Kontrollen und der Selektion durch das Einführen von neuen zootechnischen Kriterien rationalisiert und modernisiert und zwar durch die Datenverarbeitung mit Computern aller eingetragenen Pferde, um somit den Züchtern entsprechende Zuchtziele zu empfehlen. Die Einschreibung in das Stammbuch erfolgt in zwei Phasen: Zuerst erfolgt die Einschreibung der Fohlen in das Fohlenregister und ihre Kennzeichnung mit einer Brandmarkung auf die linke Hinterhand, gleichzeitig wird ein Foto zwecks Identifizierung im nationalen Archiv hinterlegt. Die zweite und definitive Phase ist die Einschreibung der Hengste und Stuten in das Stammbuch und ihre zweite Brandmarkung, falls sie für geeignet gehalten werden, auf die linke Schulterseite. Die Beurteilung erfolgt von seiten der nationalen Inspektoren der Rasse.

In die Register für Hengste und Stuten werden nur jene Tiere eingeschrieben, die bei der Beurteilung eine Exterieur-Mindestpunktezahl von 70 Punkten erreicht haben, mit Ausnahme der Hengste, die als Zuchthengste eingesetzt werden und mindestens 80 Punkte haben müssen.

Wie schon oft festgestellt worden ist und wie es auch im Ausland der Fall ist, wird heute das Haflinger Pferd in Italien nicht mehr wie früher als Arbeitspferd gezüchtet, sondern als modernes Freizeitpferd. Es ist nämlich die typische Charakterfestigkeit, die angeborene Sanftmut und die Trittsicherheit dieser Rasse, an die sich jene Menschen wenden, die in und mit der Natur die Ruhe des Geistes und die Gesundheit des Körpers wiederfinden möchten. Hieraus entsteht die Notwendigkeit, ein Haflinger Pferd mit folgenden Kriterien zu züchten: gut gekennzeichneter Widerrist, guter Halsansatz mit langem und richtig gekrümmten Hals, großer Brustkorb mit entsprechend breiter Brust. Dies muß natürlich nur im Rahmen der Reinzucht dieser Rasse berücksichtigt werden, und das heißt, mit besonderer Aufmerksamkeit der Beibehaltung der rassetypischen Merkmale, wie Fuchsfarbe mit weißem Langhaar, edler, leichter, ausdrucksstarker Kopf, angenehmer Charakter und leichte Zähmung.

Man kann somit ohne Zweifel behaupten, daß diese Rasse heutzutage die wichtigste in Italien ist, und daß somit das Haflinger Pferd auch in diesem Lande einer rosigen Zukunft entgegensieht und seine Zucht, wenn sie auf intelligente Weise und mit besonderer Aufmerksamkeit auf die Bedürfnisse des Marktes durchgeführt wird, durchwegs finanziell lohnend sein kann.

Schon im fernen Jahre 1926 wurde seitens der Nationalregierung für die Haflinger Zucht in Südtirol und auch außerhalb dessen Interesse gezeigt. Es wurden in der Folge erste Zuchtstationen errichtet, und das Landwirtschaftsministerium organisierte eine erste nationale Haflingerschau anläßlich der Mailänder Messe. Schließlich gelangte man nach Verbreitung von vielen Haflinger Hengsten außerhalb Südtirols und nachdem man zahlreiche Haflinger Zuchten errichtet hatte, zur Gründung des ersten Stammbuches in Italien. Es nannte sich »Stammbuch der Haflinger Rasse in Italien«, und es war mit dem Buchstaben »L.A.I.« gekennzeichnet. Dies war der Vorläufer der modernen Zuchtmethoden.

In einem halben Jahrhundert hat sich der Haflinger von den Alpen bis Sizilien ausgedehnt und er befindet sich in 17 der 20 Regionen des Staates.

Schließlich finden wir in 50 Provinzen an die 12.500 Haflinger Pferde. Von diesen sind 5.751 zuchtmäßig erfaßt. Davon sind 251 Hengste, 3.700 Stuten und 1.800 Jungpferde. In der Zuchtarbeit wird der Nationalverband von 18 Regionalverbänden unterstützt.

Das Stammbuch der Haflinger Pferde in Italien hat folgende zeitliche Entwicklung gehabt. Im Jahr 1931 wurde die Herausgabe der Stammbuchordnung und die Erstellung und Veröffentlichung des ersten Stammbuches geregelt; damit wurde bis 1943 gearbeitet, und zwar weil es die Kriegsereignisse nicht anders zuließen. Nach dem Kriege, ab 1946 wurde die Pflege der Haflinger Zucht wieder aufgenommen, in Südtirol direkt seitens des Südtiroler Haflinger Pferdezuchtverbandes und im Rest Italiens durch die damaligen Hengstdepots. Diese wohlverdienten Einrichtungen, die in direkter Abhängigkeit des Landwirtschaftsministeriums arbeiteten und ihren Sitz jeweils in Crema, Ferrara, Pisa, Reggio Emilia und Santa Maria Capua Vetere hatten, bearbeiteten unabhängig voneinander diesen Sektor bis 1973.

In diesem Jahr wurde nach längeren Diskussionen vom Landwirtschaftsministerium ein Dekret mit Datum vom 15. Juni herausgegeben. Dieses Dekret beinhaltete das »Reglement für das Stammbuch der Haflinger Rasse«, welches erstmals die gesamte Selektionstätigkeit auf nationaler Ebene vereinheitlichte.

1977 übertrug das Landwirtschaftsministerium dem Nationalverband der Haflinger Züchter die Führung des Stammbuches. Der Nationalverband, der 1971 gegründet worden war, erhielt nämlich nach langen Bemühungen damals endlich die Anerkennung als juristische Person, und zwar mit Dekret des Präsidenten der Republik. Schließlich sei erwähnt, daß das Stammbuch heute aufgrund der Richtlinien des neuesten nationalen Reglements funktioniert, welches vom Landwirtschaftsministerium am 9. Januar 1981 genehmigt wurde.

Das Stammbuch, welches als Hilfsmittel zur Verbesserung der Rasse dient, zielt auf eine Verbesserung in technischer und wirtschaftlicher Hinsicht hin. Es hat in der Tat den Zweck, das Haflinger Pferd zu nützen:

- — durch die Erzeugung von widerstandsfähigen und drahtigen Pferden für die Freizeitreiterei und den Agrotourismus,
- — durch die Erzeugung von Fleisch und zwar durch eine möglichst kostengünstige Freilandhaltung.

Während das Landwirtschaftsministerium die oberste Aufsicht hat, wird das zentrale Stammbuch direkt vom Nationalverband mit Sitz in Florenz geführt. Dieser bedient sich der Provinzverbände und ihrer Einrichtungen.

Auf der anderen Seite ist das Stammbuch in folgende Register unterteilt:

Das Fohlenregister, in welches die Hengst-und Stutfohlen bis zum Alter von 30 Monaten eingetragen sind und von bereits im Stammbuch eingetragenen Vätern und Müttern stammen.

Das Hengstenregister, in welches die männlichen Tiere, die im Fohlenregister eingetragen sind, eingeschrieben werden können.

Das Stutenregister, zu welchem die weiblichen Tiere aus dem Fohlenregister Zutritt haben.

Das Deckregister, in welchem die Belegungen durch Stammbuchhengste eingetragen werden.

Selbstverständlich können in das Hengsten- bzw. Stutenregister auch Pferde im Alter von nicht weniger als 30 Monaten eingetragen werden, die von ausländischen Stammbüchern kommen, vorausgesetzt, daß sie die in Italien vorgeschriebenen Bedingungen erfüllen und zwar in den ersten fünf bekannten und kontrollierten Abstammungsgenerationen und eine Exterieurbeurteilung von mindestens 85 Punkten aufweisen.

Für das Stammbuch wird die Exterieurbeurteilung von Rasseninspektoren und Nationalexperten durchgeführt, welche in einem eigenen »Expertenalbum« eingetragen sein müssen.

Der Beurteilungsexperte beurteilt das Pferd und registriert das Ergebnis in Form von Punkten auf einem eigenen Schein und zwar nach folgenden 10 Elementen.

1) Typ, Ausdruck und Harmonie der Formen
2) Farbe und Abzeichen
3) Entwicklung
4) Kopf
5) Hals und Schulter
6) Brust
7) Rücken und Lende
8) Kruppe
9) Gliedmaßen
10) Stellung und Gänge

In allen zehn Positionen ist eine Mindestpunktezahl von 6 und eine Höchstpunktezahl von 10 vorgesehen. Nicht mehr stammbuchfähig sind Pferde, die nicht mindestens 70 Gesamtpunkte erreichen oder aber in einer der 10 Positionen weniger als die Note 6 erreicht haben.
Die Exterieurbeurteilung wird schließlich für Hengste und Stuten in einer Bewertung wie folgt zusammengefaßt:

— genügend von 70 - 74 Punkten
— befriedigend von 75 - 79 Punkten
gut von 80 - 84 Punkten
— sehr gut von 85 - 100 Punkten

Die im Bereich des Stammbuches eingetragenen Hengste müssen mindestens die Bewertung »gut« erreicht haben.
Der erwähnte Beurteilungsschein wird sowohl für die Eintragung von Hengsten und Stuten in das Stammbuch verwendet, als auch bei der Bewertung von Pferden, anläßlich von öffentlichen Veranstaltungen, die im Sinne des Reglements durchgeführt werden, welches am 17.4. 1982 mit Dekret des Landwirtschaftsministeriums genehmigt wurde. Die Stammbuchpferde werden schließlich durch einen Brand gekennzeichnet, welches für das nationale Gebiet ein »H« und »I« im Edelweiß enthält und für Südtirol das »H« im Edelweiß.
Der Rassenstandard sieht heute folgende biometrische Daten, ausgedrückt in Zentimetern und bezogen auf ein Alter von 30 Monaten, vor.
Für Hengste:
Widerrist 130 - 142 cm
Mindestbrustumfang 165 cm
Schienbein von 18 - 22 cm

Für Stuten:
Widerrist 128 bis 140 cm
Mindestbrustumfang 155 cm
Schienbein von 17 - 21 cm.
Auf der anderen Seite strebt der Rassenstandard folgende typischen Rassenmerkmale an:
Fuchsfarbe in allen Spielarten, vorzüglich jedoch Goldfuchs mit hellem Behang; leichter, trockener, ausdrucksvoller Kopf; gut bemuskelter und gut auf- und angesetzter Hals; genügend markierter, breiter und trockener Widerrist; kurzer, breiter, stark bemuskelter Rücken; breite Lende; gut bemuskelte, evtl. gespaltene und entsprechend geneigte Kruppe; gut angesetzter Schweif. Breite und gut bemuskelte Brust mit geräumigem Brustkorb, mit guter und gewölbter Rippe; gut angelegte Schulter und gute Behosung. Gute und korrekte Gliedmaßen mit gesunden und widerstandsfähigem Huf. Diese Eigenschaften bestätigen den Ruf des Haflingers als Vielseitigkeits- und Universalpferd. Andererseits wurde aber schon einleitend erwähnt, daß dieses Pferd als 3-Nutzungspferd betrachtet wird, Fleisch, Reiterei und Arbeit; dieses Argument, welches für Italien von besonderer Wichtigkeit ist, muß näher erläutert werden.
Das italienische Territorium besteht zu 35,2% aus Berglagen, zu 41,6% aus Hügellagen und nur zu 23,2% aus Flachgebieten. Infolgedessen sind drei Viertel der gesamten italienischen Produktionsfläche Hügel- und Bergzonen, in welchem die Waldflächen allerdings recht bescheiden sind.
Auf der anderen Seite hat es seit 1950 in Italien eine starke Industrialisierung gegeben und in der Folge auch eine starke Entvölkerung der ländlichen Gebiete.
Dadurch kam es, daß das Ausmaß der verlassenen Gebiete um das Jahr 1960 ca. 1.000.000 ha ausmachte und heute rund 2.200.000 ha. Zu diesen müssen noch weitere Böden gezählt werden, die wegen mangelnder Fruchtbarkeit verlassen werden, weshalb Italien nahezu 4.000.000 ha an praktisch unproduktiven Flächen aufzuweisen hat.
Neben der beschriebenen Situation ist hervorzuheben, daß der Staat noch immer nicht in der Lage ist, den Fleischbedarf aus eigener Produktion zu decken.

Während der Durchschnitts-Italiener im Jahre 1933 19 kg Fleisch pro Jahr verbrauchte, bedarf er heute 73 kg. Vom gesamten Fleischverbrauch stammen 523.000 dz vom Pferd, und daher ist man gezwungen, 80% vom Ausland zu importieren.
Dies sind zwei Elemente, die den italienischen Züchter bewegen, die althergebrachte Aversion gegen den Pferdefleischkonsum abzulegen und sich dem Haflinger Pferd als Wirtschaftstier zur Fleischproduktion zuzuwenden. Die inzwischen mit reichen Erfahrungen ausgestattete Freilandhaltung bzw. Weidehaltung von Pferden hat bewiesen, daß der Haflinger am besten geeignet ist für die Nutzung von Grenzertragsböden. Aber es gibt noch mehr. Die Praxis hat bewiesen, daß dieses Pferd nicht nur magere Weiden nutzen kann, sondern auch gemeinsam mit anderen Tierarten ohne jegliche Konkurrenzschwierigkeiten gehalten werden kann.

Es gibt dann eine weitere und zwar mit gutem Erfolg experimentierte Nutzungsart für den Haflinger. Es handelt sich um den Bedarf von alternativen Fleischarten und zwar um die Wildhaltung zur Fleischerzeugung. In diesen neuen Viehhaltungssystemen kann Schalenwild (Damhirsch, Reh, Muflon und Hirsch) ohne weiteres die Weide mit Haflinger Pferden teilen, so daß eine beträchtliche wirtschaftliche Ergänzung erfolgt.
Weiterhin hat der Haflinger bewiesen, daß er äußerst anpassungsfähig ist für die unterschiedlichsten Klimazonen der Halbinsel, die von den Alpen über den Apennin bis zu den heißen Ebenen der Maremma und den südlichen Inseln gehen, und daß er auch die Weidemöglichkeiten in den Olivenkulturen verwerten kann. Der Olivenanbau ist bekanntlich eine typische Mittelmeerkultur und verursacht vor allem einen hohen Aufwand an Handarbeit, weshalb das Pferd als »Unkrautbekämpfer« in diesen Kulturen eingesetzt werden kann, weil es die Olivenbäume nicht im geringsten gefährdet.
Mit dem Dargelegten soll erklärt werden, warum man in Italien dem Haflinger im Ausblick auf die Fleischerzeugung so viel Augenmerk schenkt, vor allem wegen der relativ niedrigen Erzeugungskosten.

Trotzdem soll auch in Italien nicht die vorzügliche Eignung des Haflingers als Freizeitpferd vergessen werden.
Der Haflinger aber, mit seiner Ruhe und Umgänglichkeit, kann den Menschen, mindestens im Urlaub, wieder auf Berge und Hügel tragen, in jene Gegenden also, wo er wieder zu sich selbst findet.
Auch heute noch wird der Haflinger vor allem in Süditalien für kleine landwirtschaftliche Arbeiten herangezogen, wo er den Traktor wirtschaftlich ergänzen und Energie sparen helfen kann. Es darf nebenbei auch gesagt werden, daß er sich gerade wegen der angestiegenen Ölpreise einer gewissen Aufwertung erfreuen kann. Auch wird der Haflinger wieder öfters für den Holztransport in den Berglagen verwendet.
Schließlich muß noch der Umstand in Betracht gezogen werden, daß in Italien leider sehr oft beträchtliche Waldflächen durch Brände verwüstet werden. Gerade diesbezüglich leistet der Haflinger unschätzbare Dienste, in dem er den Unterwuchs in den Wäldern durch die Beweidung wegräumt.
Gerade die Anpassungsfähigkeit und Umgänglichkeit des Haflingers gestatten es aber jedem Züchter, durch die Auswahl des entsprechenden Typs sich auf dem Markt mit jedem Material zu versorgen, das seinen Ansprüchen am besten entspricht.

Die Selektion hat sich zunächst auf die Exterieurbeurteilung und auf die Abstammung beschränkt, wovon umfangreiche Dokumentationen im Hengsten- und Stutenregister ausweisen, die alle drei Jahren vom Nationalverband veröffentlicht werden. Besonderes Augenmerk wird der Erhaltung und Entfaltung der 7 Hauptblutlinien geschenkt. Gerade in dieser Hinsicht werden die Ergebnisse der Stammbuchaufnahme jährlich bewertet.
Aber es gibt noch mehr. Schon viele wissenschaftliche Institute beschäftigen sich in ernsthafterweise mit dem Haflinger. So hat das Tierzuchtinstitut der Universität Florenz wichtige Studien über den Haflinger angestellt sowie bereits einen ersten Beitrag zur Feststellung des metabolischen Profils des Haflinger Pferdes veröffentlicht, aus welchem sich sehr interessante Ergebnisse abzeichnen.

Schließlich seien die vielen Veranstaltungen erwähnt, die im Bereich der Haflinger Zucht in Italien abgehalten werden. Es handelt sich vor allem um die Versteigerungen und Ausstellungen in Bozen, um die Schauen in Potenza und S. Stefano, nicht zuletzt um die nationale Ausstellung in Cittá di Castello.

Trotzdem bleibt als wichtigste Veranstaltung, auch auf internationaler Ebene, die jährliche nationale Haflinger-Schau in Verona. Sie genießt viel Ansehen und Tradition.

Einen großen Anklang findet in Verona jedes Jahr auch das Hengste-Championat, bei welchem jeweils der beste Hengst Italiens ermittelt wird. Ebenso werden bei diesem Anlaß Nachzuchtgruppen ausgestellt und prämiiert.

(Renato Raggioli, Präsident der »Associazione Nazionale Allevatori Cavalli Avelignesi«, Auszüge vom Internationalen Symposium »110 Jahre Haflinger Zucht in Südtirol 1984)

Luxemburg

Auch in dem kleinsten der Haflinger züchtenden Länder Europas finden wir unseren Haflinger. Seit rund 20 Jahren gibt es hier Züchter, die sich mit Engagement und Liebe dem Haflinger widmen. Wie fing es an in dem 2586 km^2 großen und rund 350.000 Einwohner zählenden Land?
Gegen Ende der 60er Jahre wurden die ersten Haflinger nach Letzeburg (mundartl.) importiert. Es waren dies die oberbayerischen Stuten »Primel« und »Fabel«. Ihnen folgten die Tiroler »Gretl«, »Marlene« und »Emana«. Im Laufe der Jahre wurden weitere Stuten und Hengste aus der BRD, Tirol, den Niederlanden und Belgien eingeführt.
Die ersten Haflinger Züchter waren die Herren Demuth und Schmit aus Wormeldingen sowie Herr Fugger aus der Hauptstadt, der selbst ein gebürtiger Österreicher war.
Zu dieser Zeit war die Fjordrasse stark in Luxemburg vertreten, und der Haflinger konnte am Anfang nur langsam Fuß fassen. Da kein Hengst im Lande war, wurden die Stuten während der ersten Jahre sogar von Fjordhengsten gedeckt. Dann wurden 1970 die ersten Hengste eingeführt, es waren dies »Nikita« von Nelmar aus der Uschi und »Nastor« von Nelson 90 aus der Oktavia von Specht. In den folgenden Jahren kamen die Hengste »Arco« von Adlerhorst aus der Tyrolia von Maat 1918; »Norden« von Nasir 180 aus der Stasi von Mercedes 112, dieser Hengst deckte in Luxemburg unter dem Namen »Sacha«; »Leopard« von Leo aus der Bellamora von Nastorius 103; »Stino van Kapelle« aus der Möwe von Notker, (Stino wurde aus den Niederlanden importiert), »Nastro 169« von Nastorius 103 aus der Flora von Stüwer 56.
Bis Mitte der 70er Jahre standen immer nur zwei bis drei Hengste im Deckeinsatz. Doch nun verbreitete sich der Haflinger schnell über das ganze Zuchtgebiet und verdrängte das Fjordpferd, und so sind von dieser Rasse heute nur noch wenige Stuten übriggeblieben. Ab diesem Zeitpunkt wurden immer mehr Hengste eingesetzt, was dazu führte, daß derzeit sogar zuviel Vatertiere im Lande stehen. 1987 standen 19 Deckhengste zur Verfügung.
Bis heute standen nachfolgende Hengste im Einsatz:

A Linie:
»Arco« von Adlerhorst 168 aus der Tyrolia von Maat 918, »Liz Amor« von Artist 853 aus der Jelli von Strudl 506, »Anor« von Ariowist aus der Romanze von Nelmar 139, »Mike de Kirchberg« von Arco aus der Makrele von Wipp 151, »Adlatus« von Adlerflor 203 aus der Omega von Nabob 158, »Alex« von Adler 135 aus der Sonja von Angriff H 34, »Anwalt« von Adel 588 aus der Mina von Steinadler 901/T, »Armin« von Alex 5230039 aus der Sissi von Norden 837050672, »Astor de Contern« von Alex aus der Arabella von Arco, »Astor« von Alex aus der Sandy von Stino van Kapelle 39, »Astor« von liz. Amor aus der Elly von Nordwind 207, »Andro« von Adlersohn aus der Dixi von Nasir 180, »Albion« von liz. Amor aus der Catia von Ergo 837016078, »Ango« von Andrang aus der Silke von Norden 837050672.

M Linie:
»Moran van de Wittewal« von Mustang van Oostwinkel aus der Bieke von Lausbub Hf 2674, »Mentor« von Martell aus der Jolanda von Matsch 1, »Meno« von Medicus 151 aus der Heidi von Hofnarr 125.

N Linie:
»Nastro 169« von Nastorius 103 aus der Flora von Stüwer 56, »Nastor« von Nelson 90 aus der Oktavia von Specht 54, »Nikita« von Nelmar 139 aus der Uschi von Hafling 119, »Nicki« von Nastrol 41 aus der Priska von Stürzer 80, »Norden« von Nasir 180 aus der Stasi von Mercedes 112, »Felix« von Nikita aus der Fabel von Mercedes 112, »Sacha de Contern« von Norden 837050672 aus der Sinderella von Wakker Hfk 14, »Hogo« von Hoferbe 413 aus der Gonda von Stams 7758/T, »Nato« von Nektar 181 aus

der Dorette von Hofmeister 101, »Ergo« von Nelfried 236 aus der Elvira von Leopold 166, »Nelson du Rayhis« von Nastro 169 aus der Putzi von liz. Start 405, »Hofer« von Hoferbe 413 aus der Stormey von Stopper 154, »Ringo« von Nastorius 103 aus der Muschi von Strolch 89, »Nelson« von Nandu 245 aus der Mia von Arber 184, »Nastro de Pallen« von Nandu 245 aus der Moni von Adlerhorst 168, »Nicki de Feldkirchen« von Napoli 837019978 aus der Dolomitin von Asbach, »Silvère« von Sacha de Contern aus der Sheila von Félix C 002, »Eiko de Dudelange« von Sacha de Contern aus der Arlette von Alex 523003976.

S Linie:
»Léopard« von Leo 137 aus der Bellamora von Nastorius 103

St Linie:
»Stino van Kapelle« von Statthalter 803 aus der Möwe von Notker 585, »Axel« von St. Astérix I aus der Putzi von liz. Start 405, »Sam« von Straif 220 aus der Astrid von Nastorius 103, »Star« von Stapel 782 aus der Noris von Nico 171, »Sarco« von Sam 8384184 75 aus der Rebecca de Lintgen von Arco.

W Linie:
»Welf« von Westling 6207/205 aus der Girlande von Stüwer 56.

Für die kommende Decksaison 1988 stehen drei neue Hengste bereit. Es sind dies der Junghengst »Amor 915« von Apoftilus aus der Pia von Nilios 124, des weiteren die Hengste »Afghan« von Astor 1075/T aus der Spundus von Artist 853 und »Montan« von Mephisto aus der Clivia von Markgraf.
Nachfolgende Hengste haben die beste Nachzucht gebracht: Arco, Nastor, Norden, Nastro 169, liz Amor, Alex, Adlatus, Nelson und Welf.
Die erfolgreichsten Stuten waren: die Tirolerin »2955 Marlene« von Waller 197 aus der H/2398/K Marlie Mirl von 1919 Mammon. Diese Stute steht heute noch in der Zucht. Eine weitere erfolgreiche Zuchtstute war ihre Tochter »Maritta« von Nastor, welche ebenfalls noch im Zuchteinsatz steht. Weiter brachte die Stute »Lona« von Nastor aus der Lotte von Nilios 124 eine sehr gute Nachzucht. Nicht zu vergessen folgende Tiroler Stuten: »Vitesse« von Antrieb 807 aus der Vita 9088/T von Moment 630; »Emana« von Nerz 152 aus der Edle 8031/T und »Putzi« von liz Start 405 aus der Porcia H/1961/K sowie die Stute »Elfi« von Norden aus der Emana von Nerz 152. Bei den jüngeren sind u.a. zu nennen: die aus Tirol stammende »Franka« von liz Alpha aus der Fleuresse, »Marina de l'Our« von Nastro 169 aus der Maritta von Nelson sowie »Arabella de Contern« von Arco aus der Sinderella 2805 von Wakker Hfk 14 und die aus Hessen stammende »Dunja« von Ambassador 30 aus der Dorthe von 805 Stadl, die erst vor ein paar Jahren importiert wurde.
Am Anfang wurden die Haflinger in den Weinbergen und für leichte Arbeit in der Landwirtschaft eingesetzt. Aus diesem Grunde wurden immer nur die stämmigen und kräftigen Tiere importiert und gezüchtet. Später kam dann die »Hobbyzucht« zu Wort und der Freizeitpferdetyp wurde angestrebt. Heute werden die Haflinger u.a. für Kutschfahrten und zum Reiten benutzt. Da es in Luxemburg drei Zuchtverbände gibt (auf privater Basis), ist nicht genau zu ermitteln, wieviel Haflinger eingetragen sind. Schätzungsweise sind es etwa 130 Stuten.

Im Jahre 1981 taten sich mehrere Haflinger Züchter zusammen und gründeten den »Haflinger Club Letzeburg«, welcher heute die Interessen der Haflinger Zucht in der »Fédération des Stud-books luxembourgeois« vertritt. Eine der ersten Aufgaben dieser Vereinigung war, ein Zuchtziel auszuarbeiten. Das erwünschte Stockmaß für Stuten liegt zwischen 138 und 147 cm. Die Größe für Hengste zwischen 140 und 148 cm. Alle Hengste, die heute im Einsatz stehen, sind über 142 cm. Des weiteren hat der »Haflinger Club« sich für die Reinzucht entschieden.
Als nächstes wurde das Brennen eingeführt. Während der zwei ersten Jahre wurden die Stuten und die Fohlen gebrannt, danach nur noch die Fohlen. Sie müssen mit der Mutter zum Brennen vorgeführt werden. Damit ein Fohlen gebrannt werden kann, müssen die Abstammungspapiere wenigstens zwei Generationen nachweisen.

Während der ersten Jahre machte das Brennteam eine Rundfahrt von Züchter zu Züchter. In den letzten zwei Jahren fand das Brennen auf der Sammelstelle in Mersch, in der Auktionshalle der Silo Centrale statt, und seit 1986 wird der Fohlenbrand mit einem Pferdemarkt verbunden. Dieser findet am dritten Wochenende im September statt. Das Brandzeichen besteht aus einem H mit aufgesetzter Krone und der Stutbuchnummer des jeweiligen Pferdes.
Die Preise, die bei diesen Veranstaltungen erzielt wurden, lagen zwischen 1.000,— und 2.500,— DM, für Hengst- und Stutfohlen. Die Preise für Jungstuten liegen um 3.000,— DM, die für Zuchtstuten zwischen 3.500,— und 5.000,— DM.
Die Organisation dieser Veranstaltung liegt in den Händen des »Haflinger Clubs«. Eine weitere Veranstaltung ist die jährliche Pferdeausstellung in den Deichwiesen in Ettelbruck. Veranstalter ist die »Fédération des Stud-books luxembourgeois« in Zusammenarbeit mit dem »Haflinger Club«. Sie findet immer am ersten Wochenende im August statt. Hier werden Stutfohlen und Hengstfohlen im Alter von 12 bis 18 Monaten und Jungtiere zwischen 18 und 36 Monate vorgeführt. Des weiteren konkurrieren Stuten ab drei Jahren mit und ohne Fohlen. Familienzuchten mit wenigstens drei direkten Nachkommen einer Stute und Koppeln, bestehend aus drei Stutfohlen oder Stuten von einem Besitzer, werden präsentiert. Hier findet auch die Körung der Hengste für das nachfolgende Jahr statt und eine weitere Körung wird im Monat November in Merl, einem Vorort der Hauptstadt, abgehalten.
Als nächstes Ziel hat der »Haflinger Club« sich die Erstellung des Hauptstutbuches gesetzt, das höchstwahrscheinlich 1988 eröffnet werden wird.
Die Haflinger Züchter sind fast alle in der »Fédération des Stud-book luxembourgeois« vertreten. Die Fédération, die auch noch die Ponyrassen, die Reitpferde und die Ardenner führt, zählt ungefähr 450 Mitglieder. Vorsitzender ist Dr. vet. Arthur Besch, zweiter Vorsitzender Gaston Wagner, dritter Vorsitzender Jean Stockemer. Schriftführer und Geschäftsführer ist Robert Huberty, wohnhaft in L-8373 Kleinbetteningen, 11 Rue de Kahler.

Der »Haflinger Club Letzeburg«, an deren Spitze Präsident Edi Biot und Vizepräsident Erni Meyers stehen, zählt z.Zt. (1987) 104 Mitglieder. Kassierer ist Nanquette Egide, das Sekretariat wird von Jean Stockemer in L-9839 Rödershausen, Haus Nr. 28 geführt.
Die Luxemburger Haflinger Zucht ist über das ganze Land verteilt. Es gibt keine größeren Zuchtstätten. Die meisten Züchter haben 1 bis 2 Stuten. Der größte Betrieb führt 5 bis 6 Zuchtstuten. Hier einige der großen und bekanntesten Züchter: Binsfeld Raymond, Meyers Erni, Nanquette Egide, Rausch Henri, Herr und Frau Stockemer, Meyers Camille, Leners Jean, Ruppert Roger, Vallender Fernand.

Zuchtziel für das Haflinger Pferd Standardtyp

Hengst:	männlich, kraftvoll und robust
Stute:	Muttertyp
Farbe:	Fuchs mit hellem Kamm und Schwanz (nicht überbewerten)
Größe:	138 bis 145 cm (Hengste über 140 cm)
Kopf:	trocken, edel, harmonisch
Hals:	stark, gut aufgesetzt, im rechten Winkel zur Schulter
Widerrist:	markiert, ausgeprägt
Rücken:	genügend lang, breit. Pferd im Rechteckformat
Kreuz (Kruppe):	nicht zu stark abgezogen, ohne tiefe Spalte, breit
Schwanz:	nicht zu tief angesetzt
Brust:	breit, stark
Rippen:	tief und breit
Gliedmaßen:	gut bemuskelt
Schulter:	schräg
Gelenke:	klar ausgeprägt
Schienbein:	nicht zu lang
Fessel:	straff, gut entwickelt, mittellang
Kniegelenk:	breit und kräftig
Hufe:	rund, klar, hart

Gliedmaßen:	korrekte Stellung der Beine parallel verlaufend (es paßt ein dritter Huf dazwischen) Fehler: vorständig bodeneng, rückständig bodenweit, bärentatzig zeheneng, zehenweit, kuhhessig, faßbeinig,
Gang:	flach, raumgreifend, korrekt, harmonisch
Allgemeines:	guter Charakter, ruhiges Temperament, groß und gut bemuskelt, genügsam in der Haltung

Niederlande

Die Erfolgsgeschichte der Haflinger-Bergpferde im Flachland Ein Beweis der Vielseitigkeit!

Das Jahr 1961 wird in der Geschichte der Pferdezucht in den Niederlanden bekannt bleiben als das Jahr, in dem einschneidende Veränderungen ihren Anfang hatten.
Schon seit längerer Zeit wurden in Kreisen der Zugpferdezüchter darüber gesprochen, daß es wünschenswert wäre, ein kleineres Zugpferd zur Verfügung zu haben.
Manche vertraten die Meinung, daß die Zeit für das große und mächtige Kaltblutpferd vorbei wäre und daß mehr Bedarf für ein kleineres Pferd vorhanden sei. Ein Pferd jedoch, das stärker und massiver sein sollte als das Pony, aber kleiner und genügsamer als ein schweres Zugpferd. Man nannte diesen Pferdetyp in bestimmten Kreisen ein »Zwischenmaßpferd«; merkwürdig dabei war wohl, daß der Wunsch nach einem solchen Pferd nicht von den Kaltblutzüchtern ausging, sondern hauptsächlich von seiten der kleinen Bauern kam.
Es gab viele kleine Bauern, die nie Pferdezucht betrieben hatten, doch gern über ein flottes, einfach zu handhabendes, starkes, billiges und zahmes Pferdchen für leichtere landwirtschaftliche Arbeiten verfügen wollten.
Somit wurde endlich durch das Reichslandwirtschaftsamt für Pferdezucht die Wahl getroffen: das Fjordpferd hielt seinen Einzug. Hauptsächlich seitens der Zugpferdezüchter wurden starke Einwände erhoben, vor allem ausgehend von dem Gedanken, daß ein Pferd mit kleinerem Stockmaß genauso gut durch die eigenen niederländischen Zugpferdezüchter geliefert werden konnte.
Kenner der Rassen waren der Meinung, daß es durchaus andere kleine Pferde gäbe, die ähnlich gute Eigenschaften besäßen und mehr dem Geschmack derer entsprachen, die immer gewohnt waren, mit »normalen« Pferden zu arbeiten. Es ist vor allem diese Gruppe von Züchtern und Haltern gewesen, die die Initiative ergriffen haben, ein schweres »Zwischenmaßpferd« einzuführen: den Haflinger aus Tirol.
Im Frühjahr 1961 kamen ein Hengst und ungefähr 40 Stuten an; im Herbst folgten nochmals 100 Stuten und zwei Hengste.
Das war der Beginn der Haflinger Zucht in den Niederlanden: heute sind mehr als insgesamt 10.000 Haflinger in das Stammbuch der königlichen Vereinigung »Das Niederländische Zugpferd« eingetragen worden.
Die Tatsache, daß die Stutbuchführung des Haflingers durch das Zugpferdestammbuch durchgeführt wird, zeigt deutlich, daß sowohl von seiten der Landwirtschaft als auch von seiten der Züchterschaft die Nachfrage nach diesem typischen Pferd bestand und von den Vorständen der hierfür zuständigen Organisationen in die richtigen Bahnen gelenkt wurde.

Entwicklung der Hengstzucht

Bei der Auswahl der ersten Hengste, die in die Niederlande eingeführt wurden, ist man mit großer Sorgfalt vorgegangen. Wäre doch durch eine schlechte Auswahl die ganze Zukunft des Haflingers in diesem Lande aufs Spiel gesetzt worden. Deshalb kaufte man 1961 zwei Hengste, die durch beste charakteristische Eigenschaften und Abstammung das Beste für die Zucht erhoffen ließen.
Als erster Hengst kam ein »Willi«-Enkel in das Land und erhielt als Willkommensgeschenk den passenden Namen »Welkom« (Hf Kl.). »Welkom« hat eine große Anzahl von Nachkommen gezeugt, wovon viele durch ihren gutproportionierten Körperbau, ihren feinen Charakter, ihre schönen Linien und Farben zahlreiche nationale Champions hervorgebracht haben.

Um letztendlich auch später gute Zuchtresultate zu erzielen, wurde ein anderer Hengst aus einer N-Linie angekauft und zwar »Nobel«, der über Nerz und Naz von Nibbio (Niggl 2) abstammt.
Beiden Hengsten folgten dann kurz danach: »Waaghals« v. Wardein-Willi, »Strateeg« v. Stattlich, »Monarch« v. Marius über Stürmer a.d. Massimo 1927-Linie, »Student« über Strom-Stromer, zurückgehend auf Student 1927, »Starter« über Starost-Stolz und Stromer ebenfalls auf Student 1927 zurückgehend.
Dadurch verfügte man in den Niederlanden 1964 über sieben besonders gute Hengste: zwei aus der W-Linie, drei aus der S-Linie und je einen Hengst aus der M-und N-Linie.
Mit diesen Hengsten und den aus dieser Nachzucht stammenden Nachkömmlingen hat man in den verschiedenen Provinzen des Landes die Zucht begonnen.
Aus Österreich wurden im Laufe der folgenden 25 Jahre noch weitere Hengste angekauft. Viele Züchter jedoch deckten auch ihren Bedarf in der Bundesrepublik und zwar vor allem in Westfalen, das durch seine geographisch günstige Lage bevorzugter Lieferant für frisches Blut war.

Insgesamt betrug der Import von Hengsten im Zeitraum von 1961 bis 1988

Österreich	12
Westfalen	19
Oberbayern	2
Italien (später wieder exportiert)	1
Gesamt	34

Von den in den Niederlanden geborenen Hengsten sind 79 für die Zucht ausgewählt und in das Körstammbuch eingetragen worden, so daß im Laufe der Jahre insgesamt 113 Hengste eingetragen wurden. Davon wurden vier ins Ausland (USA, Kanada) verkauft.
Obwohl von einer Konzentration von Zuchtbetrieben in bestimmten Gebieten nicht gesprochen werden kann, herrscht doch vor allem in den südlichen und östlichen Regionen des Landes ein reger Zuchtbetrieb, was den folgenden Zahlen zu entnehmen ist.

Provinz	Import	Eigene Zucht	Total
Friesland	—	2	2
Groningen	1	7	8
Drente	4	5	9
Overijssel	2	2	4
Gelderland	3	17	20
Utrecht	1	2	3
Noord Holland	—	6	6
Zuid Holland	1	4	5
Zeeland	4	1	5
Noord Brabant	9	17	26
Limburg	7	12	19
Noord Oost Polder	2	4	6
Total	34	79	113
Export			4
Total			109

Gegenwärtiger Stand der Hengsthaltung

Im Jahr 1988 hat man begonnen, eine Anzahl junger Hengste für die Eignungsprüfung als Deckhengst anzumelden.
Nach sorgfältiger Prüfung stehen dieses Jahr 48 Hengste zur Verfügung, die, auf die verschiedenen Provinzen verteilt, ihre Deckstation haben. Um einer besseren Leitung der Zucht entgegenzukommen und einer Zersplitterung entgegenzuwirken, sind die Provinzen in drei Regionen aufgeteilt: Nord, Mitte und Süd.

(Fortsetzung Seite 193)

»Schatzel« von Stuber a.d. Schwanhilde-Laura, Siegerin der Klasse der älteren Stuten im Alter von 21 Jahren auf der Zuchtschau 1987 in Worcester. (Bes.: Evers-Swindell) (Foto: Brotherton)

»Oxnead Signoretta« von Anderson a.d. Sisia, Siegerin der Reitklasse der jüngeren Stuten, Worcester 1987 (Bes.: Mr. und Mrs. Tcrane) (Foto: Brotherton)

»Heidrun«, Siegerin der Fahrklasse auf der Zuchtschau in Worcester 1983. (Bes.: Mrs. Brittam) (Foto: Brotherton)

Luxemburg

»Nastro« mit 18 Jahren, Siegerhengst 1976 und 1978, (B.: Stockemer)
(Foto: Stockemer)

»Welf« - Westling, Siegerhengst 1987, (B.: Stokkemer)
(Foto: Stockemer)

»Alex« - Adler, Siegerhengst 1982, (B.: Biot)
(Foto: Stockemer)

»Adlatus« - Adlerflor, Siegerhengst 1985 (Gestüt Nanquette Egide)
(Foto: Stockemer)

»Elfi« - Norden 938,
National-Champion 1985

»Mia de L'Our« - Nelson, eine Urenkelin der Marlene (Stockemer) (Foto: Stockemer)

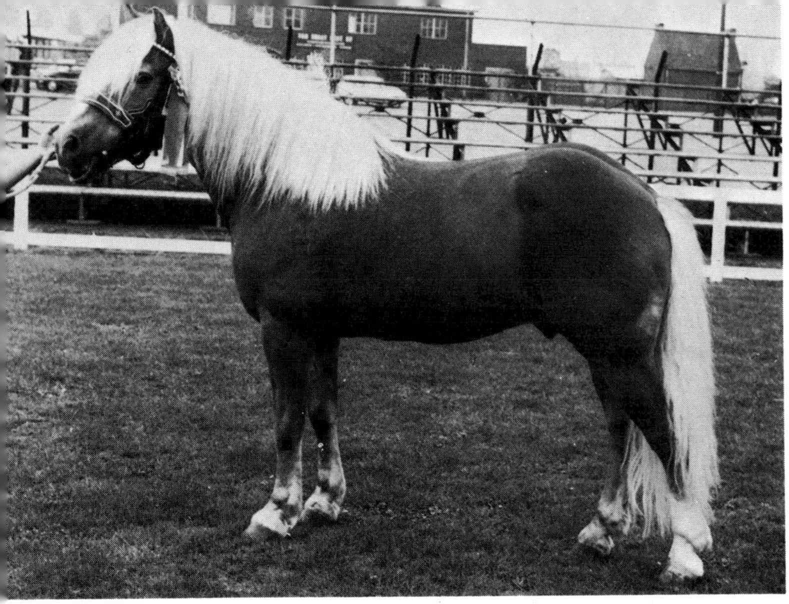

»Welkom« Hf K 1, geb. 1957 von Dorfer 1851 aus der Mamma
(Foto: Melissen)

»Nobel« Hf K 2, geb. 1958 v. 152 Nerz a.d. Sauna
(Foto: Melissen)

»Student« Hf K 6, geb. 1960 v. Strom a.d. Pilotin (Foto: Volmer)

Niederlande

»Stapel« Hf K 107, geb. 1972, v. Stanislaus 584 a.d. Mädi 251, Champion von Groningen (Foto: Erkelenz)

»Ad Van T Vlier« Hf K 84, geb. 1980 v. Admiral Hf K 84 a.d. Hesja Hf K 1681 (Foto: Melissen)

»Altjo van de Kenterstreek« Hf K 88, geb. 1981 v. Admiral Hf K 62 a.d. Caresse Hf K 2174 nach Welkom Hf K 1. Nationaler Champion 1986 (Foto: van Luyk)

»Romi van Neerlands Bloed« Hf K 2157, geb. 1979 v. Salto Hf K 57 a.d. Regina Hf K 1735 v. Welkom Hf K 1, Nationale Champion-Stute
(Foto: Melissen)

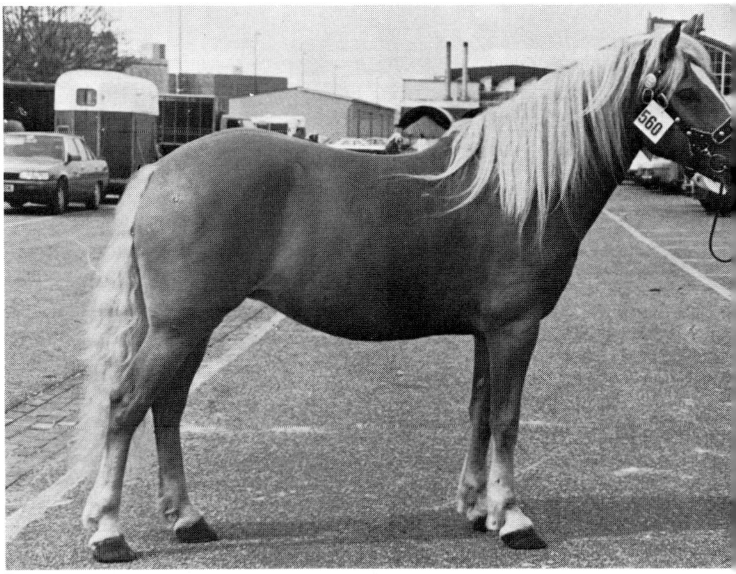

»Everdien van de Hertraksesstraat«, Hf K 2287, geb. 1980 v. Amor van Schafferden Hf K 45 a.d. Elsje Hf K 1448 v. Welkom Hf K 1 Nationale Champion-Stute
(Foto: Melissen)

»Österreicher in den Niederlanden in russischer Anspannung«
(Foto: van Luyk)

Der nur Tiroler Blut führende »35 Berggeist-992«, geb. 1983, wurde als Fohlen aus Niederösterreich importiert und im slowenischen Fohlenhofe aufgezogen. Mit 148 cm Widerristhöhe im Stockmaß und den brillanten Gängen zählt er zu den modernsten Hengsten der ziemlich schwachen B-Linie. (Foto: Jurkovic)

Jugoslawien

Der Hengst »26 Stukko«, geb. 1973, wurde 10jährig (als 1165 Stukko) in Stadl-Paura angekauft und lieferte schon mit seinem ersten Jahrgang zwei Zuchthengste. (Foto: Jurkovic)

Die Stute »211/III Cvetka«, geb. 1980, zählt zu den besten Zuchtstuten Sloweniens und ist inzwischen auch schon Hengstmutter. (Foto: Jurkovic)

Die gut entwickelte und prämiierte dreijährige Jungstute »373/III Barbara«, geb. 1984, am Tag der Stutbuchaufnahme. (Foto: Jurkovic)

Verteilung der Hengste nach Jahr der Anmeldung und Region

Region	85	84	83	82	81	80	79	78	75	74	73	72	71	70	65	63	Total
Nord	2	1	1	1	1	2	1	-	-	1	-	1	-	1	-	1	13
Mitte	2	2	3	1	1	2	-	-	1	-	1	1	2	-	-	-	16
Süd	3	3	4	-	3	-	1	1	-	1	1	-	-	1	1	-	16
Total	7	6	8	2	5	4	2	1	1	2	2	2	2	2	1	1	48
Nicht gekört	14	6	2	1	-	-	-	-	-	-	-	-	-	-	-	-	23
Total	21	12	10	3	5	4	2	1	1	2	2	2	2	2	1	1	71

Aus dieser Übersicht erkennt man deutlich, wie durch gründliche Prüfung und strenge Körung der Hengstbestand auf einem qualitativ hohen Niveau gehalten wird.

Wie heute nach 25 Jahren sich die Verteilung über die verschiedenen Blutlinien entwikkelt hat, zeigt folgende Aufstellung:

Verteilung nach Blutlinien

Region	A-Linie	M-Linie	N-Linie	St-Linie	W-Linie	Total	Haflo Arab.	Total
Nord	2	4	3	2	2	13	-	13
Mitte	2	1	3	1	5	12	4	16
Süd	7	5	-	3	3	18	1	19
Total	11	10	6	6	10	43	5	48
Nicht gekört	7	2	3	6	5	23	-	23
Total	18	12	9	12	15	66	5	71

Obenstehende Zahlen — ausgedrückt in Prozenten — ergeben folgendes Bild:

Gekört	26(-)	23(14)	14(14)	14(43)	23(29)	100 (1964)
Nicht gekört	30	9	13	26	22	100
Total	27	18	14	18	23	100

Diese Prozentzahlen könnten den Eindruck erwecken, daß in bestimmten Blutlinien nur schlechte Resultate erreicht werden: dies trifft nicht zu, denn in der St-Linie hat der Hengst »Status« besonders gute Nachzucht vorzuweisen.
In diesem Zusammenhang darf die Zahl der Nachkömmlinge des ersten Import-Hengstes »Welkom« nicht unerwähnt bleiben: 734 Haflinger in 17 Jahren.

Die Entwicklung des Stutenbestandes

Es ist eine klare züchterische Linie und Entwicklung, daß die Population Haflinger in den Niederlanden nicht allein durch den Hengstimport zustande kam, sondern daß nach einem Zeitraum von etwa fünf Jahren zum größten Teil durch eigene Zuchtprodukte bereits der Bestand wuchs und getragen wurde.

Die Stutenimporte stellen sich in Zahlen wie folgt dar:

1961	140 Stuten
1962	123 Stuten
1964-68	650 Stuten
1969-87	58 Stuten
importiert gesamt:	971 Stuten

Seit 1967 wurden als in den Niederlanden geboren 2066 Stuten im Stammbuch eingetragen.

Um auch einen Eindruck über die Verteilung der Stuten im Lande zu vermitteln, folgende Auflistung. Auch hier zeigt sich allerdings wieder sehr deutlich der Unterschied zwischen den südlichen und östlichen Randgebieten und den anderen Regionen.

Provinz	Import	Eigene Zucht	Total
Friesland	37	114	153
Groningen	38	145	183
Drente	46	192	238
Overijssel	90	94	184
Gelderland	160	423	583
Utrecht	36	41	77
Noord Holland	59	70	129
Zuid Holland	73	128	201
Zeeland	41	45	86
Noord Brabant	263	546	809
Limburg	92	240	332
Noord Oost Polder	27	27	54
Total	971	2066	3037

Aus dieser Aufstellung wird ersichtlich, daß sich fast 46% des gesamten Stutenbestandes konzentriert in zwei Provinzen befinden. Dadurch sind diese beiden in der niederländischen Haflinger Zucht tonangebend.

Obwohl vor allem in den ersten zwei Jahren zu Beginn der Zucht Tiere aus der M-und St-Linie importiert wurden, sind die Verhältnisse der Blutlinien untereinander im Großen und Ganzen denen entsprechend, wie sie für die Hengste angegeben wurden.

In den Jahren 1961 und 1962 wurden Stuten folgender Linien eingeführt.

A-Linie	8	3%
M-Linie	98	37%
N-Linie	19	7%
St-Linie	121	46%
W-Linie	17	7%
Total	263	100%

In Prozenten ausgedrückt ergibt das 1988 etwa folgendes Bild:

A-Linie	25%
M-Linie	17%
N-Linie	13%
St-Linie	18%
W-Linie	22%
Haflo-Arab	5%

Was nun die Arabo-Haflinger betrifft, kann man feststellen, daß in den Niederlanden immer noch Interesse für diese Kreuzungstypen besteht. Wie sich allerdings an dem Aufkommen der Hengstanwärter zur Körung erkennen läßt, ist die Tendenz zurückgehend. Auch die Zahl der eingetragenen Fohlen spricht für sich: im Jahre 1987 befanden sich unter den 580 Haflinger Fohlen noch 5 Arabo-Haflinger Fohlen.

Organisation

Nachdem im Jahre 1960 während der großen Haflinger-Schau in Innsbruck einige Vorstandsmitglieder der Königlichen Vereinigung »Das Niederländische Zugpferd« beschlossen hatten, Haflinger aus Österreich anzukaufen, wurde die Stiftung »Haflinger Club« mit Sitz in s'Gravenhage gegründet.

Das erste Ziel war die Regelung des Importes der Haflinger ab 1961 und den folgenden Jahren.
Offiziell wurde dieses Ziel mit den Worten beschrieben: »Die Förderung des Imports, der Zucht und der Haltung von Haflinger Pferden im Zuchtverband, ausschließlich in Zusammenarbeit mit der Königlichen Vereinigung »Das Niederländische Zugpferd« in s'Gravenhage und das, was im wahrsten Sinne des Wortes mit obengenannten Zielen in Verbindung steht.«

Es sind vor allem die Aktivitäten dieser Stiftung — in enger Zusammenarbeit mit der Königlichen Vereinigung — gewesen, die die Einfuhr aus Tirol zu einem solchen Erfolg brachten.
Ein zweiter und nicht weniger wichtiger positiver Faktor, der zum Erfolg des Haflingers in diesem Land beigetragen hat, darf hier nicht unerwähnt bleiben: die große Erfahrung der Königlichen Vereinigung in der Stammbuchführung, der Durchführung der Körungen und die Mithilfe beim Aufbau der Zucht sowie die Betreuung und Organisation der Züchterschaft und der Pferdehalter und letztlich auch die Ausstellung und Zielsetzungen in der Zucht.

Eines der Hauptziele ist also die Verbreitung und Verbesserung der Zucht — dies geschieht durch hierzu geeignete Maßnahmen der Zuchtleitung.
Hierzu werden alljährlich Hengstkörungen durchgeführt: in Groningen (Nord), Doetinchem (Mitte) und s'Hertogenbosch (Süd), wo sich die Junghengste einer harten und sachgerechten Körung unterziehen müssen.
Daneben erfolgt auf verschiedenen Körplätzen ebenfalls die Eintragung der dreijährigen Stuten ins Stammbuch durch die Königliche Vereinigung. Daneben werden im ganzen Land anläßlich von Zuchttagen Hengste und Stuten dem interessierten Publikum vorgestellt.
Wie groß das Interesse an solchen Tagen ist, geht schon aus der Tatsache hervor, daß allein in der Provinz Brabant jährlich 10 bis 12 solcher Prüfungen durchgeführt werden.
Aber auch im internationalen Verband wurde verschiedene Male auf Einladung an Wettbewerben teilgenommen, vor allem in Belgien, Deutschland und Österreich — mit z.T. sehr erfreulichen Ergebnissen für die niederländische Haflinger Zucht.
Ein Höhepunkt im Zuchtgeschehen für Züchter und Halter bildet die zweijährlich stattfindende nationale Ausstellung in s'Hertogenbosch. Diese ländliche Ausstellung umfaßt immer wieder eine umfangreiche Darstellung von Hunderten von Pferden aus der niederländischen Haflinger Zucht. Das Programm dieser nationalen Ausstellung zeigt am ersten Tag immer die Prüfung der Stuten und Hengste. Danach finden am nächsten Tag die Wettbewerbe der Siegerstuten statt mit einer anschließenden Parade aller teilnehmenden Pferde und Vorführungen der Haflinger an der Hand, unter dem Sattel und in der Anspannung.
Diese nationale Ausstellung vermittelt sowohl den Teilnehmern als auch den in die Tausende gehenden Besuchern einen ausgezeichneten Einblick in den Stand der Zucht und bietet ebenso die Gelegenheit, den Zuchtfortschritt zu erkennen.
Diese hohe Qualität kommt dadurch zustande, daß zu diesen Schauen immer wieder Richter aus anderen Ländern eingeladen werden, um hier Maßstäbe zu setzen.

Zuchtziel

Zunächst ist natürlich einmal auch bei einem Pferd das Äußere sehr wichtig. Vor allem, wenn man — wie es ja beim Haflinger mittlerweile der Fall ist — ein Pferd nicht wegen der von ihm zu erwartenden Leistungen hält, sondern wegen der Entspannung, der Ablenkung und vor allem wegen der nicht zu vergessenden Liebe zum Pferd — des Menschen größter Freund, dem man viel Zeit widmen möchte.
In dieser Hinsicht hat der Haflinger anderen Pferderassen viel voraus. Deswegen sind Züchter, Halter und Käufer zunächst einmal beeindruckt vom Äußeren: die herrliche Fuchsfarbe mit gewelltem, weißen Langhaar.
Das Zuchtziel ist deshalb klar: ein Reitpferd mit ausreichend raumgreifendem Gang, mit genügendem Stockmaß, — aber auch nicht zu groß, ein Freizeitpferd mit anziehendem Äußeren, einem freundli-

chen Charakter, einem ausgeglichenen Temperament, mit einer erwünschten Genügsamkeit und Gehfreude.
Es sollte deutlich werden: der niederländische Markt verlangt ein umgängliches Pferd, das nicht durch Leistungsprüfungen seinen Wert beweisen muß. Man möchte aber ein schönes Pferd mit adligem Ausdruck und guter Bewegung — darauf ist das Zuchtziel ausgerichtet.

Besondere Aktivitäten

Wie auch in anderen Bereichen des Pferdesports sind besondere Clubs gegründet worden, um die Verwendungsmöglichkeiten des Haflingers zu fördern. So ist eine ländliche Vereinigung »Der Haflinger in der Anspannung« gegründet worden, der sich vor allem die Förderung des Haflingers im Geschirr, aber auch unter dem Sattel zum Ziel gesetzt hat.
Durch besondere Prüfungen (IBOP) wird besonders die Fahrausbildung von Fahrer und Gespann gefördert.
Hierdurch werden auch vor allem Veranstaltungen zur Verbreitung des Bekanntheitsgrades des Haflingers und der Verbesserung der Verwendungsmöglichkeiten intensiver, die dafür sorgen, daß die Nachfrage nicht abnimmt.
Dies mag folgende Tatsache illustrieren: im Jahr 1987 wurden 220 Hengste und 360 Stuten neu eingetragen. Jedes Jahr ist die Zahl beständig steigend, woraus man ersieht, daß die Haflinger-Zucht und -Haltung sich in den Niederlanden blühender Gesundheit erfreuen kann.

Jugoslawien

Jugoslawien, das sich der Adria entlang von der italienischen Grenze im Norden zur albanischen und griechischen Grenze im Süden erstreckt, wird im Osten von den Karpaten und dem Balkan begrenzt. Seine etwa 20 Millionen Einwohner leben auf einer Fläche von rund 256.000 km^2. Etwa drei Viertel der Bevölkerung besteht aus serbokroatisch sprechenden Menschen sowie zehn Prozent Slowenen und kleineren ethnischen Minderheiten.
Jugoslawien, bzw. seine nordwestliche Republik Slowenien zählt zu den ältesten Zuchtgebieten des Haflingers in Europa. Die Anfänge einer planmäßigen Zucht gehen in das Jahr 1954 zurück, als die ersten Haflinger Hengste und 34 Stuten aus Tirol importiert wurden. Somit war Jugoslawien, neben Italien, das erste Land, das nach dem Zweiten Weltkrieg mit importiertem Zuchtmaterial aus Österreich die Zucht aufgebaut hat. Im Zeitraum 1954/57 wurden insgesamt 81 weibliche und 25 männliche Tiere importiert.
Zu dieser Zeit war die private Landwirtschaft, wie auch die Forstwirtschaft, noch sehr schwach mechanisiert, daher brauchten die Bauern meistens ein schwereres Pferd und somit war der Haflinger in keiner Hinsicht dem Noriker ein Konkurrent. Auch die Armee zeigte damals wenig Interesse am Haflinger, da das bosnische Gebirgspferd, in vielen Kriegen bei verschiedenen Armeen hochbewährt, in jeder Menge zur Verfügung stand. Somit konnte die Haflinger Zucht in dieser Zeit nicht so richtig Fuß fassen, was sich sowohl quantitativ als auch besonders qualitativ negativ auswirkte. Es gab aber verschiedene passionierte Züchter, besonders in den ausgesprochenen Gebirgsregionen Sloweniens, die an der Haflinger Zucht festhielten und für ihre Zuchtprodukte auch immer einen guten Käufer fanden. Trotzdem blieb die Haflinger Zucht fast ausnahmslos auf die Bauernhöfe der Züchter begrenzt. Den Eingang in die Armee fand er damals nicht, und auch im Tourismus oder in der Freizeitreiterei fand der Haflinger keinerlei Verwendung.
Somit bedeutete diese Zeit einen gewissen »Stillstand« in der jugoslawischen Haflinger Zucht. Mit der fortschreitenden Mechanisierung der privaten Landwirtschaft wurden aber die Verhältnisse für eine Ausdehnung der Zucht immer reifer. Einen wesentlichen Beitrag zu der Entscheidung der Züchter und ihrer Nachfrage nach Haflingern bedeutete auch die gezielte Werbung, hauptsächlich von Tirol ausgehend.
Nach sorgfältigen Vorbereitungen und eingehenden fachlichen Beratungen wurde beschlossen, die Haflinger Zucht mit neuen Importen zu »beleben« und der erste Import von 20 trächtigen Stuten und einem Hengst fand im Spätherbst 1979 statt. Die Stuten wurden an verläßliche Züchter abgegeben, die nur ein Drittel des Ankaufspreises bezahlt haben, dabei sich aber vertraglich verpflichten mußten, der Zuchtleitung fünf Fohlen zum Ankauf anzubieten. Erst nachher gingen die Stuten in das unbeschränkte Eigentum über, und der Besitzer konnte mit der Stute frei disponieren.
Natürlich war das Interesse für Haflinger Stuten unter solchen Bedingungen sehr groß, weil ja die Züchter in der Verpflichtung, fünf Fohlen zum Ankauf anzubieten, den gesicherten Absatz der Nachzucht sahen. Trotzdem wurden die Stuten fast nur in gebirgige Regionen abgegeben, wo im Sommer die Möglichkeit des Almweidegangs besteht, und so wurden dort stärkere Zuchtzentren gebildet.

Im Zeitraum 1979/83 wurden insgesamt 135 trächtige Stuten importiert, vorwiegend aus Österreich, die meisten aus Kärnten. 15 Stuten, alles reinrassige Stuten ohne Araberblut, wurden aus Bayern importiert. Desgleichen wurden in dieser Zeit aus Österreich sechs schon in der Zucht eingesetzte Hengste angekauft, davon fünf Hengste, die in Ebbs aufgezogen wurden, vier davon standen vorher in Tirol

in Zuchtverwendung. Ein weiterer Hengst wurde aus Südtirol importiert.
Viele der importierten Stuten waren von Spitzenhengsten belegt und somit bestand die Möglichkeit, im Fohlenhof einige recht ansprechende Hengste aufzuziehen. Durch den zusätzlichen, gezielten Import von einzelnen Spitzenhengstfohlen aus Österreich gelang es in relativ kurzer Zeit, daß in der Zucht alle sieben Blutlinien vertreten sind. In der Deckperiode 1987 waren bei insgesamt 21 Haflinger Hengsten die einzelnen Blutlinien folgendermaßen vertreten: die A-Linie mit 5 Hengsten, die B-Linie mit 2, die M-Linie mit 2, die N-Linie mit 5, die S-Linie mit 1, die St-Linie mit 3 und die W-Linie mit 3 Hengsten.
Das immer größere Interesse der Züchter, die straffe Organisation der Zucht und der gesicherte Fohlenabsatz, sowohl der Stut- als auch der Hengstfohlen, ermöglichten einen raschen Ausbau der Zucht. Seit dem ersten »Belebungsimport« von 20 Stuten im Jahre 1979 sind noch keine zehn Jahre vergangen und in der Deckperiode 1987 wurden schon 417 Haflinger Stuten belegt.
Das Zuchtziel in der jugoslawischen Haflinger Zucht richtet sich nach den Verwendungsmöglichkeiten. Der Haflinger soll auf dem Bauernhof als Ergänzung zum Traktor gewisse Arbeiten in der Landwirtschaft übernehmen, eine immer größere Verwendung in der Forstwirtschaft hat er schon gefunden und das besonders während des langen und schneereichen Winters. Auch findet er im Tourismus immer mehr seinen Platz, so im Winter vor dem Schlitten. Im Sport wurden bisher nur vereinzelt Haflinger eingesetzt, wobei sie sich beim Springen in Konkurrenz mit Großpferden bis einschließlich der Klasse »L« durchsetzen konnten.
Und noch auf einem weiteren Gebiet, was für das Land ziemlich spezifisch ist, findet der Haflinger immer mehr Interessenten. In den anderen Republiken (Bosnien und Herzegovina, südliches Serbien, Montenegro, Mazedonien) wurde seit eh und je ein ausdauerndes und futterdankbares Pferd im Typ des bosnischen Gebirgspferdes gezüchtet. Dieses anspruchslose Pferd hat sich in vielen Kriegen als das ideale Tragtier bewährt und dient dem Gebirgsbauern dieser Regionen als »Transportmittel«. Die Zeiten sind anders geworden, Straßen wurden ausgebaut, die Landwirtschaft modernisiert und mechanisiert. Daher braucht man ein größeres Pferd, das aber ruhig und arbeitswillig sein muß. Das bosnische Hauptgestüt Borike kann mit seinem Nachwuchs an bosnischen Hengsten nur den eigenen Bedarf knapp decken. Alle anderen Gebiete wenden sich immer mehr dem Haflinger zu. So deckten in der Deckperiode 1987 außerhalb Sloweniens schon über 30 Haflinger Hengste. Die Nachzucht hat sehr oft die Fuchsfarbe, was nicht so sehr erwünscht ist, ist aber größer und schwerer, im Typ dem Haflinger weit näher als der Mutterseite, edel, dabei aber ruhig, menschenfreundlich und äußerst arbeitswillig, was von den Züchtern hochgelobt wird. Die weiteren Ankäufe von Haflinger Hengsten für andere Regionen Jugoslawiens sind daher geplant, verständlicherweise müssen aber auch beim Zuchtziel die Wünsche dieser Züchter teilweise berücksichtigt werden.

Der Haflinger, wie er in Jugoslawien gewünscht wird, soll selbstverständlich von Furchsfarbe mit lichtem Langhaar sein, obwohl außerhalb Sloweniens auch einzelne Hengste mit dunklerem Langhaar sehr gut ankommen. Er soll edel und gefällig sein, die dreijährigen Stuten sollen eine Widerristhöhe von 138 bis 140 cm aufweisen, die dreijährigen Hengste mindestens 142 cm. Die ganz großen Haflinger im Reittyp strebt man noch nicht an, da der Haflinger ein Universalpferd bleiben soll, der auf dem Bauernhof, bei der Armee und auch in den Reitclubs als Reitpferd für die Jugend seinen Platz hat. Natürlich will man keinen Haflinger im alten, mehr kaltblütigen Typ des kleinen Gebirgspferdes züchten, sondern den Haflinger mit einem genügend langen Hals bei leichtem Genick und ausgeprägtem Widerrist, mit schräger Schulter und korrektem Fundament. Früher war ja die zehenenge Stellung fast die Regel mit wenig Behang an den Beinen. Ganz besonders wird auf korrekten, raumgreifenden und elastischen, eher flacheren Gang geachtet. Daher werden die Junghengste nach 60 Tagen Training außer unter dem Sattel und im Freispringen auch im Sulky auf der Bahn geprüft. Einige von ihnen zeigen dabei schon eine wirklich exzellente Gangmechanik.

Nicht minder als auf das Exterieur und den Gang wird auf das Interieur geachtet. Die innere Ruhe und Menschenfreundlichkeit müssen ausgeprägt sein, das Temperament ruhig, damit auch Menschen, die wenig oder nichts vom Umgang mit Pferden verstehen, mit Haflingern umgehen können. Das ist in diesem alpinen Klima mit langem Winter um so wichtiger, damit die Pferde nach längerem, witterungsbedingtem Stallaufenthalt beim Einsatz nicht »explodieren«.

Daher war auch eine Diskussion über Reinzucht oder »Veredelung« nie aktuell. Man ist der Meinung, daß man durch die Arabereinkreuzung den Haflinger zwar »spritziger« und temperamentvoller machen kann, ein Turnierpony kann er trotzdem nur ganz selten werden. Auch hat er da mit der Konkurrenz verschiedenster englischer Reitponyrassen zu rechnen, einer Konkurrenz, der er nicht standhalten kann. Als ruhiges und zutrauliches Familienpferd steht er fast konkurrenzlos da und so läßt man den Haflinger, bei gewisser Typmodernisierung in Richtung angehnehmeres Reitpferd, das auch bleiben. Ohne dabei den Vorwurf eines Reinzuchtfanatismus hören zu wollen...

Da das Interesse sowohl in Slowenien, als auch in anderen Teilen Jugoslawiens für den Haflinger sehr stark ist, wird jedes Jahr am letzten Septemberdonnerstag in Krain (früher Krainburg) eine Stutfohlenauktion veranstaltet, wo bisher bei sehr guten Preisen immer alle Fohlen verkauft wurden.

Zugelassen zur Auktion werden nur vorher gemusterte und auf etwaige Erbfehler (Nabelbruch, Zahn- oder Augenanomalien usw.) untersuchte Stutfohlen.

Anfang Oktober gibt es jedes Jahr einen Hengstfohlenmarkt, wo praktisch alle Hengstfohlen zentral vorgestellt werden. Da werden die Kandidaten für den Fohlenhof (etwa 20 bis 25 pro Jahr) definitiv nach zwei Vorschauen ausgewählt und sofort übernommen. Die anderen Hengstfohlen werden von Aufzüchtern, die eine Aufzuchtprämie erhalten, angekauft. Es ist bisher gelungen, daß auch kein aufzuchtfähiges Hengstfohlen geschlachtet wurde.

Die Armee kauft pro Jahr 15 bis 20 Hengstfohlen für die eigene Aufzucht. Mit den Wallachen werden die Gebirgstruppen versorgt, wo sie als Tragtiere eingesetzt werden.

Die Junghengste aus dem Fohlenhof werden zweieinhalbjährig an der Tierärztlichen Hochschule in Ljubljana andrologisch (Krankheit der Geschlechtsorgane) untersucht, wobei auch zwei Ejakulate entnommen und bewertet werden. Die zuchtfähigen Hengste werden dann am Haflinger Hengstenmarkt in Lipica in der zweiten Septemberhälfte verkauft. Diejenigen, die Slowenien für den eigenen Bedarf übernimmt, gehen für 60 Tage ins Training und werden erst nach erfolgreich bestandener Leistungsprüfung in den Hengstenbestand übernommen. In Slowenien bleiben 3 bis 4 beste Hengste pro Jahrgang. Dabei wird beachtet, daß in der Zucht alle Blutlinien vertreten werden.

Die A-Linie wird in der Zucht über den Hengst 853 Artist (Tirol) vertreten und zwar über seinen Sohn 1066 Alexander 464/7 sowie über die Enkel der berühmten Tiroler Hengste liz. Afghan, liz. Amor und liz. Ambassador.

Die B-Linie ist mit zwei Zweigen vertreten und zwar mit dem Hengst 1162 Balsam 36 und dem 1161 Basalt-Enkel 35 Berggeist.

Die M-Linie ist mit zwei Hengsten vertreten und zwar mit 1015 Maltonor 22 und dem 1047 Mai-Enkel 37 Markiz.

Die N-Linie ist durch die Nachzucht des Südtiroler Hengstes 440/3 Notar, eines Hafling-Urenkels sowie durch einen Sohn und einen Enkel des Tiroler Hengstes 938 Norden vertreten.

Die S-Linie ist durch den einzigen im Mutterleib aus Bayern importierten Hengst 28 Silvan, einem Silbersee 225-Enkel, vertreten. Im Fohlenhof stehen noch zwei Söhne des Tiroler Hengstes 1050 Saturn 11.

Die St-Linie ist mit dem 901 Steinadler-Sohn 1165 Stukko 26 aus Tirol durch den steirischen 1273/liz. Steiner-Sohn 470/9 Steger und den 1099 Stecher-Enkel Stams vertreten.

Die W-Linie ist durch den Tiroler 649 Wilten-Sohn 1013 Walzer 10, dessen Sohn 34 Vran und den 1223/liz. Wintersturm-Enkel 40 Wazzo vertreten.

Somit ist eine Garantie geboten, daß es in der Linienführung nicht zur »Einengung« kommen wird. Das ist besonders wichtig, weil viele Stuten aus Kärnten importiert waren, wo der aus Südtirol stammende

Hafling-Sohn 929/liz. Neuling mit Söhnen und Enkeln in der Abstammung oft vertreten ist.
Die fachliche Führung der Zucht liegt an der Tierärztlichen Hochschule, am Institut za rejo in zdravstveno varstvo kopitarjev (Institut für Zucht und Gesundheitsdienst der Einhufer) in YU-61000 Ljubljana, Cesta v Mestni log 47. Dieses Institut wurde mit der gesamten Pferdezuchtleitung betraut, und ist sowohl für die Stutbuchführung als auch für die Hengstaufzucht und Hengsteinteilung inklusive Leistungsprüfung zuständig. Die Organisation der Stutfohlenauktionen, wie der ganze Absatz, obliegt dem Konjerejsko drustvo Slovenije (Slowenischer Pferdezuchtverband).

Die Haflinger werden an allen Schauen, wo Pferde ausgestellt werden, gezeigt. Die größte Schau, wo nur Haflinger ausgestellt waren, war die 1. slowenische Haflinger-Schau in Brdo im Jahre 1983. Die zwei ausländischen Richter, wie auch die Vertreter ausländischer Haflinger züchtenden Organisationen, äußerten sich lobenswert über die Qualität der ausgestellten Tiere, besonders über die gezeigten Junghengste.
Daher hofft man mit Berechtigung, daß die Haflinger Zucht auf dem richtigen Wege ist und ihr eine gute Weiterentwicklung bevorsteht.

Übersicht der Haflingerzucht in den Zuchtgebieten der Bundesrepublik Deutschland

Bestand der eingetragenen Hengste und Stuten

	Hengste	Stuten	%
Baden-Württemberg	22	555	8,31
Bayern	71	2897	43,36
Hessen	29	252	3,77
Rheinland	37	428	6,41
Rh.-Pfalz-Saar	36	290	4,34
Westfalen	63	1227	18,36
Schleswig Holst./Hamburg	18	189	2,83
Hannover (P)	25	288	4,31
Hessen (P)	19	333	4,98
Weser-Ems	12	204	3,05
ZV f.dt. Pferde	5	19	0,28
insgesamt	337	6682	

(Stand 31.12.86)

Bayern aufgegliedert:

Oberbayern	39	1470
Niederbayern/Oberpfalz	18	335
Franken	16	435
Schwaben	14	750
	87	2990

Erklärung:
1.): Privatbeschäler
2.): Landbeschäler
3.): eingetragene Zuchtstuten
4.): Stutbuchaufnahmen
5.): registrierte Fohlen

Verbände
B.N.: Baden-Nord
B.S.: Baden-Süd
Bay.: Bayern
Hes.: Hessen (Nord)
Pf.S.: Pfalz-Saar
Rh.-P.-S.:Rheinland-Pfalz-Saar
Rhl.: Rheinland
Rh.N.: Rheinland-Nassau
Wf.: Westfalen
Wür.: Württemberg
Bawü.: Baden-Württemberg
Han.P.: Hannover-Ponyzuchtverband
Hes.P.: Hessen-Ponyzuchtverband
S.H.: Schleswig-Holstein
W.-E.: Weser-Ems
(Werte den FN-Berichten Nr.7-16 entnommen)

1975

B.N.	B.S.	Bay.	Hes.	Pf-S.	Rhl.	Rh.-N.	Wf.	Wür.	Han.P	Hes.P	S.H.	W.-E.	Verb.
6	3	49	16	8	25	12	38	3	18	9	6	4	1.)
-	-	3	-	-	-	-	1	3	-	-	-	-	2.)
122	72	1344	177	115	244	62	617	185	202	121	62	76	3.)
22	14	214	32	22	39	6	123	27	37	23	9	10	4.)
48	31	756	93	49	-	40	288	51	101	57	33	-	5.)

1976

B.N.	B.S.	Bay.	Hes.	Pf-S.	Rhl.	Rh.-N.	Wf.	Wür.	Han.P	Hes.P	S.H.	W.-E.	Verb.
7	3	54	18	7	29	9	45	5	7	18	13	7	1.)
-	-	3	-	-	-	-	-	2	-	-	-	-	2.)
105	79	1494	217	118	255	59	682	181	67	227	134	83	3.)
16	12	290	32	12	40	12	130	4	47	23	9	21	4.)
42	28	794	83	48	-	28	303	55	108	37	33	-	5.)

1977

B.N.	B.S.	Bay.	Hes.	Pf-S.	Rhl.	Rh.-N.	Wf.	Wür.	Han.P	Hes.P	S.H.	W.-E.	Verb.
7	5	50	15	7	31	9	41	5	22	14	10	3	1.)
-	-	3	-	-	-	-	1	2	-	-	-	-	2.)
119	92	1564	197	122	263	67	766	185	227	122	77	76	3.)
8	15	222	31	17	36	8	120	14	37	22	19	13	4.)
39	28	797	102	40	-	30	291	21	71	54	32	-	5.)

1978

Bawü	Bay.	Hes.	Rh.P.S.	Rhl.	Wf.	S.H.	Han.P	Hes.P	W.-E.	Verband
16	58	14	22	19	44	9	19	12	3	1.)
2	3	-	-	-	1	-	-	-	-	2.)
415	1609	209	207	239	814	91	232	136	74	3.)
43	253	30	253	31	131	24	51	33	13	4.)
100	829	70	87	-	313	58	98	52	-	5.)

1979

18	60	13	15	18	50	9	23	13	3	1.)
2	4	-	-	-	1	-	-	-	-	2.)
390	1929	222	164	238	843	106	295	161	74	3.)
56	222	18	19	40	130	17	58	24	15	4.)
101	758	72	58	84	324	52	95	49	-	5.)

1980

22	64	12	19	21	47	11	23	24	5	1.)
2	11	-	-	-	2	-	-	-	-	2.)
405	2071	247	210	233	890	94	280	194	61	3.)
50	221	32	46	33	142	12	43	49	8	4.)
127	930	81	68	79	333	50	89	73	-	5.)

1981

26	75	12	20	26	46	13	25	10	6	1.)
2	1	-	-	-	2	-	-	-	-	2.)
400	2087	260	253	267	986	104	291	243	77	3.)
53	254	30	37	47	175	28	52	36	24	4.)
132	869	106	74	70	726	44	96	91	-	5.)

1982

28	79	17	23	27	48	11	27	11	6	1.)
2	13	-	-	-	2	-	-	-	-	2.)
432	2030	246	245	264	1006	129	312	239	110	3.)
65	363	19	23	50	129	30	55	34	41	4.)
141	1089	101	93	96	453	63	131	99	-	5.)

1983

27	85	14	26	27	58	19	25	12	10	1.)
1	12	-	-	-	2	-	-	-	-	2.)
442	2229	290	256	270	1112	125	344	253	125	3.)
54	304	54	24	51	169	29	71	37	39	4.)
189	1215	95	97	120	427	75	110	100	-	5.)

1984

26	92	15	34	31	59	13	29	12	13	1.)
2	12	-	-	-	2	-	-	-	-	2.)
500	2470	283	291	306	1189	103	372	280	144	3.)
86	347	21	41	53	159	26	62	41	41	4.)
159	1170	94	105	116	456	60	161	78	-	5.)

1985

26	88	30	31	24	63	17	26	16	14	1.)
1	9	-	-	-	2	-	-	-	-	2.)
529	2666	266	286	315	1312	166	350	287	171	3.)
66	326	26	35	66	202	38	63	44	46	4.)
197	1242	77	122	130	481	96	156	98	-	5.)

1986

22	71	29	36	37	63	18	25	19	12	1.)
1	8	-	-	-	2	-	-	-	-	2.)
555	2897	252	290	428	1227	189	288	333	204	3.)
72	370	25	37	62	172	38	86	40	61	4.)
199	1299	104	82	154	497	95	188	121	-	5.)

Für Weser-Ems keine Angaben

Verteilung der Ponyrassen in der BRD (in %)

	D.R.	Shetl.	Hafl.	Welsh	Fjord	Isl.	sonst.	N.F.
1975	31,3	19,7	16,8	13,4	8,2	6,0	4,6	
1976	33,5	17,4	17,7	13,5	7,1	6,0	4,8	
1977	35,8	14,9	18,4	12,7	6,9	6,4	4,9	
1978	36,0	13,0	20,2	12,2	6,3	7,3	5,0	
1979	35,9	11,1	22,4	12,0	5,9	7,5	5,2	
1980	35,5	9,3	23,6	11,5	5,8	8,6	5,6	
1981	32,0	8,8	24,6	13,1	5,7	9,7	3,1	3,0
1982	31,2	8,4	27,2	12,4	5,7	10,3	2,8	2,0
1983	30,1	7,8	29,5	11,4	5,4	10,6	2,4	2,8
1984	28,2	8,0	30,8	11,1	5,4	10,7	3,0	2,8
1985	26,6	7,8	32,9	10,7	5,3	10,8	3,2	2,7
1986	22,7	8,0	35,1	10,3	5,5	12,2	3,5	2,7

Erklärungen:
D.R.: Deutsches Reitpony
Shetl.: Shetland-Pony
Hafl.: Haflinger
Welsh: Welsh-Pony
Fjord: Fjordpferd
Isl.: Isländer
sonst.: Connemara, Dartmoor, sonstige
N.F.: New Forest-Pony

Verteilung der Ponyrassen in der Bundesrepublik Deutschland

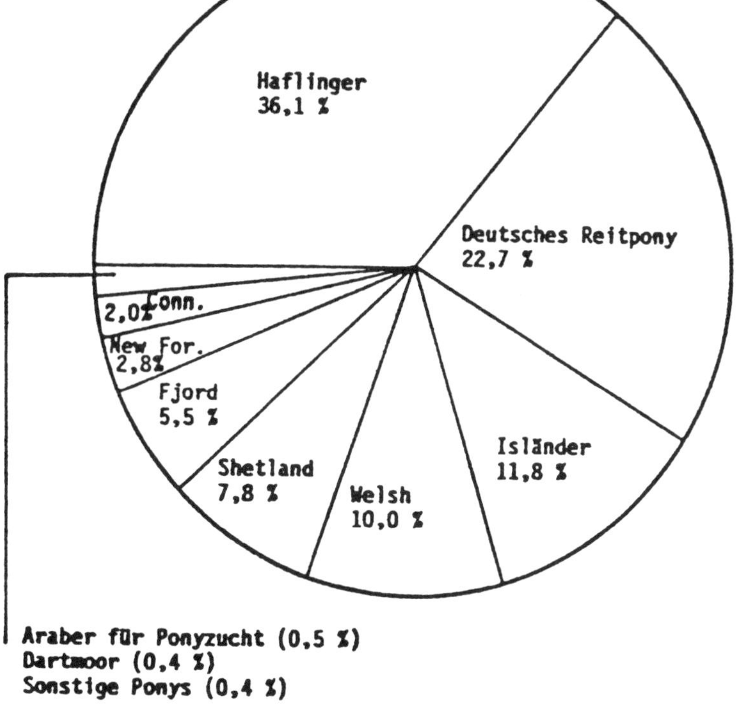

DEUTSCHE REITERLICHE VEREINIGUNG E.V.

Kontaktadressen

Südtirol
Südtiroler Haflinger Pferdezuchtverband, Hermann Thaler (Geschäftsführer), Crispistraße 15, I-39100 Bozen

Österreich
Haflinger Pferdezuchtverband Tirol, Hannes Schweisgut (Geschäftsführer), Fohlenhof, A-6341 Ebbs

Verband niederösterreichischer Pferdezüchter, Dipl.-Ing. Dr. Leopold Erasimus, Löwelstraße 16, A-1014 Wien

Land Salzburg,
Klaus Rigele, A-5563 Tweng 3

Landesverband der Pferdezüchter Oberösterreich, Auf der Gugl, A-4021 Linz

Belgien
Belgisches Haflinger Stammbuch, Vorsitzender: Edwin Brinkmann, Grand Rue 7, B-6600 Libramont

Schweiz
Monika Ruckstuhl, Axensteinerstraße 23, CH-9000 St. Gallen

Haflinger Pferdezuchtgenossenschaft des Kantons Freiburg, Geschäftsführer: H.R. Vonlanthen, CH-1784 Courtepin

Bundesrepublik Deutschland
Vereinigung der Haflinger Freunde Schleswig-Holstein, c/o Jens Oberg, Lübsche Trade 3, 2356 Aukrug-Bargfeld

Haflinger Pferdezuchtverein Edelweiß, c/o Peter Jakob, Bornstraße 57, 6380 Bad Homburg-Obererlenbach

AG Haflinger Züchter u. Halter BW, Dr. Uvo A. Wolf, Stuifenstraße 7, 7420 Münsingen 2

Haflinger Freunde Vogelsberg, c/o Klaus Schmelz, Kabachstr. 20, 6420 Lauterbach 9

Haflinger Interessengemeinschaft, Weser-Ems, Hermann Deters, Postfach 226, 4473 Haselünne

Haflinger Züchter u. Pferdefreunde, c/o Lorenz Gebert, Hubertusstraße 10, 8481 Pirk

Westfälischer Haflinger Verein e.V., Joachim Kuhlmann, Hallerstraße 155 b, 4830 Gütersloh

Haflinger-PZG Oberland, Josef Estendorfer, Dorfstraße 16, 8011 Hohenbrunn

Haflinger Freunde Rheinland, c/o Günter Schneider, Boxberg 24, 5220 Waldbröl

Haflinger-PZG Loisachtal, Nikolaus von Heeren, Schweinberg 4, 8121 Rottenbuch

Haflinger Freunde Rhld-Pfalz-Saar, c/o Josef Basenach, Hofgut Monbach, 6640 Merzig-Hilbringen

Haflinger-PZG Chiemgau, Stefan Waltl, Langmoos 11, 8220 Traunstein

Hessischer Haflinger Verein e.V. Klaus Bobrich, Poststraße 12, 6472 Altenstadt-Heegheim

Haflinger- u. Kaltblut-PZG Inn-Isengau, Franz Mitterberger, Forstmaierstr. 18, 8261 Aschau

Haflinger Zuchtverein VHP, Horst Koch, Forsthaus, 3548 Arolsen-Wetterburg

Anmerkung: eine Arbeitsgemeinschaft deutscher Haflinger Züchter befindet sich in der Gründung.

DDR
Prof. Dr. Schwark, Karl-Marx-Universität, Johannisallee 21, DDR-7010 Leipzig

Dänemark
Skade Nielsen, Fjordven 46, Kollund, DK-6340 Krusa

G. Vagn. Rassmussen, Gustav-Loses-Allee 4a, DK-4800 Nykobing F.

Frankreich
Gisbert Bölling, Leoux de Villeperdrix, F-26510 Remuzat

Großbritannien
The Haflinger Society of Great Britain, Hon. Secretary Mrs. Helen Robbins, 13 Parkfield, Pucklechurch, Bristol BS 17 3 NR

Italien
Associazione Nazionale Allevatori Cavalli Avelignesi Via Cawour 106, I-Firenze

Jugoslawien
Prof. Dr. Joze Jurkovic, Institut za rejo in zdravsveno varstvo kopitarjev, Univerza Edvarda Kardelja v Ljubljani, YU-61115 Ljubljana, Cesta v Mestni log 47

Luxemburg
Haflinger Club Letzeburg, Jean Stockemer, Haus Nr. 28, L-9839 Rödershausen

Niederlande
Het Nederlandsche Trekpaard, B. W. de Waal-Malefit, Koninginnegracht 49, NL-2514 AE S-Gravenhage

Literaturangaben

Bruns, Ursula, Haflinger-Pferd der Freude, Zürich-Stuttgart-Wien 1971
Buurman-Paul, Ulrike u. Paul, Winfried, Der moderne Haflinger, Friedberg 1983
Dörr, Roland, Entwicklung und Stand des Einsatzes von Araberblut in der Haflinger Zucht in der BRD, Dipl.-Arbeit, Hohenheim 1982
Gentner, F. Der Haflinger und seine Zucht, vollständig neubearbeitete Neuauflage, München-Basel-Wien 1965
Gorny, Hein, Pferde am Gletscher, (Bildband, Vorwort: Thurner) München 1942
Groll, E. Das Norische Pferd in Bayern, München 1931
Gründl, A. Dr. 50 Jahre Haflinger Zucht in Bayern, Festschrift 1986
Guttmann, Ursula, Haflinger im Originalzuchtgebiet Südtirol, Winterthur, 1967
Heupel, H. Dr. Zwanzig Jahre Haflinger Zucht in Westfalen, Münster 1973
Karnbaum, B. Dr., Schwaiganger — das weißblaue Pferdeparadies, Bad Homburg 1984
Palzer, Susanne, Entwicklung und Bedeutung des Haflinger Pferdes sowie die Anpassung des Zuchtziels an die veränderten Marktansprüche, Diplomarbeit, Bad Kreuznach 1986
Pretz, Leo v. Die Haflinger Pferdezucht, Innsbruck 1925
Schwark, H.-J., Prof. Dr. und Petzold, Petra, Das Haflinger Pferd, Wittenberg[2] 1986
Schweisgut, Otto, Der Haflinger in Tirol, Innsbruck o.J.
ders. Haflinger — ein Pferd erobert die Herzen der Völker, Innsbruck o.J.
ders. Haflinger Pferde, München 1980 und 1988 (Neuausgabe)
Zeitschriften: »Haflinger Magazin« Berliner Straße 318, 4830 Gütersloh,
»Haflinger Pferde«, Haflinger Pferdezuchtverband Tirol, Brixner Straße 1, Postfach 640, A-6021 Innsbruck

Bücher mit viel Pferde-Verstand

Kurt Albrecht
Ausbildungshilfen für Pferd und Reiter

Britta Bergström
So sitzt du fest im Sattel
Eine Reitlehre für Mädchen und Jungen

Ulrike Buurman-Paul/Winfried Paul
Moderne Pferdezucht und Haltung
Vererbung, Trächtigkeit, Geburt und Aufzucht

Claus Dencker
Das Oldenburger Pferd
Unveränderter Nachdruck von Heft 10 der Schriftenreihe aus deutschen Zuchten 1941

Kerstin Diakont
Das Westernpferd. Der Westernreiter
Ausrüstung, Haltung und Ausbildung

Carl-Heinz Dömken
Stammpferde der Araberzucht
Deutschland, Ägypten, Arabien, Polen, USA, England, Ungarn, Russland, Spanien, Band II

Elwyn Hartley Edwards
Pferdeausbildung
Von der Weide zum Turnier

Gerd Emich
Naturheilkunde Pferdekrankheiten
Band 1: Bewährte Behandlungsmethoden

Gerd Emich
Naturheilkunde Pferdekrankheiten
Band 2: Erkrankungen der Atmungsorgane

Gerd Emich
Naturheilkunde Pferdekrankheiten
Therapieplan mit 130 homöopathischen Heilmitteln

Uta Engelmann/Ulrike Buurman-Paul
So zieht man Fohlen auf
Artgerechte Aufzucht und Haltung, Pflege und Erziehung

Uta Engelmann/Ulrike Buurman-Paul
Vom Fohlen zum Reit- und Fahrpferd
Aufzucht und Ausbildung im Einklang mit der natürlichen Veranlagung des Pferdes

Lars Gehrmann/Maas J. Hell
Die großen Hengste Holsteins
Die bedeutendsten Vererber in der Holsteiner Zucht

Manfred Gold
Der Pferdewirt
Reiten, Zucht und Haltung, Rennreiten, Trabrennfahren

Lucinda Green
Buschreiten
Das Handbuch für die Praxis

Handbuch Pferd
Zucht, Haltung, Ausbildung, Sport, Medizin, Recht

Günther Hangen
Sportpferde aus Hessen
Geschichte, Zucht und Sport

Helmut Hechler
Mein Pferd geht lahm
Probleme rund um den Bewegungsapparat. Ursachen, Symptome, Behandlung

Holger Heck/Jürgen Casper
Erfolgreiche Deckhengste in Deutschland
Die Beschäler in Privatbesitz

Holger Heck/Volker Greiner
Schritt, Trab, Galopp
Eine Anleitung nicht nur für den Anfänger im Sattel

Holger Heck/Herbert Weiss
Das Haupt- und Landgestüt Marbach
Die Pferde, die Landschaft, die Menschen und 400 Jahre Zuchtgeschichte

John Hickman
Der richtige Hufbeschlag
Illustriertes Handbuch für Theorie und Praxis

Charles de Hombourg
Rechtsfibel für Reiter und Fahrer
Verhalten im Straßenverkehr, in Wald und Flur. Pferdetransport, Turniersport, Tierschutz, Versicherungen

Jeremy Houghton Brown/Sarah Pilliner/Vincent Powell-Smith
Pferde-Management
für Halter, Züchter, Trainer

Gerhard Kapitzke
Das Pferd von A – Z
Rassen, Zucht, Haltung

Philippe Karl
Hohe Schule mit der Doppellonge
Präsentiert von einem Reiter des Cadre Noir in Saumur

Jürgen Kemmler
Mit Pferden durchs Jahr

Heinz Kiemann
Neue Reitschule
Klassische Grundausbildung bis zur Turnierreife

François Lemaire de Ruffieu
Besser Springreiten
Basistraining für Pferd und Reiter

Susan McBane
Richtige Zäumung. Gutes Reiten.

Birgit Neuhaus
Das Freizeitpferd. Der Freizeitreiter
Rassen, Haltung, Ausrüstung, Ausbildung

Winfried Paul
Deutschlands beste Ponys
Zucht, Sport, Freizeit

Winfried Paul
Haflinger in Europa
Liebe ohne Grenzen

Heinz Pollay
Das Reiterabzeichen leicht gemacht
Mit Richtlinien und Anforderungen Reiterpaß, Kleines Hufeisen, Reiternadel

Erika Schiele
Araber in Europa

Fritz Schilke
Trakehner Pferde – einst und jetzt

Ulrik Schramm
Die Untugenden des Pferdes
Im Stall und unter dem Sattel

Ulrik Schramm
Das verrittene Pferd
Ursachen und Wege der Korrektur

Hans Joachim Schwark
Pferdezucht
Ein Fachbuch für Pferdezüchter und -sportler

Otto Schweisgut
Haflinger Pferde
Ursprung, Zucht und Haltung, weltweite Verbreitung

English edition:
Otto Schweisgut
The Haflinger
Origins, Breeding and Care, Worldwide Distribution

Ute Seeßlen (Hrsg.)
Ein Pferd – ein Freund
Die schönsten Pferdegeschichten

Caroline Silver
Pferderassen der Welt
mit über 200 farbigen Abbildungen

Edward C. Straiton
Pferdekrankheiten
erkennen + behandeln

Karin Symanczyk
Das Westfälische Pferd
Zucht und Sport

In unserem Verlagsprogramm finden Sie Bücher zu folgenden Sachgebieten:

Garten und Zimmerpflanzen • Natur • Angeln, Jagd, Waffen • Pferde und Reiten • Sport und Fitness • Reise und Abenteuer • Wandern und Alpinismus • Auto und Motorrad • Essen und Trinken • Gesundheit

BLV

Wünschen Sie Informationen, so schreiben Sie bitte

BLV Verlagsgesellschaft mbH • Postfach 40 03 20 • 8000 München 40